KURT ARNOLD

Methoden der Satellitengeodäsie

KURT ARNOLD

Methoden der Satellitengeodäsie

mit 52 Abbildungen

AKADEMIE-VERLAG · BERLIN
1970

Erschienen im Akademie-Verlag GmbH, 108 Berlin, Leipziger Straße 3—4

Lizenznummer: 202 · 100/540/70
Kartengenehmigung Nr. 1104/69
Gesamtherstellung: VEB Druckerei „Thomas Müntzer", 582 Bad Langensalza
Bestellnummer: 5776, ES 18 E 2/19 C

Vorwort

In den letzten Jahren sind die Probleme der Nutzung der Satellitenbeobachtungen für die Aufgaben der Geodäsie zu einem bedeutsamen Wissensgebiet angewachsen. Mit diesen neuen Möglichkeiten können Aufgaben gelöst werden, für die die bisherigen Methoden der Geodäsie wenig geeignet waren. Darin findet die schnelle Entwicklung der Satellitengeodäsie ihre Erklärung. Es ist problematisch, ein Buch über ein in rascher Entwicklung befindliches Wissensgebiet zu schreiben. Aus diesem Grunde ist das Buch mehr den grundlegenden Verfahren gewidmet, die in der Satellitengeodäsie entwickelt worden sind. Die mit diesen Methoden gegenwärtig in relativ schneller Aufeinanderfolge erhaltenen einzelnen numerischen Ergebnisse wurden kürzer dargestellt.

Wegen der großen Anzahl der eingeführten abkürzenden Bezeichnungen war es kaum zu vermeiden, daß in vereinzelten Fällen für zwei verschiedene Begriffe dasselbe Symbol gesetzt wurde. Doch sind diese Begriffe dann weit voneinander entfernt, so daß es kaum zu Mißverständnissen kommen kann.

Meinen Mitarbeitern Herrn Dr. D. Schoeps und Herrn Dr. L. Stange danke ich für die Durchsicht des Manuskripts und für nützliche Hinweise.

Potsdam, im Dezember 1968

Der Verfasser

Inhaltsverzeichnis

Abkürzungen

A, B, C	Hauptträgheitsmomente der Erde
A	Fläche des mittleren Querschnittes des Satelliten
A	Azimutwinkel, von Norden rechtsläufig gezählt
C_D	Reibungskoeffizient
C_{lm}	Koeffizient bei den Kugelfunktionen
D	Extinktion der Atmosphäre im Zenit
E	Exzentrische Anomalie
G	Globaler Mittelwert der Schwere an der Erdoberfläche
H	Skalenhöhe
I	Neigung der Mondbahn
I	BESSELsche Funktion
I_0	Solarkonstante
J_l	Koeffizient bei der zonalen Kugelfunktion l. Ordnung
K	Koeffizient (Strahlungsdruck)
L	Argument der Breite
M	Masse der Erde
M	Mittlere Anomalie
N	Geoidundulation
Q	Aufpunkt auf der Erdoberfläche
R	Entfernung der Beobachtungsstation vom Schwerpunkt der Erde
R_E	Große Halbachse des mittleren Erdellipsoids
$\bar{R}_E$	Kleine Halbachse des mittleren Erdellipsoids
R_S	Radius des Satelliten
S	Position des Satelliten
S_{lm}	Koeffizient bei der Kugelfunktion
T	Störpotential
T	Umlaufzeit des Satelliten
U	Normales Potential
V	Gravitationspotential
$\bar{V}$	Kugelsymmetrisches Hauptglied der Entwicklung für V
W	Schwerepotential
X, Y, Z	Stationskoordinaten in einem mit dem Erdkörper verbundenen Koordinatensystem. Die Z-Achse zeigt zum mittleren Pol. Die X-, Z-Ebene ist die Meridianebene von Greenwich
X', Y', Z'	Erdfestes Koordinatensystem. Die X'-, Y'-Ebene ist die Horizontalebene der Beobachtungsstation: Die X'-Achse zeigt nach Osten, die Y'-Achse nach Norden, die Z'-Achse zum Zenit
Z	Zenitdistanz
a	Große Halbachse der Satellitenbahn
$a_☾$	Große Halbachse der Bahn des Mondes um die Erde
b	Kleine Halbachse der Satellitenbahn

c	Lichtgeschwindigkeit
c^*	Koeffizient bei der Absorption
e	Exzentrizität der Bahnellipse
f	Brennweite
f	Abplattung der Erde
f	Frequenz
$\bar{f}$	$\bar{f} = \sin^2 i$
f^*	Abplattung des Erdäquators
Δg	Schwereanomalie
$[\Delta g]\, q$	Mittelwerte der Schwereanomalie für die Fläche F_q
Δg_F	Freiluftanomalie
$\boldsymbol{g}$	Einheitsvektor zwischen benachbarten Stationen
h	Höhe über dem Meere, Höhenwinkel
i	Bahnneigung
$i_☾$	Neigung der Mondbahn
j	$j = \sqrt{-1}$
k	Gravitationskonstante
m	Masse des Satelliten
$m_☾$	Masse des Mondes
m	Helligkeit (Magnitude, Größenklasse)
n	Winkelgeschwindigkeit des Satelliten
$\bar{n}$	Mittelwert für die Winkelgeschwindigkeit des Satelliten
$\boldsymbol{n}$	Normalenvektor
$n_☾$	Winkelgeschwindigkeit des Mondes
$n_\odot$	Winkelgeschwindigkeit der Sonne
p	Parameter der Bahnellipse
p	Phasenwinkel des Satelliten
p	Gewicht bei der Ausgleichung
p_1, p_2, p_3	Integrationskonstanten
q_1, q_2, q_3	Integrationskonstanten
r	Entfernung des Satelliten vom Schwerpunkt der Erde
r^*	Astronomische Refraktion
$r_☾$	Geozentrischer Radiusvektor des Mondes
s	Entfernung zwischen der Beobachtungsstation und dem Satelliten
t	Zeit
$\boldsymbol{t}$	Beschleunigung durch den Strahlungsdruck der Sonne
s_1, s_2, s_3	Geozentrische Koordinaten der Sonne
$\bar{v}$	Bahngeschwindigkeit des Satelliten
v	Zufälliger Fehler
v_l, v_q	Fehler längs und quer zur Satellitenspur
x, y, z; x_S, y_S, z_S	Satellitenkoordinaten in einem räumlichen astronomischen Koordinatensystem
x^0, y^0, z^0	Räumliche Satellitenkoordinaten im System der Epoche 1950,0
x', y', z'	Räumliche Satellitenkoordinaten im wahren astronomischen System des Zeitmoments, bei dem die betrachtete Satellitenbahn beginnt ($t = T'$)
x'', y'', z''	Räumliche Satellitenkoordinaten im wahren astronomischen System des variablen Zeitmomentes $t = T''$
x''', y''', z'''	Räumliche Satellitenkoordinaten; die z'''-Achse ist senkrecht zur Satellitenbahnebene, die x'''-Achse zeigt zum aufsteigenden Knoten
x'''', y'''', z''''	Räumliche Satellitenkoordinaten; die z''''-Achse ist senkrecht zur Satellitenbahn, die x''''-Achse zeigt zum Perigäum
$x_☾, y_☾, z_☾$	Geozentrische Koordinaten des Mondes
$\bar{x}, \bar{y}, \bar{z}$	Bildkoordinaten

$\bar{x}', \bar{y}', \bar{z}'$	Tangentialkoordinaten
$\bar{x}^*, \bar{y}^*, \bar{z}^*$	Koordinatensystem in der Bildebene ($\bar{y}^*$-Achse horizontal)
Γ	Koeffizient
Θ	Sternzeit
☊	Aufsteigender Knoten
α	Rektaszension
γ	Normale Schwere
γ_E	Normale Schwere am Äquator
$\gamma_{lm}^c, \gamma_{lm}^s, \gamma_q$	Koeffizient
δ	Deklination
ζ	Geoidhöhe
ϑ	Dichte
λ	Geographische Länge östlich von Greenwich
$\bar{\lambda}$	Phasenunterschied Sonne = Tag-Nacht-Effekt
σ	Oberfläche der Einheitskugel
φ'	Geographische Breite
φ	Geozentrische Breite
φ^*	$\sin \varphi^* = e$
ω_E	Winkelgeschwindigkeit der Rotationsbewegung der Erde
ω	Argument des Perigäums
ψ	Sphärischer Abstand der beiden Punkte S und Q
ξ, η	Lotabweichungen
ξ, η	Koordinaten des Satelliten in der Bahnebene
$\bar{\xi}, \bar{\eta}, \bar{\zeta}$	Koeffizienten
τ	R_E/r
$\varkappa$	Absorptionskoeffizient der Atmosphäre
ε	Schiefe der Ekliptik

1. Einleitung

Wenn in den letzten Jahren die Beobachtung künstlicher Erdsatelliten für die Geodäsie eine besondere Bedeutung gewonnen hat, so ist die Beobachtung der Planeten und ihrer Trabanten und des Erdmondes in der Geodäsie nicht neu.

Schon vor langer Zeit bestimmte man geographische Längenunterschiede aus der Beobachtung der Verfinsterung der vier hellen Jupitermonde beim Eintritt in den Schatten des Jupiters. Der Zeitmoment der Verfinsterung eines Jupitermondes ist nämlich an zwei voneinander weit entfernten Beobachtungsorten festzustellen. Hat man in diesen beiden Punkten die jeweilige Ortszeit aus Sternbeobachtungen bestimmt, so ergibt der aus der Beobachtung der Jupitermonde abgeleitete Unterschied in der Ortszeit der beiden Punkte die Längendifferenz zwischen den beiden Beobachtungsstationen. Zur Beurteilung der Genauigkeit dieser Längenbestimmungen sei festgestellt, daß eine volle Erdumdrehung 86400 Sekunden umfaßt. Bei einem Erdumfang von 40000 km entspricht somit eine Sekunde etwa 460 m. Ist also die Zeitbeobachtung um eine Sekunde unsicher, so wird am Äquator eine Lageunsicherheit des Punktes von etwa einem halben Kilometer in der Ost–West-Richtung hervorgerufen. In höheren Breiten ist dieser Fehler wegen der Konvergenz der Meridiane mit dem Kosinus der Breite zu multiplizieren, und er ist daher geringer.

Die gerade in den letzten Jahrzehnten mit modernen Hilfsmitteln durchgeführten Beobachtungen der Sternbedeckungen durch den Mond kommen den Verfahren der Satellitengeodäsie im Prinzip schon näher. Beobachtet man hierbei das Verschwinden des Sternes hinter der Mondscheibe, so erhält man, wenn der Mittelpunkt und der Durchmesser des Mondes bekannt sind, eine Standlinie für die Lage des Beobachtungspunktes. Weil die Topographie des Mondes nur relativ wenig bekannt ist und somit eine erhebliche Fehlerquelle darstellt, hat es sich empfohlen, diesen Fehlereinfluß dadurch herabzusetzen, daß man zwei Beobachtungsstationen so auswählt, daß bei ihnen der Stern von der gleichen Stelle des Mondrandes verdeckt wird. Ist die Lage der einen Station bekannt, die der anderen Station unbekannt, so erhält man auf diese Weise eine Standlinie für die Lage der zweiten Station relativ zur ersten. Liegen die beiden Beobachtungsorte nur wenige hundert Kilometer voneinander entfernt, so kann man bei dieser Methode, bei der also der Stern immer an der gleichen Stelle hinter der Mondscheibe verschwindet, eine Genauigkeit von bis zu ± 20 m auf der Erdoberfläche erreichen. Will man aber größere Distanzen von mehreren tausend Kilometern überbrücken, so sinkt die bestenfalls erreichbare Genauigkeit auf etwa ± 120 m herab, weil dann durch die Libration des Mondes noch eine zusätzliche Fehlerquelle wirksam wird. Nur eine weitere Verbesserung der Kenntnisse über die Topographie des Mondes kann hier Abhilfe schaffen (Hirose).

Aus ähnlichen Beobachtungen konnten O'Keefe und Anderson einen Wert für die große Halbachse des mittleren Erdellipsoides ableiten, $R_E = 6378448$ m.

Ähnliche geodätische Anwendungsmöglichkeiten lassen sich aus der Beobachtung der Sonnensichel bei einer Sonnenfinsternis ableiten. In den letzten Jahrzehnten wurden daher zahlreiche Sonnenfinsternisexpeditionen für geodätische Zwecke durchgeführt. Es sei an die Expeditionen von Banachiewicz 1927, Bonsdorff 1945, Hirvonen und Kukkamäki 1947 und die japanische Sonnenfinsternisexpedition, Dambara 1948, erinnert. Ohne auf dieses Verfahren näher einzugehen und ohne diese Expeditionen näher zu schildern, sei festgestellt, daß man hierbei für die Standlinien eine Genauigkeit von etwa 120 bis 300 m erreichen konnte und innerhalb dieser Toleranzen gute Übereinstimmung mit anderen Verfahren fand.

Aus der Beobachtung von Sonnenfinsternissen wird man erst nach weiteren Untersuchungen über die Topographie des Mondes bessere Resultate erhalten.

Die Verfahren selbst sind ausführlich von Berroth und Hofmann und Mueller beschrieben worden.

Aus der Bahnbewegung des Mondes konnte Helmert einen Wert für die große Halbachse des mittleren Erdellipsoides ableiten. Dieses Verfahren beruht im Prinzip auf folgenden Überlegungen. Aus der genähert kreisförmigen Bewegung des Mondes um die Erde läßt sich die auf den Mond wirkende Zentrifugalkraft ableiten. Diese muß gleich der Anziehungskraft sein, die die Erde auf den Mond ausübt. Somit kennt man die Gravitationskraft der Erde im Bereich der Mondbahn. Nachdem man weiß, daß die Gravitationskraft der Erde im Außenraum umgekehrt proportional zum Quadrat der Entfernung vom Erdmittelpunkt abnimmt, kann man also aus der Bahnbewegung des Mondes, der Entfernung des Mondes von der Erde und der Rotationsbewegung der Erde die Schwerkraft an der Erdoberfläche ermitteln. Setzt man diesen so gefundenen Wert für die Schwere an der Erdoberfläche dem aus terrestrischen Beobachtungen mit Pendeln und Gravimetern gefundenen Wert gleich, so erhält man die gesuchte Beziehung. Sie enthält neben der großen Halbachse des mittleren Erdellipsoids R_E auch die Mondparallaxe, die mittlere Schwereintensität an der Erdoberfläche und die Winkelgeschwindigkeit des Mondes. Sie gestattet somit, R_E aus den anderen drei Parametern zu bestimmen. Helmert fand nach zwei verschiedenen Varianten $R_E = 6378830$ m bzw. 6381460 m; spätere Untersuchungen ergaben 6378743 m bzw. 6378343 m, Helmert, Jordan-Eggert.

Aus der Bewegung des Mondes in seiner Bahn um die Erde hat man auch versucht, die Abplattung der Erde zu ermitteln; diese ruft nämlich in der Länge des Mondes und in der Breite des Mondes eine periodische Störung hervor, auf die schon LAPLACE hingewiesen hat. Die Amplitude der Störung beträgt in beiden Fällen etwa 8″. Die Störung in der Länge geht mit dem Sinus der Länge des aufsteigenden Knotens der Mondbahn und die Störung in der Breite mit dem Sinus der Länge des Mondes. Die Amplitude ist linear abhängig von der zonalen Kugelfunktion zweiter Ordnung im Schwerefeld der Erde, und aus dieser läßt sich die Abplattung des mittleren Erdellipsoids errechnen. LAPLACE fand 1802 für die Abplattung der Erde

$$f = 1{:}305{,}05$$

bzw.

$$f = 1{:}304{,}6$$

aus der Längen- bzw. Breitenstörung. HELMERT fand schließlich durch die Ausgleichung der damals besten Werte (1884)

$$f = 1{:}297{,}8 \pm 2{,}2\ ,$$

also einen Wert, der recht gut mit den modernen Resultaten übereinstimmt, wenn auch sein mittlerer Fehler noch sehr groß war.

Man erkennt leicht, daß die vorstehend geschilderten Verfahren nicht allen Ansprüchen gerecht werden, so wichtig und so wertvoll sie auch sind. Die Verfahren der Satellitengeodäsie gestatten es dagegen, nicht nur wesentlich genauere Ergebnisse zu erhalten, sondern sie eröffnen auch noch weitere neue Entwicklungen. Die Ursache ist vor allem darin zu suchen, daß die künstlichen Erdsatelliten dem Beobachter viel näher sind als beispielsweise der Mond. Bei der mittleren Entfernung zum Mond von etwa 384400 km verursacht ein Beobachtungsfehler von 0,″01 schon eine lineare Punktverschiebung auf der Erde von 20 m. Bei der Beobachtung künstlicher Erdsatelliten hat man dagegen den Vorteil, daß das Objekt nur etwa 1000 km entfernt ist, ein Beobachtungsfehler von 1″ ruft nur eine Punktverschiebung von etwa 5 m hervor.

Während man bei der Beobachtung des Mondes immer Schwierigkeiten bei der Berücksichtigung seiner Topographie haben wird, entfallen diese Nachteile bei den künstlichen Erdsatelliten; denn diese können bei geodätischen Beobachtungen als punktförmige Himmelskörper angesehen werden, lediglich die großen Ballonsatelliten von 30 bis 40 m Durchmesser machen eine vom Phasenwinkel abhängige Reduktion auf den geometrischen Mittelpunkt notwendig, die sich leicht mit angemessener Genauigkeit ausführen läßt.

Ferner können die Bahnparameter der künstlichen Erdsatelliten von Menschenhand so festgelegt werden, daß man für die betreffenden wissenschaftlichen Aufgaben den größten Nutzen erzielt. Für die Geodäsie ist es besonders wichtig, Bahnen mit unterschiedlichem Neigungswinkel zum Äquator, mit unterschiedlichem Radius und unterschiedlicher Exzentrizität zu haben; denn nur so lassen sich die gesuchten Parameter in dem bestimmenden mathematischen System voneinander trennen. Ferner können den künstlichen Erdsatelliten technische Einrichtungen beigegeben werden, die ihre Bedeutung für die Wissenschaft wesentlich erhöhen. Es seien hier nur die Möglichkeit zur Ausstrahlung von Blitzsignalen, die Bedeutung von Tripelspiegeln als Reflektoren für die Entfernungsmessung mit Laser und die Wichtigkeit der Transponder für die Bahnverfolgung mit Radioeinrichtungen genannt.

Die erdnahen künstlichen Satelliten werden in ihrer Bahnbewegung auch durch das Schwerefeld der Erde viel stärker gestört als der Mond. Zum Beispiel sind bei der Bestimmung der Abplattung die durch die zonale Kugelfunktion 2. Ordnung hervorgerufenen Bahnstörungen von Wichtigkeit. Diese nehmen mit $\frac{1}{r^{3,5}}$ ab, wenn r der Abstand vom Erdmittelpunkt ist. In einer Satellitenbahn, die etwa 1000 km über der Erdoberfläche verläuft, sind die durch diese Kugelfunktion hervorgerufenen säkularen Störungen etwa 1000000mal größer als in der Mondbahn. Diese Kugelfunktion 2. Ordnung im Schwerefeld der Erde ruft in der Apsiden- und Knotenlinie der Satellitenbahn linear mit der Zeit fortschreitende Störungen hervor, die bei den in der Geodäsie benutzten Satelliten an einem Tag im allgemeinen etwa 4° bis 6° oder 14000″ bis 22000″ erreichen können. Diese Störungen können auf wenige Sekunden genau und daher mit einem kleinen relativen Fehler bestimmt werden. Demgegenüber ist die etwa 8″ betragende Amplitude der Störung in der Länge und Breite des Mondes nur auf wenige Ziffern genau bekannt. Während Helmert in $1:f$ nur einen Fehler von $\pm 2{,}2$ erreichte, konnte Buchar schon aus wenigen visuellen Beobachtungen mittlerer Genauigkeit des Satelliten Sputnik 2 im Jahre 1958 $1:f$ auf $\pm 0{,}18$ genau bestimmen, und heute kennt man diesen Wert mit einem mittleren Fehler von etwa $\pm 0{,}005$.

Bei der Bestimmung des Schwerefeldes der Erde beobachtet man daher vor allem Satelliten zwischen 500 und 1500 km Höhe.

Es sei aber besonders herausgestellt, daß die Verfahren mit künstlichen Erdsatelliten nicht nur eine höhere Genauigkeit als die herkömmlichen Mondverfahren zu erreichen gestatten, sondern daß sie auch rein methodisch mehr Möglichkeiten als die klassischen erdgebundenen geodätischen Verfahren bieten.

Die in den Landesvermessungen entwickelten Triangulationen können nur die Kontinente überspannen. Werden sie mit astronomischen Lotabweichungen kombiniert und werden auch astronomische Nivellements eingeführt, so bieten sie die Möglichkeit, die Dreieckspunkte in ihrer räumlichen, dreidimensionalen Lage zu bestimmen, beispielsweise relativ zu einer Bezugsfläche, für die man ein geeignetes Referenzellipsoid wählt (das innerhalb gewisser Grenzen letzten Endes willkürlich gewählt werden kann). Die Erhebungen der Dreieckspunkte über dem Referenzellipsoid, die Geoidhöhen ζ (Abb.1), ergeben sich aus dem astronomischen Nivellement als vertikale Koordinaten. Die horizontalen Koordinaten werden im wesentlichen durch die Triangulationen bestimmt, wobei die Grundlinien und die anderen Beobachtungen nach der projektiven Methode auf das Referenzellipsoid reduziert werden. Aber schon die azimutale Orientierung dieser auf die Kontinente beschränkten Systeme macht prinzipielle Schwierigkeiten. Will man nämlich das Ausgangsazimut auf das Referenzellipsoid reduzieren, so bedarf es dazu der Kenntnis der Ost-West-Lotabweichungskomponente im Zentralpunkt entsprechend der LAPLACEschen Gleichung. Die astronomischen Beobachtungen gestatten aber nur die Bestimmung von Lotabweichungsunterschieden, die hier benötigte absolute Lotabweichung des Zentralpunktes kann nur mit gravimetrischen Mitteln nach dem Integral von VENING-MEINESZ bestimmt werden. HEISKANEN-VENING-MEINESZ, ARNOLD.

$$\left.\begin{aligned} \left.\begin{matrix}\xi\\ \eta\end{matrix}\right\} &= -\frac{1}{2\pi\varrho''}\iint (\Delta g_F + K\,G(\Delta g_F))\,V_M(\psi)\left\{\begin{matrix}\cos A\\ \sin A\end{matrix}\right\} d\psi\, dA\,, \\ K\,G(\Delta g_F) &= -\frac{\Delta h}{2\pi}\iint \frac{\Delta g_F - \Delta g_{F_0}}{r^3}\, d\sigma\,. \end{aligned}\right\} \quad (1)$$

ψ = sphärischer Abstand vom Aufpunkt,
Δh = Höhenunterschied des Punktes mit den Koordinaten ψ, A gegenüber dem Aufpunkt, für den ξ und η berechnet werden sollen.

Wegen der zahlreichen gravimetrisch unerforschten Gebiete der Erde können diese Lotabweichungen als absolute Größen nur in sehr wenigen Fällen auf $\pm 1''$ genau bestimmt werden; denn unter dem Integral (1) muß über die ganze Erdoberfläche integriert werden. In vielen Fällen betragen die Fehler der gravimetrisch erhaltenen Lotabweichungen $\pm 3''$. Dies führt zu einem entsprechenden Orientierungsfehler des Netzes oder, um mit anderen Worten zu reden, zu einer Ost–West-Verschiebung des Netzes, die gegebenenfalls etwa 100 m erreichen kann.

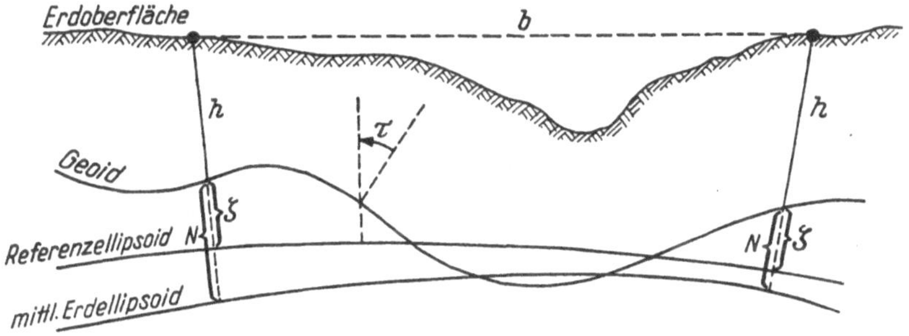

Abb. 1. τ: Lotabweichung

Ferner darf nicht übersehen werden, daß bei einer Triangulation zahlreiche Dreiecke von nur 10 bis 20 km Seitenlänge aneinandergefügt werden. Die Beobachtungsfehler pflanzen sich von einem Dreieck zum anderen fort. Man weiß, daß es sich nicht nur um zufällige, sondern auch um systematische Fehler handelt, und gerade der Einfluß dieser letztgenannten Fehlerart läßt sich über Strecken von mehreren 1000 km nur unsicher abschätzen. Ein übergreifendes, weitmaschiges System, wie es die Satelliten zu bilden gestatten, kann geeignet sein, für große Dreiecksnetze als durchgreifende Kontrolle zu dienen.

Bei diesen Verfahren der geodätischen Punktbestimmung aus Satellitenbeobachtungen sollten der gegenseitige Abstand benachbarter Beobachtungsstationen auf der Erde und die Höhe der Satelliten etwa gleich sein, um günstige Schnittwinkel zu erhalten.

Bei der Bestimmung des Verlaufes der Schwereintensität an der Erdoberfläche sind die Gravimeter und Pendelgeräte zweifellos ausgezeichnete Hilfsmittel, doch gestatten diese Geräte immer nur eine punktweise Vermessung der Kontinente. Auch die Ozeane können mit Pendelgeräten und Seegravimetern nur punktweise oder in Profilen vermessen werden. Bei Schweremessungen zur See hat man auf den großen Ozeanen und besonders auf den Meeren der Südhalbkugel beim Fehlen von Möglichkeiten zur Funknavigation mit Fehlern von ± 5 bis ± 7 mgal zu rechnen, die ihre Ursache nicht zuletzt in der unbefriedigenden Navigationsgenauigkeit haben. Erst aus einer Vielzahl gravimetrisch vermessener Punkte, die große Teile der Erdoberfläche bedecken, kann man die Großformen der Niveauflächen des Potentialfeldes der Erde ableiten, und erst, wenn die ganze Erdoberfläche vermessen ist, lassen sich die Lotabweichungen nach dem Integral von VENING-MEINESZ und die Geoidundulationen N nach dem Integral von STOKES ermitteln:

$$N = \frac{R_E}{4\pi G} \iint \Delta g_F \, S_T(\psi) \, d\sigma \,. \tag{2}$$

$S_T(\psi)$: STOKESsche Funktion.

$$S_T(\psi) = \operatorname{cosec} \frac{1}{2}\psi + 1 - 6 \sin \frac{1}{2}\psi - 5 \cos \psi - $$
$$- 3 \cos \psi \ln \left[\sin \frac{1}{2}\psi \left(1 + \sin \frac{1}{2}\psi\right)\right].$$

Abb. 2 zeigt die durch terrestrische Schweremessungen erschlossenen Teile des Schwerefeldes der Erde.

Wenn es eine Aufgabe der Geodäsie ist, die absolute Lage von Oberflächenpunkten relativ zum Schwerpunkt der Erde zu bestimmen, und wenn die Geodäsie es sich zum Ziel gesetzt hat, die Äquipotentialflächen des Schwerefeldes der Erde und ihre Orthogonaltrajektorien zu bestimmen, so kann dieses Problem also nicht mit den klassischen Methoden nach einem direkten Verfahren gelöst werden. Dieser Sachverhalt läßt sich klar an Hand der Randwertaufgabe der physikalischen Geodäsie demonstrieren. Dabei werden nämlich drei Systeme von beobachteten Größen eingeführt: die aus gravimetrisch reduzierten Nivellements erhaltenen Potentialunterschiede gegenüber dem Meeresniveau $W - W_0$, die Normalableitung des Potentials oder die Schwereintensität an der Erdoberfläche und die geradlinigen räumlichen gegenseitigen Abstände der Aufpunkte an der Erdoberfläche oder ihre sphärischen Abstände. Führt man diese Daten in den GREENschen Satz der Potentialtheorie ein, so läßt sich zeigen, daß mit ihnen die Geometrie der Erdoberfläche σ eindeutig bestimmt ist, ebenso wie das Potentialfeld im Außenraum. Dies Problem ist nur iterativ zu lösen, insbesondere bedarf es zur Lösung der Aufgabe solcher Daten, die

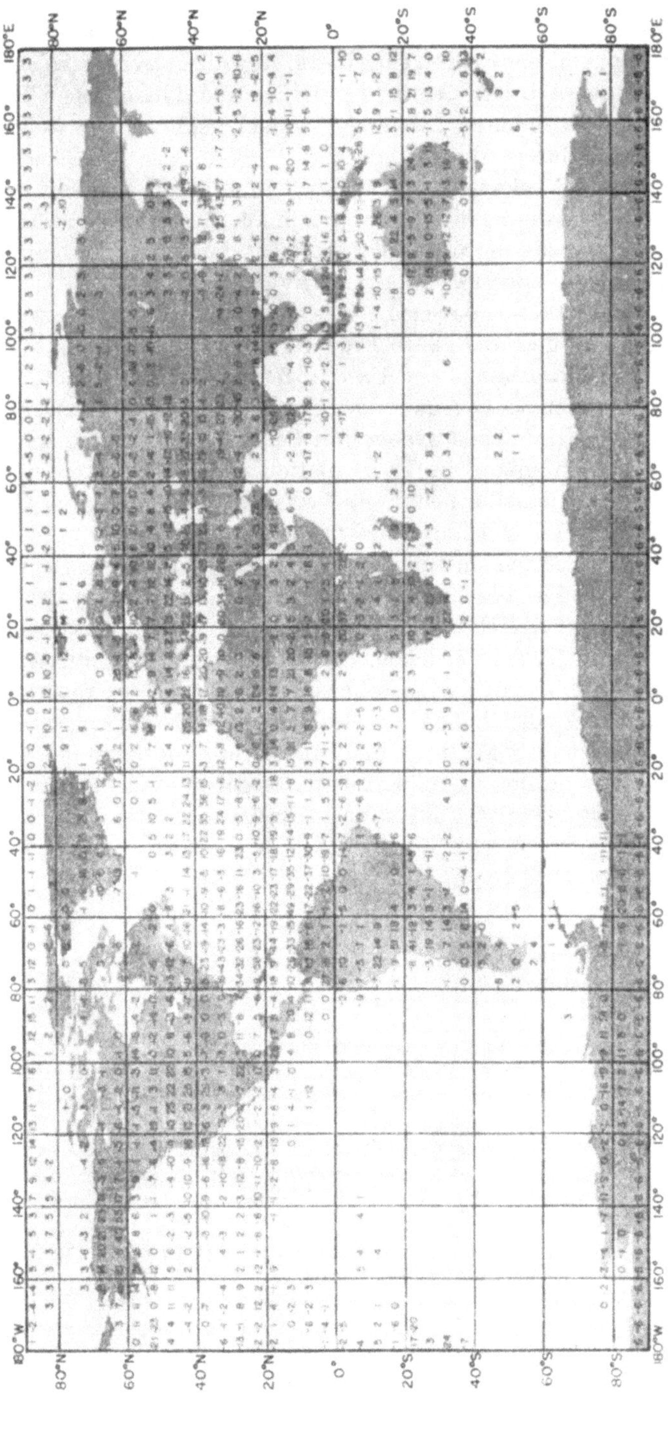

Abb. 2. Terrestrisch bestimmte mittlere Freiluftanomalien der 5° × 5°-Kompartimente nach U. A. Uotila. Zusammengestellt an der Ohio University, 31. Dezember 1960 (Mit freundlicher Genehmigung durch U. A. Uotila)

über die ganze Erdoberfläche verteilt sind. Wenn bei diesem Randwertproblem geometrische und dynamische Größen gemeinsam eingeführt werden, so empfiehlt es sich, bei praktischen Arbeiten den geometrischen und dynamischen Teil nach Näherungsverfahren getrennt zu behandeln, indem beim geometrischen Teil, also bei den Triangulationen, die dynamischen Größen, also die Geoidundulationen, nur approximativ bekannt zu sein brauchen, während beim dynamischen Teil, also bei der Bestimmung von Lotabweichungen und Geoidundulationen aus Schwereanomalien, die Kenntnis der horizontalen Lage der gemessenen Schwerewerte im wesentlichen nur approximativ gefordert wird.

Bei den Satellitenverfahren dagegen ist es möglich, schon aus etwa einem Dutzend Stationen, die über die ganze Erde verteilt sind, ein globales System mit absoluten vom Schwerpunkt der Erde abgetragenen Koordinaten aufzubauen und die Großformen des Geoids auf der ganzen Erdoberfläche zu ermitteln. In dieses weitmaschige räumliche System mit Seitenlängen von mehreren tausend Kilometern können später die Triangulationen eingepaßt werden, indem man vom „Großen ins Kleine" arbeitet, ein Verfahren, das sich in der Geodäsie häufig bewährt hat. Diese Verfahren liefern absolute Werte, weil die Bahnen der künstlichen Erdsatelliten entsprechend dem ersten Keplerschen Gesetz durch Schmiegungsellipsen beschrieben werden, bei denen einer der Brennpunkte der Schwerpunkt der Erde ist. Während man bei den klassischen Verfahren die Gestalt der Niveauflächen in einem absoluten Koordinatensystem nur erhalten kann, wenn man dynamische und geometrische Größen auf der ganzen Erdoberfläche kennt, haben die Methoden der Satellitengeodäsie den Vorteil, daß die Satellitenbeobachtungen und alle daraus abgeleiteten Parameter in dem absoluten System der Sternkoordinaten gegeben sind. Dieses System läßt sich leicht mittels bekannter Rotationsmatrizen in das absolute und erdfeste System überführen, dessen X, Y-Ebene im Äquator liegt und dessen Z-Achse die Rotationsachse der Erde ist.

1.1. Literatur

[1] Arnold, K.: Strenge Theorie der absoluten Lotabweichungen als Funktionen der Freiluftanomalien der Schwere. Veröff. Geodät. Inst. Potsdam, Nr. 13 (1959).

[2] Arnold, K.: Eine einfache Ableitung des gravimetrischen Zusatzgliedes. Gerl. Beitr. Geophysik, 74 (1965) H. 3.

[3] Berroth, A., Hofmann, W.: Kosmische Geodäsie. Verlag G. Braun, Karlsruhe 1960.

[4] Buchar, E.: Determination of some Parameters of the Gravity Field of the Earth from the Rotation of the Nodal Line of Artificial Satellites. Bull. Géodésique, Paris, No. 65 (1962).

[5] Buchar, E.: The Motion of the Orbital Node of Sputnik 2 (1957 β) and the Oblateness of the Earth. Studia Geophysica et Geodetica, Prag, 2 (1958).

[6] Dambara, T.: The Locality of the Geodetic Coordinate Derived from the Obscurity of the Solar Eclipse. Bull. of the Geographical Survey Institute Tokyo, 6 (1961).

[7] Helmert, F. R.: Die mathematischen und physikalischen Theorien der höheren Geodäsie, II. Teil. B. G. Teubner Verlagsges. Leipzig 1962.

[8] Hirose, H.: On the Effect of Lunar Profiles to the Geodetic Occultation Observations. IUGG Generalversammlung, 1963.
[9] Hirvonen, R. A.: The Motions of Moon and Sun at the Solar Eclipse of 1947, May 20th. Veröff. d. Finn. Geodät. Inst., Helsinki, Nr. 40 (1951).
[10] Kukkamäki, T. J., Hirvonen, R. A.: The Finnish Solar Eclipse Expeditions to the Gold Coast and Brazil 1947. Veröff. d. Finn. Geodät. Inst., Helsinki, Nr. 44 (1954).
[11] Mueller, I. I.: Introduction to Satellite Geodesy. Frederick Ungar Publishing Co., New York 1964.
[12] O'Keefe, J. A., Anderson, J. P.: The Earth's Equatorial Radius and the Distance of the Moon. Bull. Géodésique, Paris, No. 29 (1953).

2. Zweikörperproblem

2.1. Die Bahnelemente und die KEPLERschen Gesetze

Die grundlegenden Gesetze für die Bewegung eines künstlichen erdnahen Satelliten um die Erde werden aus dem Zweikörperproblem abgeleitet. Hier wird die Bewegung eines Trabanten um seinen Zentralkörper beschrieben, wobei der Trabant im Vergleich zum Zentralkörper eine unvergleichlich geringe Masse hat, so daß der Trabant eine zu vernachlässigende Gravitationskraft auf den Zentralkörper ausübt. Die Masse des Zentralkörpers hat man sich als kugelsymmetrisch verteilt vorzustellen, so daß man sie auch als in seinem Mittelpunkt konzentriert annehmen kann.

Das Zweikörperproblem wird durch die 3 KEPLERschen Gesetze beherrscht. Die ersten beiden veröffentlichte KEPLER 1609 und das dritte 1619. Auf die Bewegung eines Satelliten um die Erde angewandt lauten sie:

1. Die Bahn eines Satelliten ist eine Ellipse, in deren einem Brennpunkt der Zentralkörper steht.
2. Der Radiusvektor eines Satelliten, also die Verbindungslinie Zentralkörper–Satellit, überstreicht in gleichen Zeiten gleiche Flächen (Flächensatz).
3. Die Quadrate der Umlaufzeiten zweier Satelliten verhalten sich wie die dritten Potenzen der großen Achsen der Bahnellipsen.

Diese KEPLERschen Gesetze sollen hier in Kürze abgeleitet werden, ausführlichere Darstellungen können den Handbüchern der Himmelsmechanik entnommen werden.

Die Bewegungsgleichungen ergeben sich aus dem NEWTONschen Gravitationsgesetz. Führt man ein rechtwinkliges, vom Mittelpunkt des Zentralkörpers aus abgetragenes x, y, z-Koordinatensystem (Inertialsystem) ein, so lauten diese Gleichungen in Komponentenzerlegung

$$\left.\begin{aligned} \ddot{x} &= -k\,M\,\frac{x}{r^3}\,, \qquad \ddot{y} = -k\,M\,\frac{y}{r^3}\,, \qquad \ddot{z} = -k\,M\,\frac{z}{r^3}\,,\\ r^2 &= x^2 + y^2 + z^2\,. \end{aligned}\right\} \tag{3}$$

Es liegen also 3 simultane Differentialgleichungen 2. Ordnung vor. Bei der Integration jeder einzelnen Gleichung werden 2 Integrationskonstanten eingeführt, im ganzen ergeben sich somit 6 Integrationskonstanten.

Multipliziert man die erste Gleichung (3) mit y und die zweite mit x und subtrahiert man beide Gleichungen und verfährt analog mit den anderen, so ergibt sich

$$x\ddot{y} - y\ddot{x} = 0\,.$$

Entsprechende Gleichungen folgen für die anderen Komponentenpaare y, z und x, z. Die Integration führt zu

$$x\dot{y} - y\dot{x} = q_1\,, \qquad y\dot{z} - z\dot{y} = q_2\,, \qquad z\dot{x} - x\dot{z} = q_3\,,$$

wobei q_1, q_2, q_3 Konstanten sind. Multipliziert man hier der Reihe nach mit z, x, y, so folgt

$$q_1 z + q_2 x + q_3 y = 0\,. \tag{4}$$

Dies ist die Gleichung einer Ebene, die den Nullpunkt des Koordinatensystems enthält. Der Satellit bewegt sich also in einer Ebene, die durch den Mittelpunkt des Zentralkörpers verläuft. Die drei Parameter q_1, q_2, q_3 liefern zwei der 6 Integrationskonstanten und bestimmen die Lage der Bahnebene im Raum. In der Himmelsmechanik nimmt man hier die Länge des aufsteigenden Knotens Ω der Bahnebene und den Neigungswinkel i der Bahnebene relativ zur Äquatorebene (x, y-Ebene) zur Bestimmung der räumlichen Lage der Bahnebene (Abb. 3).

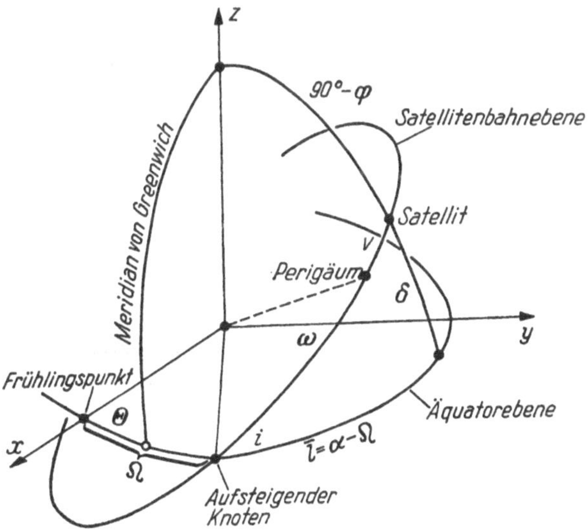

Abb. 3

Bei den weiteren Betrachtungen ist die Geometrie der Bahnkurve in dieser Ebene zu bestimmen, wobei jetzt ein ebenes Koordinatensystem einzuführen ist, das mit ξ, η bezeichnet werden soll.

Die Bewegungsgleichungen sind hier

$$\xi^{\cdot\cdot} = -k\,M\frac{\xi}{r^3}\,, \qquad \eta^{\cdot\cdot} = -k\,M\frac{\eta}{r^3}\,, \qquad r^2 = \xi^2 + \eta^2\,, \tag{5}$$

und es ergibt sich

$$\xi\,\eta^{\cdot\cdot} - \eta\,\xi^{\cdot\cdot} = 0$$

und durch Integration

$$\xi\,\eta^{\cdot} - \eta\,\xi^{\cdot} = p_1\,.$$

Werden Polarkoordinaten eingeführt

$$\xi = r\cos\chi\,, \qquad \eta = r\sin\chi\,,$$

so folgt

$$r^2\,\chi^{\cdot} = p_1\,. \tag{6}$$

Ist dF die vom Radiusvektor r in dem infinitesimalen Zeitintervall dt überstrichene Fläche, so gilt

$$\frac{dF}{dt} = \frac{1}{2}r^2\chi^{\cdot} = \frac{1}{2}p_1\,,$$

also

$$F = \frac{1}{2}p_1\cdot t + p_2\,. \tag{7}$$

Wie aus Gleichung (7) zu erkennen ist, überstreicht der Radiusvektor des Satelliten in gleichen Zeiten gleiche Flächen (2. KEPLERsches Gesetz).

Aus (5) folgt nach Multiplikation mit $2\,\xi^{\cdot}$ bzw. $2\,\eta^{\cdot}$

$$\frac{d}{dt}\{\xi^{\cdot 2} + \eta^{\cdot 2}\} = -2\frac{k\,M}{r^3}(\xi\,\xi^{\cdot} + \eta\,\eta^{\cdot}) = -2\frac{k\,M}{r^2}r^{\cdot} = 2\,k\,M\left(\frac{1}{r}\right)^{\cdot}$$

und durch Integration

$$\xi^{\cdot 2} + \eta^{\cdot 2} = 2\frac{k\,M}{r} + p_3\,. \tag{8}$$

Diese Funktion stellt das Quadrat der Bahngeschwindigkeit des Satelliten als Funktion von seinem geozentrischen Radiusvektor dar.

In Polarkoordinaten wird daraus

$$r^{\cdot 2} + r^2\,\chi^{\cdot 2} = 2\frac{k\,M}{r} + p_3\,. \tag{9}$$

Die Form

$$r = \frac{p}{1 + e\cos(\chi - \overline{\omega})}\,, \tag{10}$$

bei der p, e und $\overline{\omega}$ als Konstante zu betrachten sind, ist eine Lösung dieser Differentialgleichung (9), wovon man sich leicht überzeugen kann. Sucht man nach einer geometrischen Interpretation der drei Integrationskonstanten p, e, $\overline{\omega}$, so erkennt man, daß für $\chi = \overline{\omega}$ der Radiusvektor ein Minimum durchläuft. Der Satellit befindet sich dann im Perigäum, sein Abstand vom aufsteigenden Knoten ist das Argument des Perigäums ω. Der sphärische Abstand des Satelliten vom Perigäum ist die wahre Anomalie v, $v = \chi - \overline{\omega}$. Ist $v = 90°$, so wird der Radiusvektor $r = p$, (p: Parameter der Ellipse).

$$p = a\,(1 - e^2)\,,$$

a ist die große Halbachse der Ellipse.

Damit ergibt sich folgende Gleichung für den Radiusvektor

$$r = \frac{p}{1 + e\cos v} = \frac{p}{1 + e\cos(L - \omega)}\,. \tag{11}$$

L ist das Argument der Breite, ω das Argument des Perigäums. Der Radiusvektor r beschreibt eine Ellipse um den Mittelpunkt des Zentralkörpers, e ist die Exzentrizität dieser Ellipse.

Damit sind die fünf Integrationskonstanten ☊, i, ω, e, a bekannt. Die sechste ist die Konstante p_2 der Gleichung (7). Sie ergibt sich aus der bis zur Zeit t vom Radiusvektor r überstrichenen Fläche F. Für p_2 führt man als äquivalenten Parameter im allgemeinen den Zeitmoment t_0 ein, zu dem der Satellit durch das Perigäum geht.

Im einzelnen bestehen zwischen den Bahnelementen und den Integrationskonstanten folgende Beziehungen:

$$p = \frac{p_1^2}{k\,M}\,, \quad e^2 = 1 + \frac{p_1^2\,p_3}{k^2\,M^2}\,, \quad p_1 = \sqrt{k\,M\,p}\,, \quad p_3 = -\frac{k\,M}{a}\,. \tag{12}$$

Werden diese Beziehungen in Gleichung (8) substituiert, so folgt das Integral der kinetischen Energie

$$\overline{v}^2 = \dot{r}^2 + r^2\,\dot{v}^2 = k\,M\left(\frac{2}{r} - \frac{1}{a}\right), \tag{13}$$

wobei $\overline{v}$ die lineare Geschwindigkeit des Satelliten ist.

Für das zweite KEPLERsche Gesetz ergibt sich mit (6)

$$r^2\,\dot{v} = \sqrt{k\,M\,a\,(1 - e^2)}\,, \tag{14}$$

wenn wir statt $\dot{\chi}$ die Ableitung der wahren Anomalie v einsetzen. Beide Größen sind identisch.

Gelegentlich wird ω auch durch die Länge des Perigäums ☊ $+ \omega$ in den Rechnungen substituiert (Abb. 3).

Mit Gleichung (7) kommt man leicht zum dritten KEPLERschen Gesetz.

Ist nämlich $t_2 - t_1 = T$ die Periode eines Satellitenumlaufes, so ist der zugehörige Wert von $2\,(F_2 - F_1)$ der doppelte Flächeninhalt der Bahnellipse, nämlich gleich $2\,\pi$ ab. Substituiert man noch p_1 nach (12), so folgt mit $b^2 = a^2\,(1 - e^2)$

$$T = \frac{2\,\pi}{\sqrt{k\,M}}\,a^{3/2}\,. \tag{15}$$

Wird die Periode durch die mittlere Winkelgeschwindigkeit

$$n = \frac{2\pi}{T} \tag{16}$$

ersetzt, so ergibt sich

$$n^2 a^3 = k\,M\,. \tag{17}$$

Während die 6 Bahnelemente beim Zweikörperproblem konstant sind, ist die wahre Anomalie v entsprechend Gleichung (14) mit der Zeit veränderlich. Es empfiehlt sich aber nicht, die wahre Anomalie v in ihrer Abhängigkeit von der Zeit durch Integration der Gleichung (14) zu ermitteln. Wendet man sich vielmehr der Aufgabe zu, den Wert des Radiusvektors r als Funktion von der Zeit zu erhalten, und substituiert man in (13) $\dot{v}$ mittels (14) und eliminiert man die Masse der Erde $k\,M$ nach dem dritten Keplerschen Gesetz (17), so folgt

$$n\,dt = \frac{r}{a}\,\frac{dr}{\sqrt{a^2 e^2 - (a - r)^2}}\,.$$

Die Substitution

$$r = a\,(1 - e \cos E) \tag{18}$$

ergibt dann

$$n \cdot dt = (1 - e \cos E)\,dE \tag{19}$$

und das Integral

$$n\,(t - t_0) = M = E - e \sin E\,. \tag{20}$$

E ist die exzentrische und M die mittlere Anomalie.

Da n konstant ist, schreitet die mittlere Anomalie linear mit der Zeit voran, so daß man in der Satellitengeodäsie häufig die Zeit durch die mittlere Anomalie M ausdrückt und auch den Radius als Funktion von M berechnet. E hat mehr den Charakter einer Hilfsveränderlichen.

Gleichung (20) ist die sogenannte Keplersche Gleichung. Durch sie kann man E als Funktion von M durch Reihenentwicklung nach Potenzen von e darstellen, oder man löst diese Gleichung in einem Rechenautomaten durch Iteration.

Man wird also für eine vorgegebene Zeit t mittels (20) den Wert von M und dann E errechnen, um schließlich nach (18) den Radiusvektor r zu finden. Im allgemeinen kommt man aber nicht ohne die wahre Anomalie v aus, weil diese Größe die Richtung des Radiusvektors r im Raum bestimmt, wie sich später zeigen wird, Gleichung (24). Man bestimmt daher häufig den Wert von E aus M mittels der Keplerschen Gleichung, um dann anschließend die wahre Anomalie v mit

$$\tan\frac{v}{2} = \sqrt{\frac{1+e}{1-e}}\,\tan\frac{E}{2} \tag{21}$$

oder auch

$$\cos v = \frac{\cos E - e}{1 - e \cos E}, \qquad \sin v = \frac{\sqrt{1 - e^2} \sin E}{1 - e \cos E}$$

zu erhalten. Der Radiusvektor ergibt sich dann mit (11).

Ist die x, y-Ebene in Abb. 3 die Äquatorebene und ist die z-Achse die Rotationsachse der Erde, so wechselt der Satellit beim Überfliegen des aufsteigenden Knotens von der Südhalbkugel zur Nordhalbkugel über, indem er seine Bahn mit wachsenden wahren Anomalien v durchläuft.

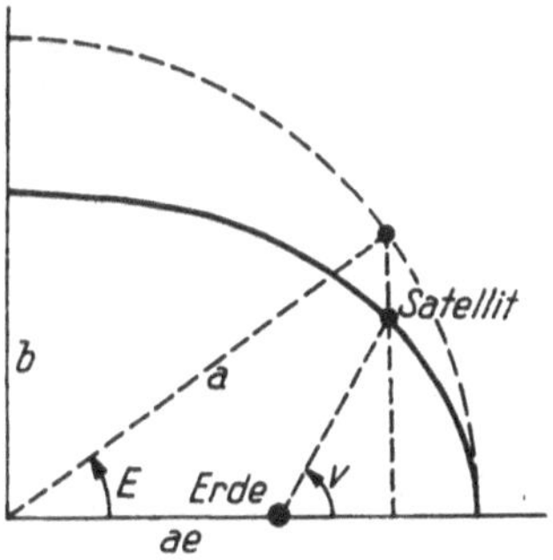

Abb. 4. E: Exzentrische Anomalie, v: Wahre Anomalie

Aus Gleichung (13) läßt sich die Geschwindigkeit berechnen, die ein erdnaher Satellit in seiner Bahn hat. Geht man von einer kreisförmigen Bahn aus und setzt $r = a = R_E \cong 6370000$ m, so folgt wegen $k\,M = 3{,}986 \cdot 10^{14}\,\frac{\text{m}^3}{\text{s}^2}$

$$\bar{v}_1 = \sqrt{\frac{k\,M}{R_E}} = 7{,}9 \text{ km/s}\,. \tag{22}$$

Dies ist die sogenannte erste kosmische Geschwindigkeit.

Soll dagegen der Raumsonde in unmittelbarer Nähe der Erde eine so hohe Geschwindigkeit $\bar{v}_2$ gegeben werden, daß ihre kinetische Energie ausreicht, das Gravitationsfeld der Erde zu verlassen, um beispielsweise die Planeten Venus oder Mars zu erreichen, so ist selbstverständlich eine größere Energie aufzuwenden.

Ist $\frac{k\,M}{r}$ das Potential der Erde im Außenraum, so gilt für die Energiebilanz einer Raumsonde, die genügend kinetische Energie hat, um gerade dem Gravitationsfeld der Erde noch entweichen zu können,

$$\frac{1}{2}\bar{v}^2 - \frac{k\,M}{r} = 0\,;$$

denn wenn $r \to \infty$, muß $\bar{v} \to 0$ gelten. Daher

$$\bar{v}_2 = \sqrt{2\frac{k\,M}{R_E}} = \bar{v}_1 \sqrt{2} = 11 \text{ km/s}\,. \tag{23}$$

$\bar{v}_2$ ist die zweite kosmische Geschwindigkeit oder die Entweichgeschwindigkeit.

2.2. Die räumlichen Koordinaten des Satelliten in Abhängigkeit von den Bahnelementen

In einem rechtwinkligen geozentrischen Koordinatensystem, von dem eine Koordinatenebene mit der Bahnebene zusammenfällt und dessen x''''-Achse der Radiusvektor des Perigäums ist, wird die Bewegung des Satelliten durch folgende Gleichungen beschrieben.

$$x'''' = r \cos v\,, \qquad y'''' = r \sin v\,, \qquad z'''' = 0\,.$$

Dreht man dieses System um die z''''-Achse um den Betrag des Arguments des Perigäums ω im Uhrzeigersinn, so daß die x''''-Achse in die Richtung zum aufsteigenden Knoten übergeht, so folgt für die Koordinaten in diesem neuen System (x''', y''', z''')

$$x''' = r \cos(\omega + v)\,, \qquad y''' = r \sin(\omega + v)\,, \qquad z''' = 0\,.$$

Dreht man dieses System um die x'''-Achse im Uhrzeigersinn um den Betrag des Neigungswinkels i und dreht man noch um die z-Achse des so erhaltenen Systems im Uhrzeigersinn um den Betrag der Länge des aufsteigenden Knotens, so daß das x''', y''', z'''-System in das x, y, z-System der Abb. 3 übergeht, dann ergeben sich die Koordinaten des Satelliten in dem Inertialsystem x, y, z wie folgt:

$$\begin{pmatrix} x \\ y \\ z \end{pmatrix} = r \begin{pmatrix} \cos(v+\omega)\cos\Omega - \sin(v+\omega)\sin\Omega\cos i \\ \cos(v+\omega)\sin\Omega + \sin(v+\omega)\cos\Omega\cos i \\ \sin(v+\omega)\sin i \end{pmatrix}, \tag{24}$$

$$v + \omega = L\,.$$

Der Übergang vom x'''', y'''', z''''-System in das x, y, z-System läßt sich auch durch die folgenden Matrizenmultiplikationen darstellen.

Dreht man das System um die z-Achse im Gegenuhrzeigersinn um den Winkel α (wenn man von der positiven z-Achse aus auf das Achsenkreuz blickt), so transformieren sich die x, y, z-Koordinaten wie folgt:

$$\begin{pmatrix} \cos\alpha & \sin\alpha & 0 \\ -\sin\alpha & \cos\alpha & 0 \\ 0 & 0 & 1 \end{pmatrix} \begin{pmatrix} x \\ y \\ z \end{pmatrix} = \boldsymbol{R}_z(\alpha) \begin{pmatrix} x \\ y \\ z \end{pmatrix}. \tag{25}$$

Eine entsprechende Drehung im Gegenuhrzeigersinn um die y-Achse wird durch folgende Transformation beschrieben:

$$\begin{pmatrix} \cos\alpha & 0 & -\sin\alpha \\ 0 & 1 & 0 \\ \sin\alpha & 0 & \cos\alpha \end{pmatrix} \begin{pmatrix} x \\ y \\ z \end{pmatrix} = \boldsymbol{R}_y(\alpha) \begin{pmatrix} x \\ y \\ z \end{pmatrix}. \tag{26}$$

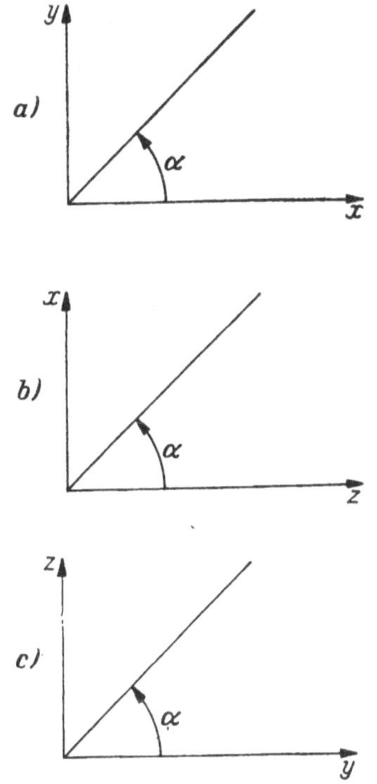

Abb. 5a, b, c. Drehbewegung des Koordinatensystems vermittels der Rotationsmatrizen $\boldsymbol{R}_z(\alpha)$, $\boldsymbol{R}_y(\alpha)$, $\boldsymbol{R}_x(\alpha)$

Dreht man das System im Gegenuhrzeigersinn um die x-Achse, so transformieren sich die Koordinaten wie folgt:

$$\begin{pmatrix} 1 & 0 & 0 \\ 0 & \cos\alpha & \sin\alpha \\ 0 & -\sin\alpha & \cos\alpha \end{pmatrix} \begin{pmatrix} x \\ y \\ z \end{pmatrix} = \boldsymbol{R}_x(\alpha) \begin{pmatrix} x \\ y \\ z \end{pmatrix}. \tag{27}$$

Bei der Transformation von den x'''', y'''', z''''-Koordinaten in die x, y, z-Koordinaten ergeben sich also folgende Matrizenmultiplikationen:

$$\boldsymbol{R}_z(-\text{☊})\,\boldsymbol{R}_x(-i)\,\boldsymbol{R}_z(-(\omega)) \begin{pmatrix} x'''' \\ y'''' \\ z'''' \end{pmatrix} = \begin{pmatrix} x \\ y \\ z \end{pmatrix}.$$

Den Gleichungen (24) kann man auch die folgende Form geben, wenn man eine einfache trigonometrische Umformung vornimmt:

$$\begin{pmatrix} x \\ y \\ z \end{pmatrix} = r \begin{pmatrix} \cos(L + \text{☊}) + 2\sin^2\frac{i}{2}\sin L \sin \text{☊} \\ \sin(L + \text{☊}) - 2\sin^2\frac{i}{2}\sin L \cos \text{☊} \\ \sin i \sin L \end{pmatrix}. \tag{28}$$

2.3. Die räumlichen Koordinaten des Satelliten in Abhängigkeit vom Orts- und Geschwindigkeitsvektor bei Brennschluß

Die vorstehend behandelten 6 Bahnelemente empfehlen sich für die Beschreibung der Satellitenbahnen am meisten; denn sie sind konstant, wenn man von den Bahnstörungen absieht. Nur die wahre Anomalie v bzw. M und E sind veränderlich.

Bei den künstlichen Erdsatelliten ist allerdings noch ein anderes System von Parametern interessant, das sich aus den Orts- und Geschwindigkeitsvektoren der Trägerrakete bei Brennschluß ergibt.

Sind nämlich der Ortsvektor

$$\boldsymbol{r} = \begin{pmatrix} x \\ y \\ z \end{pmatrix}$$

und der Geschwindigkeitsvektor

$$\boldsymbol{r}^{\cdot} = \begin{pmatrix} x^{\cdot} \\ y^{\cdot} \\ z^{\cdot} \end{pmatrix}$$

zur Zeit des Brennschlusses der Trägerrakete bekannt, so ist auch mit diesen 6 Parametern die Bahn des Satelliten im Raum eindeutig bestimmt. Man kann aus ihnen eindeutig die zugehörigen Bahnelemente auf folgendem Wege ableiten.

Der Normaleneinheitsvektor der Bahnebene ist aus $\boldsymbol{r}$ und $\boldsymbol{r}^{\cdot}$ mit folgendem Vektorprodukt bekannt

$$\boldsymbol{w} = \frac{\boldsymbol{r} \times \boldsymbol{r}^{\cdot}}{|\boldsymbol{r} \times \boldsymbol{r}^{\cdot}|} .$$

Aus den Bahnelementen ergibt sich der gleiche Vektor

$$\boldsymbol{w} = \begin{pmatrix} \sin i \sin \Omega \\ -\sin i \cos \Omega \\ \cos i \end{pmatrix} .$$

Aus einem Vergleich beider Gleichungen erhält man die Neigung i und den aufsteigenden Knoten Ω.

Drückt man in (13) $\bar{v}^2$ durch das Quadrat von $\boldsymbol{r}^{\cdot}$ aus, so folgt

$$\bar{v}^2 = \boldsymbol{r}^{\cdot 2} = k\,M \left(\frac{2}{r} - \frac{1}{a}\right) .$$

Sind $k\,M$ und ferner aus den Startbedingungen auch $\boldsymbol{r}^{\cdot 2}$ und r bekannt, so ergibt sich hiermit die große Halbachse a.

Das zweite KEPLERsche Gesetz läßt sich vektoriell wie folgt schreiben:

$$|\boldsymbol{r} \times \boldsymbol{r}^{\cdot}|^2 = k\,M\,a\,(1 - e^2)\,.$$

Aus $\boldsymbol{r}$, $\boldsymbol{r}^{\cdot}$, $k\,M$ und a findet man mit dieser Gleichung die Exzentrizität e.

Aus der Gleichung für den Radiusvektor (11) erhält man aus r, p, e die wahre Anomalie v.

Eine weitere Gleichung für v erhält man, wenn man (11) umformt zu

$$e \cos v = \frac{p}{r} - 1$$

und dann v nach der Zeit differenziert. Substituiert man dabei $v^{\cdot}$ mittels des zweiten KEPLERschen Gesetzes (14), so folgt

$$e \sin v = \sqrt{\frac{p}{k\,M}} \cdot \frac{\boldsymbol{r} \cdot \boldsymbol{r}^{\cdot}}{r}\,.$$

Aus $\cos v$ und $\sin v$ läßt sich die wahre Anomalie eindeutig ermitteln.

Das Argument der Breite L ergibt sich als Skalarprodukt des Vektors $\boldsymbol{r}$ und des Radiusvektors des aufsteigenden Knotens $\boldsymbol{n}$

$$\boldsymbol{n} = \begin{pmatrix} \cos \Omega \\ \sin \Omega \\ 0 \end{pmatrix}, \qquad \cos L = \frac{\boldsymbol{r} \cdot \boldsymbol{n}}{r}\,.$$

Aus der z-Komponente der Gleichung (24) findet man eine Gleichung für $\sin L$

$$\sin L = \frac{z}{r \sin i}\,.$$

Das Argument des Perigäums ω folgt aus der Differenz

$$\omega = L - v\,.$$

Das sechste Bahnelement, die Zeit des Durchganges durch das Perigäum, erhält man auf folgende Weise. Mit Gleichung (21) ermittelt man aus v und e die exzentrische Anomalie E, und aus e und E und der Zeit t, zu der die Vektoren $\boldsymbol{r}$ und $\boldsymbol{r}^{\cdot}$ gegeben sind, ergibt die KEPLERsche Gleichung (20) die gesuchte Zeit t_0 des Durchganges durch das Perigäum.

2.4. Reihenentwicklungen zum Zweikörperproblem

Schließlich sollen zum Zweikörperproblem noch einige wichtige Reihenentwicklungen angegeben werden.

Wird die wahre Anomalie v durch die exzentrische Anomalie E ausgedrückt, so gilt (BROUWER, CLEMENCE)

$$v = E + 2\left(\beta \sin E + \frac{1}{2}\beta^2 \sin 2\,E + \frac{1}{3}\beta^3 \sin 3\,E + \cdots\right),$$

$$\beta = \frac{1}{e}\left(1 - \sqrt{1 - e^2}\right) = \frac{1}{2}\,e + \frac{1}{8}\,e^3 + \frac{1}{16}\,e^5 + \cdots$$

und umgekehrt

$$E = v - 2\left(\beta \sin v - \frac{1}{2}\beta^2 \sin 2v + \frac{1}{3}\beta^3 \sin 3v - \cdots\right).$$

Werden die wahre und exzentrische Anomalie v und E nach der mittleren Anomalie M entwickelt, so folgt

$$v = M + \left(2e - \frac{1}{4}e^3 + - \cdots\right)\sin M + \left(\frac{5}{4}e^2 + - \cdots\right)\sin 2M + \\ + \left(\frac{13}{12}e^3 + - \cdots\right)\sin 3M,$$

$$E = M + \left(e - \frac{1}{8}e^3 + - \cdots\right)\sin M + \left(\frac{1}{2}e^2 - + \cdots\right)\sin 2M + \\ + \left(\frac{3}{8}e^3 - + \cdots\right)\sin 3M.$$

Für das Verhältnis des Radiusvektors r zur großen Halbachse a gilt

$$\frac{r}{a} = 1 + \frac{1}{2}e^2 + \left(-e + \frac{3}{8}e^3 - + \cdots\right)\cos M + \\ + \left(-\frac{1}{2}e^2 + - \cdots\right)\cos 2M + \left(-\frac{3}{8}e^3 + - \cdots\right)\cos 3M + \cdots.$$

Bei den später zu behandelnden Störungsrechnungen wird häufig die Aufgabe gestellt, über Ausdrücke der Form

$$\left(\frac{r}{a}\right)^{\bar{q}} \exp jhv$$

zu integrieren, wobei die Zeit als Integrationsvariable erscheint, $j = \sqrt{-1}$.

Daher ist es zweckmäßig, diese Form als eine FOURIER-Entwicklung nach der mittleren Anomalie M darzustellen. Es gilt hier die Formel von HANSEN (TISSERAND, CAYLEY, GROVES)

$$\left(\frac{r}{a}\right)^{\bar{q}} \exp jhv = \sum_u X_u^{\bar{q}h}(e) \exp juM, \tag{29}$$

die sich wie folgt entwickelt.

Es ist

$$\left(\frac{r}{a}\right)^{\bar{q}} \sin hv = B_1 \sin M + B_2 \sin 2M + \cdots,$$

$$\left(\frac{r}{a}\right)^{\bar{q}} \cos hv = \frac{1}{2}C_0 + C_1 \cos M + C_2 \cos 2M + \cdots$$

und damit

$$\left(\frac{r}{a}\right)^{\bar{q}} \exp jhv = \frac{1}{2}C_0 + \frac{1}{2}C_1(\Lambda + \Lambda^{-1}) + \cdots + \frac{1}{2}B_1(\Lambda - \Lambda^{-1}) + \cdots$$

$$\Lambda = \exp jM.$$

Mit

$$\frac{1}{2} C_0 = X_0^{\bar{q},h},$$

$$\frac{1}{2}(C_1 + B_1) = X_1^{\bar{q},h}; \qquad \frac{1}{2}(C_1 - B_1) = X_{-1}^{\bar{q},h},$$

$$\frac{1}{2}(C_2 + B_2) = X_2^{\bar{q},h}; \qquad \frac{1}{2}(C_2 - B_2) = X_{-2}^{\bar{q},h},$$

$$\ldots \quad \ldots \quad \ldots \quad \ldots$$

$$C_0 = 2\, X_0^{\bar{q},h};$$

$$C_1 = X_1^{\bar{q},h} + X_{-1}^{\bar{q},h};$$

$$B_1 = X_1^{\bar{q},h} - X_{-1}^{\bar{q},h},$$

$$\ldots$$

folgt Gleichung (29).

Die HANSENsche Funktion berechnet sich wie folgt

$$X_u^{\bar{q}\,h}(e) = (1 + \beta^2)^{-\bar{q}-1} \sum_s J_s(u\,e)\, X_{u\,s}^{\bar{q},h}(e)\,.$$

$$X_{u\,s}^{\bar{q},h}(e) = (-\beta)^{-h+u-s} \binom{\bar{q} - h + 1}{-h + u - s} \times$$

$$\times F(-\bar{q} + u - s - 1,\ -\bar{q} - h - 1,\ -h + u - s + 1,\ \beta^2),$$

$$u - s \geqq h;$$

$$X_{u\,s}^{\bar{q}\,h}(e) = (-\beta)^{h-u+s} \binom{\bar{q} + h + 1}{h - u + s} \times$$

$$\times F(-\bar{q} - u + s - 1,\ -\bar{q} + h - 1,\ h - u + s + 1,\ \beta^2),$$

$$u - s \leqq h\,.$$

$J_s(x)$ ist die BESSELsche Funktion der Ordnung s, und $F(\alpha_1, \alpha_2, \alpha_3, x)$ ist die hypergeometrische Reihe

$$F(\alpha_1, \alpha_2, \alpha_3, x) = 1 + \frac{\alpha_1\,\alpha_2}{1 \cdot \alpha_3} x + \frac{\alpha_1\,(\alpha_1 + 1)\,\alpha_2\,(\alpha_2 + 1)}{1 \cdot 2 \cdot \alpha_3\,(\alpha_3 + 1)} x^2 + \cdots.$$

KAULA hat in seiner Störungstheorie die Substitution

$$G_{l\,p\,q}(e) = X_{(l-2p+q)}^{-(l+1),\,(l-2p)} \tag{30}$$

vorgenommen.

Tabelle 1 zeigt einige der Funktionen $X_u^{\bar{q},h}$. Sie wurden der Tabelle von CAYLEY entnommen.

Tabelle 1: Die Funktion von HANSEN

$\bar{q}$	h	u	$X_u^{\bar{q},h}$	$\bar{q}$	h	u	$X_u^{\bar{q},h}$
−3	0	−2	$\frac{9}{4} e^2 + \cdots$	−4	1	−1	$\frac{11}{8} e^2 + \cdots$
		−1	$\frac{3}{2} e + \frac{27}{16} e^3 + \cdots$			0	$e + \frac{5}{2} e^3 + \cdots$
		0	$1 + \frac{3}{2} e^2 + \cdots$			1	$1 + 2 e^2 + \cdots$
		1	$\frac{3}{2} e + \frac{27}{16} e^3 + \cdots$			2	$3 e + \frac{11}{4} e^3 + \cdots$
		2	$\frac{9}{4} e^2 + \cdots$			3	$\frac{53}{8} e^2 + \cdots$
−3	2	0	0	−4	3	1	$\frac{1}{8} e^2 + \cdots$
		1	$-\frac{1}{2} e + \frac{1}{16} e^3 + \cdots$			2	$- e + \frac{5}{4} e^3 + \cdots$
		2	$1 - \frac{5}{2} e^2 + \cdots$			3	$1 - 6 e^2 + \cdots$
		3	$\frac{7}{2} e - \frac{123}{16} e^3 + \ldots$			4	$5 e - 22 e^3 + \cdots$
		4	$\frac{17}{2} e^2 + \cdots$			5	$\frac{127}{8} e^2 + \cdots$

2.5. Literatur

[1] BROUWER, D., CLEMENCE, G. M.: Methods of Celestial Mechanics. Academic Press, New York, London 1961.

[2] CAYLEY, A.: Tables of the developments of functions in the theory of elliptic motion. Mem. of the Royal Astron. Soc., London, **29** (1861).

[3] GROVES, G. V.: Motion of a Satellite in the Earth's Gravitational Field. Proc. Roy. Soc. Ser. A, **254** (1960) 48.

[4] GROVES, G. V.: Dynamics of Rockets and Satellites. North-Holland Publishing Company, Amsterdam 1965.

[5] MOULTON, F. R.: Einführung in die Himmelsmechanik. Leipzig, Berlin 1927.

[6] TISSERAND, F.: Traité de Mécanique Céleste, 1. Gauthier-Villars et Fils, Paris 1889.

[7] ZHONGOLOVICH, I. D., AMELIN, V. M.: Tables and Nomograms for the Processing of Observations made on Artificial Earth Satellites. Pergamon Press 1961.

3. Bahnstörungen durch das Gravitationsfeld

3.1. Störbeschleunigungen

Für die Bewegung eines Satelliten um einen kugelsymmetrischen Zentralkörper gelten die Bewegungsgleichungen (3). Die Erde hat nur in hoher Annäherung diese Eigenschaft, kugelsymmetrisch zu sein. Die durch die unregelmäßige Topographie der Erdoberfläche zum Ausdruck kommenden Abweichungen von der Kugelsymmetrie sind offensichtlich.

Diese Massenunregelmäßigkeiten im Erdkörper rufen nach dem Gravitationsgesetz zusätzliche Kraftwirkungen hervor, die auch am Satelliten angreifen und seine Bahn stark verändern, besonders wenn der Satellit nur wenige tausend Kilometer über der Erde seine Bahn zieht.

Das Gravitationspotential V der Erde gehorcht im Außenraum der LAPLACEschen Differentialgleichung. Man kann es durch eine Kugelfunktionsentwicklung darstellen.

$$V = \frac{k\,M}{r}\left[1 + \sum_{l=2}^{\infty}\left(\frac{R_E}{r}\right)^l \sum_{m=0}^{l} \overline{P}_{lm}(\sin\varphi)\ \{\overline{C}_{lm}\cos m\lambda + \overline{S}_{lm}\sin m\lambda\}\right]. \tag{31}$$

$\overline{P}_{lm}$ sind die zugeordneten Kugelfunktionen, die nach der Gleichung

$$\int_0^{2\pi}\int_{-\pi/2}^{\pi/2}\left[\overline{P}_{lm}(\sin\varphi)\begin{Bmatrix}\cos m\lambda\\ \sin m\lambda\end{Bmatrix}\right]^2 \cos\varphi\, d\varphi\, d\lambda = 4\pi \tag{32}$$

normiert sind.

Addiert man zu V das Potential der durch die Erdrotation verursachten Zentrifugalkraft, dann erhält man das Schwerepotential W.

In Gleichung (3) war lediglich das Hauptglied dieser Entwicklung berücksichtigt worden, nämlich

$$\overline{V} = \frac{k\,M}{r}$$

mit den Beschleunigungskomponenten

$$\frac{\partial}{\partial x}\overline{V} = -\frac{k\,M}{r^3}\,x\,, \qquad \frac{\partial}{\partial y}\overline{V} = -\frac{k\,M}{r^3}\,y\,, \qquad \frac{\partial}{\partial z}\overline{V} = -\frac{k\,M}{r^3}\,z\,.$$

Bei einer strengeren Betrachtungsweise müssen aber auf der rechten Seite der Gleichung (3) die Ableitungen des gesamten Ausdrucks V nach den x, y, z-Koordinaten eingeführt werden.

So ergibt sich in bezug auf die x-Koordinate die folgende Bewegungsgleichung

$$x^{\cdot\cdot} = -k\,M\,\frac{x}{r^3} + \frac{\partial}{\partial x}(V - \overline{V})\,. \tag{33}$$

Analoge Ausdrücke gelten für die y- und z-Komponente.

An den Satelliten greifen also noch die Zusatzbeschleunigungen

$$\frac{\partial}{\partial x}(V - \overline{V})\,, \qquad \frac{\partial}{\partial y}(V - \overline{V})\,, \qquad \frac{\partial}{\partial z}(V - \overline{V})$$

an, so daß der Satellit nicht mehr wie beim Zweikörperproblem eine im Raum unverändert gelagerte Ellipsenbahn hat, sondern aus dieser Bahn herausgeführt wird. Es gilt, die durch die Zusatzbeschleunigungen hervorgerufenen Bahnstörungen zu bestimmen, um sie in Rechnung stellen zu können. So erhält man einerseits, wenn das Gravitationsfeld bekannt ist, die genaue Bahn des Satelliten, und andererseits findet man, wenn Satellitenbeobachtungen vorliegen, aus den beobachteten Bahnstörungen die Stokesschen Konstanten $\overline{C}_{lm}$, $\overline{S}_{lm}$ der Gleichung (31) und damit das für die Geodäsie wichtige Gravitationsfeld der Erde V.

Auch die gestörte Bahnbewegung läßt sich durch 6 Bahnelemente beschreiben, nur sind diese dann nicht mehr konstant wie beim Zweikörperproblem, sondern sie sind mit der Zeit veränderlich.

Man bestimmt daher für den jeweiligen Zeitpunkt eine Bahnellipse, die sich der Satellitenbahn am besten anschmiegt, die mit ihr also drei infinitesimal benachbarte Punkte (6 Daten) mit Angabe der Zeit gemeinsam hat: die Schmiegungsellipse.

Man kann die Schmiegungsellipse auch noch auf andere Weise beschreiben. Durch die störenden Beschleunigungen weichen nämlich der Ortsvektor $\boldsymbol{r}$ und der Geschwindigkeitsvektor $\boldsymbol{r}^{\cdot}$ des Satelliten von den Werten ab, die sie im ungestörten Falle haben würden. Die gestörten Vektoren $\boldsymbol{r}$ und $\boldsymbol{r}^{\cdot}$ gestatten aber nach den Ausführungen von Kapitel II die eindeutige Bestimmung der Oskulationsellipse.

Nimmt man an, daß, während der Satellit einen bestimmten Bahnpunkt durchläuft, plötzlich die Störbeschleunigungen verschwinden, so wird der Satellit dann in der Schmiegungsellipse dieses Punktes seine Bahn weiterführen.

3.2. Lagrangesche Störungsgleichungen

Nach (33) liegen für die Bewegung des Satelliten drei Differentialgleichungen 2. Ordnung vor. Es empfiehlt sich, sie in 6 Gleichungen 1. Ordnung umzuformen. Mit der Substitution

$$x_1 = x^{\cdot}$$

folgen die beiden simultanen Gleichungen 1. Ordnung für die x-Komponente.

$$x^{\cdot} - x_1 = 0\,; \qquad x_1^{\cdot} + k\,M\,\frac{x}{r^3} = \frac{\partial}{\partial x}(V - \overline{V}) \tag{34}$$

und analoge Gleichungssysteme für die y- und z-Komponente. Würden keine Störungskräfte auftreten, so ergäbe sich statt (34)

$$x^{\cdot} - x_1 = 0; \qquad x_1^{\cdot} + k\,M\,\frac{x}{r^3} = 0\,, \tag{35}$$

und die Lösung dieses Systems wäre eine KEPLER-Ellipse mit 6 festen Bahnelementen $\varkappa_1, \ldots, \varkappa_6$.

$$x = f(\varkappa_1 \ldots, \varkappa_6, t)\,, \qquad x_1 = f_1(\varkappa_1, \ldots, \varkappa_6, t)\,. \tag{36}$$

Nach den vorstehenden Erörterungen werden aber bei dem gestörten Problem, Gleichung (34), die Bahnelemente sich mit der Zeit verändern.

$$\varkappa_i = \varkappa_i(t)\,.$$

Die Ableitungen von x und x_1 nach der Zeit sind daher

$$\frac{dx}{dt} = \frac{\partial x}{\partial t} + \sum_i \frac{\partial x}{\partial \varkappa_i}\,\frac{\partial x_i}{\partial t}\,, \qquad \frac{dx_1}{dt} = \frac{\partial x_1}{\partial t} + \sum_i \frac{\partial x_1}{\partial \varkappa_i}\,\frac{\partial \varkappa_i}{\partial t}\,.$$

Diese Beziehungen werden in (34) eingesetzt, und man erhält

$$\frac{\partial x}{\partial t} - x_1 + \sum_i \frac{\partial x}{\partial \varkappa_i}\,\frac{\partial \varkappa_i}{\partial t} = 0\,,$$

$$\frac{\partial x_1}{\partial t} + k\,M\,\frac{x}{r^3} + \sum_i \frac{\partial x_1}{\partial \varkappa_i}\,\frac{\partial \varkappa_i}{\partial t} = \frac{\partial}{\partial x}\,(V - \overline{V})\,.$$

Analoge Gleichungen ergeben sich für die y- und z-Komponenten.

Nun sind aber $\frac{\partial x}{\partial t}$ und $\frac{\partial x_1}{\partial t}$ gleich den totalen Ableitungen im Falle konstanter Bahnelemente. Daher gilt mit (35)

$$\frac{\partial x}{\partial t} - x_1 = 0; \qquad \frac{\partial x_1}{\partial t} + k\,M\,\frac{x}{r^3} = 0\,.$$

So ergeben sich die Gleichungen

$$\sum_i \frac{\partial x}{\partial \varkappa_i}\,\frac{\partial \varkappa_i}{\partial t} = 0\,, \qquad \sum_i \frac{\partial x_1}{\partial \varkappa_i}\,\frac{\partial \varkappa_i}{\partial t} = \frac{\partial}{\partial x}\,(V - \overline{V})\,. \tag{37}$$

Mit den entsprechenden Gleichungen für die y- und z-Komponente folgen 6 Gleichungen, die linear in den gesuchten 6 Ableitungen der Bahnelemente $\frac{\partial \varkappa_i}{\partial t}$ sind und die somit die Bestimmung dieser Werte gestatten. Die Ausdrücke $\frac{\partial x}{\partial \varkappa_i}$, $\frac{\partial x_1}{\partial \varkappa_i}$ in (37) sind nach dem Zweikörperproblem als Funktionen der Bahnelemente $\varkappa_i$ bekannt, so daß mit (37) die Ableitungen der Bahnelemente durch die Ableitungen des Störpotentials nach den Koordinaten x, y, z ausgedrückt sind. Es ist schließlich noch zweckmäßig, die Ableitungen von $V - \overline{V}$ nach den 3 räumlichen Koordinaten x, y, z zu ersetzen durch die Ableitungen dieses Störpotentials nach den 6 Bahnelementen $a, e, \omega, i,$ ☊, M.

Die Auflösung der linearen Gleichungen (37) ergibt also die gesuchten zeitlichen Ableitungen der Bahnelemente durch Ausdrücke der folgenden Form.

$$\varkappa_i^{\cdot} = g(\varkappa_1, \ldots, \varkappa_6, t)\,, \qquad i = 1, 2, \ldots, 6\,. \tag{38}$$

Dies sind die LAGRANGEschen Störungsgleichungen.

Die ausführliche Herleitung der Gleichungen (38) kann hier nicht gegeben werden, sie kann in den Handbüchern der Himmelsmechanik nachgeschlagen werden.

Setzt man für das Störpotential $V - \overline{V}$ zur Abkürzung

$$R = V - \overline{V}\,, \tag{39}$$

so haben die LAGRANGEschen Störungsgleichungen die folgende Gestalt, wenn man die Ableitungen des Potentials R nach den 6 Bahnelementen einführt:

$$\left.\begin{aligned}
a^{\cdot} &= \frac{2}{n\,a} \cdot \frac{\partial R}{\partial M}\,,\\
e^{\cdot} &= \frac{1 - e^2}{n\,a^2\,e} \cdot \frac{\partial R}{\partial M} - \frac{(1 - e^2)^{1/2}}{n\,a^2\,e} \cdot \frac{\partial R}{\partial \omega}\,,\\
\omega^{\cdot} &= -\frac{\cos i}{n\,a^2\,(1 - e^2)^{1/2} \sin i}\,\frac{\partial R}{\partial i} + \frac{(1 - e^2)^{1/2}}{n\,a^2\,e}\,\frac{\partial R}{\partial e}\,,\\
\frac{di}{dt} &= \frac{\cos i}{n\,a^2\,(1 - e^2)^{1/2} \sin i}\,\frac{\partial R}{\partial \omega} - \frac{1}{n\,a^2\,(1 - e^2)^{1/2} \sin i}\,\frac{\partial R}{\partial \Omega}\,,\\
\Omega^{\cdot} &= \frac{1}{n\,a^2\,(1 - e^2)^{1/2} \sin i}\,\frac{\partial R}{\partial i}\,,\\
M^{\cdot} &= n - \frac{1 - e^2}{n\,a^2\,e}\,\frac{\partial R}{\partial e} - \frac{2}{n\,a}\,\frac{\partial R}{\partial a}\,.
\end{aligned}\right\} \tag{40}$$

Die letzte für $M^{\cdot}$ gültige Gleichung des Systems (40) enthält im Gegensatz zu den anderen Gleichungen ein Glied, in dem nicht explizit eine Ableitung des Störpotentials R erscheint. Es ist das erste Glied dieser Gleichung, das gleich der für die momentane Oskulationsellipse gültigen Winkelgeschwindigkeit n ist. n ist nach dem dritten KEPLERschen Gesetz allein von der großen Halbachse a abhängig

$$n = n(a) = \sqrt{\frac{k\,M}{a^3}}\,. \tag{41}$$

Wenn bei numerischen Störungsberechnungen über die Gleichungen (40) nach der Zeit integriert werden muß, um die Störungen selbst zu erhalten

$$\delta a = \int_{t_0}^{t} a^{\cdot}\,dt\,, \qquad \delta e = \int_{t_0}^{t} e^{\cdot}\,dt, \ldots, \tag{42}$$

so erhält man stets die Änderungen der Störungen seit einem vorgegebenen Zeitmoment t_0, während die Bahnelemente zu diesem Zeitpunkt t_0, nämlich

$a_0, e_0, \ldots, M_0$, zu den Unbekannten des Problems gehören, die durch eine Ausgleichung der Satellitenbeobachtungen gewonnen werden müssen. Für n gilt also

$$\left.\begin{aligned} n &= \sqrt{\frac{k\,M}{(a_0+\delta a)^3}} = n_0 - \frac{3}{2}\,\frac{n}{a}\,\delta a; \\ n &= n_0 + \int\limits_{t_0}^{t} \frac{\partial n}{\partial t}\,dt = n_0 - \frac{3}{2}\,\frac{n}{a} \int\limits_{t_0}^{t} a^{\cdot}\,dt \end{aligned}\right\} \tag{43}$$

mit

$$n_0 = \sqrt{\frac{k\,M}{a_0^3}}\,.$$

In der letzten Gleichung (40) ist n mittels (43) zu substituieren. Während man also in (40) bei allen Gleichungen sonst nur einmal zu integrieren braucht, macht sich bei der Bestimmung der mittleren Anomalie M bei der Integration über die Winkelgeschwindigkeit n in der letzten Gleichung eine doppelte Integration notwendig.

$$\int\limits_{t_0}^{t} n\,dt = n_0\,(t-t_0) - \frac{3}{2}\,\frac{n}{a} \int\limits_{t_0}^{t} dt \int\limits_{t_0}^{t} a^{\cdot}\,dt\,. \tag{44}$$

3.3. Gausssche Form der Lagrangeschen Störungsgleichungen

Die Störungsgleichungen der Form (40) sind vor allem anzuwenden, wenn das Störpotential nach den Bahnelementen entwickelt ist. Es empfiehlt sich besonders, diese Formeln nach trigonometrischen Funktionen der mittleren Anomalie M zu entwickeln, weil M dann in genügender Annäherung linear mit der Zeit geht und daher leicht eine analytische Integration über die Zeit durchgeführt werden kann.

Es gibt aber auch Fälle, in denen es sich empfiehlt, die zeitlichen Ableitungen der 6 Bahnelemente nicht durch die Ausdrücke $\frac{\partial R}{\partial a}, \frac{\partial R}{\partial e}, \ldots$, sondern durch drei orthogonale Komponenten der Störbeschleunigung auszudrücken.

Die Störbeschleunigung in der Richtung senkrecht zur Bahnebene des Satelliten und positiv in der Richtung zum Nordpol sei K_1. Die Komponente K_2 liegt in der Bahnebene des Satelliten senkrecht zum Radiusvektor, sie bildet mit dem Geschwindigkeitsvektor des Satelliten einen spitzen Winkel. Die Komponente K_3 weist in die Richtung des Radiusvektors, positiv nach außen.

$$\operatorname{grad} R = \nabla R = \begin{pmatrix} K_1 \\ K_2 \\ K_3 \end{pmatrix}.$$

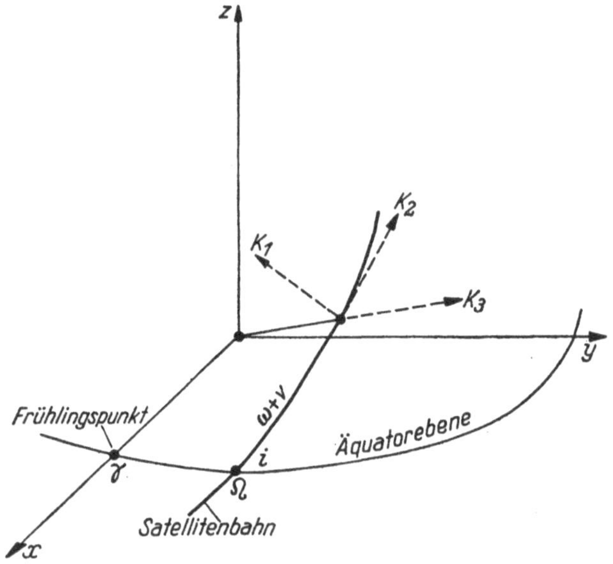

Abb. 6

Damit ergibt sich die GAUSSsche Form der Störungsgleichungen.

$$\left.\begin{aligned}
a^{\cdot} &= \frac{2}{n\sqrt{1-e^2}}\left(e \sin v \cdot K_3 + \frac{p}{r} \cdot K_2\right), \\
e^{\cdot} &= \frac{\sqrt{1-e^2}}{n\,a}\left(\sin v\, K_3 + (\cos E + \cos v)\, K_2\right), \\
\omega^{\cdot} &= \frac{\sqrt{1-e^2}}{n\,a\,e}\left[-\cos v\, K_3 + \left(\frac{r}{p} + 1\right)\sin v\, K_2\right] - \cos i\,\frac{d\Omega}{dt}, \\
i^{\cdot} &= \frac{1}{n\,a\sqrt{1-e^2}}\,\frac{r}{a}\cos(\omega + v)\, K_1, \\
\Omega^{\cdot} &= \frac{1}{n\,a\sqrt{1-e^2}}\,\frac{r}{a}\,\frac{\sin(\omega + v)}{\sin i}\cdot K_1, \\
M^{\cdot} &= n - \frac{1}{n\,a}\left(\frac{2\,r}{a} - \frac{1-e^2}{e}\cos v\right)\cdot K_3 - \frac{1-e^2}{n\,a\,e}\left(1 + \frac{r}{p}\right)\sin v \cdot K_2\,.
\end{aligned}\right\} \tag{45}$$

3.4. Störungsgleichungen für kleine Exzentrizitäten

Die Störungsgleichungen (40) und (45) haben den Nachteil, daß bei einigen Gleichungen im Nenner die Exzentrizität e erscheint, ein Wert, der bei genähert kreisförmigen Satellitenbahnen sehr klein ist, gelegentlich ist $e \cong 0{,}01$. Damit erhält man in den Störungsgleichungen große Koeffizienten, ein Umstand, der bei numerischen Rechnungen unangenehm sein kann. Die Ursache für diese Erscheinung ist darin zu finden, daß bei einer Bahn mit kleinem e das Perigäum nicht mehr scharf definiert ist. In ihrem Einfluß auf die räumlichen Koordinaten des Satelliten heben sich die Singularitäten selbstverständlich auf. So haben beispielsweise die Störungen in ω und M diese Singularität, doch bei der Berechnung der Satellitenkoordinaten nach Gleichung (24) braucht man die Summe $\omega + M$ oder $\omega + v$. Diese Werte sind frei von der betrachteten Singularität.

Trotzdem kann es nützlich sein, ein anderes System von Bahnelementen zu haben, das frei von diesen Besonderheiten ist. CHEBOTAREV wählte als Bahnelemente die Parameter

$$a, h, l^*, \Omega, i, \lambda^*$$

mit den Substitutionen

$$\begin{aligned} h &= e \sin \omega\,, \\ l^* &= e \cos \omega\,, \\ \lambda^* &= M + \omega\,, \end{aligned}$$

und fand die folgende Form der LAGRANGEschen Störungsgleichungen für die Schmiegungselemente

$$\left.\begin{aligned}
\frac{da}{dt} &= \frac{2}{n\,a}\frac{\partial R}{\partial \lambda^*}\,, \\
\frac{dh}{dt} &= \frac{1}{n\,a^2}\frac{\partial R}{\partial l^*} - \frac{h}{2\,n\,a^2}\frac{\partial R}{\partial \lambda^*} - \frac{l^* \cot i}{n\,a^2}\frac{\partial R}{\partial i}\,, \\
\frac{dl^*}{dt} &= -\frac{1}{n\,a^2}\frac{\partial R}{\partial h} - \frac{l^*}{2\,n\,a^2}\frac{\partial R}{\partial \lambda^*} + \frac{h \cot i}{n\,a^2}\frac{\partial R}{\partial i}\,, \\
\frac{d\Omega}{dt} &= \frac{\operatorname{cosec} i}{n\,a^2}\frac{\partial R}{\partial i}\,, \\
\frac{di}{dt} &= \frac{\cot i}{n\,a^2}\left(l^*\frac{\partial R}{\partial h} - h\frac{\partial R}{\partial l^*} + \frac{\partial R}{\partial \lambda^*}\right) - \frac{\operatorname{cosec} i}{n\,a^2}\frac{\partial R}{\partial \Omega}\,, \\
\frac{d\lambda^*}{dt} &= -\frac{2}{n\,a}\frac{\partial R}{\partial a} + \frac{1}{2\,n\,a^2}\left(h\frac{\partial R}{\partial h} + l^*\frac{\partial R}{\partial l^*}\right) - \frac{\cot i}{n\,a^2}\frac{\partial R}{\partial i}\,.
\end{aligned}\right\} \quad (46)$$

Will man mit diesen 6 Parametern die Satellitenpositionen nach (24) oder (28) errechnen, so muß man aus h und l^* noch e und ω und aus $\lambda^* = M + \omega$ noch das Argument der Breite L ermitteln. CHEBOTAREV hat Reihenentwicklungen angegeben, durch die L und der Radiusvektor r direkt als Funktionen von a, h, l^*, λ^* dargestellt werden.

3.5. Numerische Integration der Bewegungsgleichungen

Während die LAGRANGEschen Störungsgleichungen von der 1. Ordnung sind, so daß zu ihrer Auflösung nur eine einfache Integration notwendig ist, wenn man von dem Ausdruck in der Entwicklung für $M^{\cdot}$ absieht, so kann es auch zweckmäßig sein, direkt von den Bewegungsgleichungen (33) auszugehen und ohne weitere Transformationen die x, y und z-Koordinate durch zweifache Integration dieser Gleichungen zu gewinnen. Die numerische Mathematik bietet zahlreiche auch für elektronische Rechenmaschinen geeignete Integrationsverfahren an.

Man kann beispielsweise für die rechte Seite der Gleichung (33) zeitlich äquidistante Werte aus genäherten Bahnelementen berechnen. Mit diesen äquidistanten Werten kann man mittels einer der Interpolationsformeln höherer Ordnung einen analytischen Ausdruck für die rechte Seite von (33), also für $x^{\cdot\cdot}$ aufstellen, über den dann zweifach integriert werden muß. Gegebenenfalls müssen weitere Iterationen eine Verschärfung der Lösung herbeiführen.

Numerische Integrationen dieser Art wurden von R. J. ANDERLE bei der Bestimmung des Gravitationsfeldes aus DOPPLER-Beobachtungen in größerem Ausmaß durchgeführt. Für die Bestimmung der Position der Satelliten wählte man das von den Astronomen häufig benutzte Integrationsverfahren von COWELL, wobei hier die Entwicklungen bis zu den Differenzen 10. Ordnung getrieben wurden.

Das Verfahren von COWELL zieht relativ wenig numerische Rechnungen nach sich, weil es direkt die Position des Satelliten berechnet, ohne seine Geschwindigkeit zu betrachten.

Ähnliche Möglichkeiten zur numerischen Integration der Gleichungen (33) ergeben sich aus dem RUNGE-KUTTA-Verfahren.

Für die Integration der Störungsgleichungen (45) hat sich ebenfalls oft ein numerisches Verfahren empfohlen. Man kann diese Gleichungen beispielsweise nach SIMPSON integrieren mit Integrationsintervallen von etwa 30 bis 60 s Länge.

$$\int f\,dx = \frac{1}{3}\,\Delta x\,(f_1 + 4 f_2 + 2 f_3 + 4 f_4 + \cdots + 4 f_{n-1} + f_n)\,.$$

n muß eine ungerade Zahl ein.

Diese numerischen Integrationsmethoden sind gelegentlich auch wichtig als unabhängige Kontrollmöglichkeiten für die aus den LAGRANGEschen Störungsgleichungen (40) mittels analytischer Integration über die 6 Bahnelemente erhaltenen Satellitenbahnen.

Es kann aber festgestellt werden, daß die numerische Integration im allgemeinen mehr Rechenzeit für den Automaten erfordert als die analytische Integration der Gleichungen (40), wobei man diese letzteren Gleichungen in von der mittleren Anomalie abhängige trigonometrische Funktionen entwickelt hat. Literatur zur numerischen Integration der Bewegungsgleichungen findet sich bei KULIKOW, BROWER und CLEMENCE, SCHNEIDER, COLLATZ, ARNOLD.

3.6. Entwicklung des Störpotentials nach Bahnelementen

Wendet man sich der analytischen Integration der Bewegungsgleichungen (40) zu, so ist es notwendig, das Störpotential R als eine Funktion von den 6 Bahnelementen darzustellen, damit man die betreffenden Differentiationen nach diesen Bahnelementen ausführen und über die Zeit integrieren kann.

Groves geht bei diesen Untersuchungen von der folgenden Darstellung des Störpotentials in räumlichen Polarkoordinaten r, φ, λ aus

$$\left.\begin{aligned} R &= \sum_{l=2}^{\infty} \sum_{m=0}^{l} R_{lm} , \\ R_{lm} &= A_{lm} \left(\frac{R_E}{r}\right)^{l+1} T_{lm}(\sin\varphi) \cos m (\lambda - \lambda_m) . \end{aligned}\right\} \tag{47}$$

A_{lm}, λ_m sind die Parameter des Gravitationsfeldes. T_{lm} ergibt sich aus der m-ten Ableitung der Legendreschen Kugelfunktion l-ter Ordnung wie folgt:

$$T_{lm}(\sin\varphi) = \cos^m \varphi \frac{\partial m}{\partial \sin^m \varphi} P_l(\sin\varphi) . \tag{48}$$

Aus Abbildung 3 entnimmt man leicht die sphärischen Beziehungen

$$\left.\begin{aligned} &\sin\varphi = \sin i \sin(\omega + v) , \\ &\cos\varphi \sin\bar{l} = \cos i \sin(\omega + v) , \\ &\cos\varphi \cos\bar{l} = \cos(\omega + v) , \\ &\lambda = \Omega + \bar{l} - \Theta , \\ &\bar{l} = \alpha - \Omega , \end{aligned}\right\} \tag{49}$$

wenn Θ die Greenwicher Sternzeit und α die Rektaszension ist.

Setzt man

$$\lambda - \lambda_m = \bar{l} - \bar{l}_m , \tag{50}$$

so wird

$$\bar{l}_m = \Theta_1 t + \Theta_0 + \lambda_m - \Omega , \tag{51}$$

wenn

$$\Theta = \Theta_1 t + \Theta_0 .$$

Substituiert man (48) in (47), so kann man für die dann auftretenden Produkte $\cos^m \varphi \cos m (\lambda - \lambda_m)$ wegen der allgemeinen Formel

$$\exp j m \psi = (\cos\psi + j \sin\psi)^m$$

mit (49), (50) setzen

$$\left.\begin{aligned} \cos^m \varphi \exp j m (\lambda - \lambda_m) = \exp(- j m \bar{l}_m) [\cos(\omega + v) + \\ + j \cos i \sin(\omega + v)]^m , \\ j = \sqrt{-1} . \end{aligned}\right\} \tag{52}$$

Für die Entwicklung der Funktion $T_{lm}(\sin\varphi)$ lassen sich die Ableitungen der Kugelfunktionen mit Hilfe des Additionstheorems der Kugelfunktionen

$$P_l(x) = \sum_{k=0}^{l} u_k \frac{(l-k)!}{(l+k)!} T_{lk}(x_1)\, T_{lk}(x_2) \cos k\gamma ,$$

$$x = x_1 x_2 + \sqrt{(1-x_1^2)(1-x_2^2)} \cos\gamma ,$$

$$u_k = 1 , \quad \text{wenn} \quad k = 0 ,$$

$$u_k = 2 , \quad \text{wenn} \quad k = 1, \ldots, l$$

nach m-facher Differentiation nach $\cos\gamma$ und mit den Substitutionen

$$x_1 = 0 , \qquad x_2 = \cos i , \qquad \gamma = \frac{\pi}{2} - (\omega + v) ,$$

wie folgt, durch i, ω, v darstellen:

$$\sin^m i\, P_l^{(m)}(\sin\varphi) = \sum_{k=0}^{l} u_k \frac{(l-k)!}{(l+k)!} T_{lk}(0)\, T_{lk}(\cos i) \frac{d^m \cos k\gamma}{(d\cos\gamma)^m} . \tag{53}$$

$m)$ bedeutet die m-malige Differentiation nach $\sin\varphi$.

Mit einigen weiteren Umformungen und nach Einführung der Beziehung (29) erhielt Groves schließlich das Störpotential R als Funktion von den 6 Bahnelementen

$$R_{lm} = A_{lm} \left(\frac{R_E}{a}\right)^{l+1} \sum_{k=0}^{l} \sum_{p=0}^{k} \sum_{u} V_{lk}^m(i)\, W_u^{l \cdot k-2p}(e) \times$$

$$\times \left\{ \begin{matrix} C_{kp}^m(i) \cos \\ C_{kp}^{m'}(i) \sin \end{matrix} [u M + (k-2p)\,\omega' - m \bar{l}_m] + \right.$$

$$\left. + \begin{matrix} D_{kp}^m(i) \cos \\ D_{kp}^{m'}(i) \sin \end{matrix} [u M + (k-2p)\,\omega' + m \bar{l}_m] \right\} . \tag{54}$$

Die V_{lk}^m sind Ausdrücke in den zugeordneten Kugelfunktionen, auf die hier nicht näher eingegangen werden soll. Die $W_u^{l \cdot k-2p}$ leiten sich sehr leicht aus den Funktionen $X_u^{\bar{q}h}$ ab, (29). Für die C_{kp}^m, $C_{kp}^{m'}$, D_{kp}^m, $D_{kp}^{m'}$ gibt Groves Polynomentwicklungen nach $\sin\frac{1}{2}i$, $\cos\frac{1}{2}i$ an. $\omega' = \omega - \frac{\pi}{2}$.

Die in der Satellitengeodäsie behandelten Bahnen erstrecken sich maximal nur über wenige Monate, bei ihnen können im Störpotential R die drei Bahnelemente i, a, e meistens in genügender Näherung als konstant angesehen werden, so daß man nur die unter einer Sinus- bzw. Cosinusfunktion auftretenden Parameter M, ω', $\bar{l}_m$ oder die äquivalenten Bahnelemente M, Ω, ω und die Sternzeit Θ als zeitabhängige Veränderliche hat. Θ ist in Strenge, M und Ω und ω sind in genügender Annäherung linear veränderlich mit der Zeit.

Von der Gleichung (54) sind also die Ableitungen nach den Bahnelementen zu bilden, und diese sind in die Störungsgleichungen (40) einzusetzen.

Sind die Parameter des Schwerefeldes A_{lm} und λ_m gegeben, dann ist der Ausdruck (54) gut geeignet, die durch das Gravitationsfeld der Erde hervorgerufenen Bahnstörungen zu berechnen.

In der Geodäsie tritt aber auch die umgekehrte Aufgabe auf, aus den beobachteten Bahnstörungen die Konstanten des Gravitationsfeldes zu bestimmen. Bei der Ausgleichung der Beobachtungen benötigt man eine Darstellung der Beobachtungen linear in den Konstanten des Gravitationsfeldes, dies ist aber mit (54) nicht ohne weiteres zu erreichen, weil λ_m als Argument einer trigonometrischen Funktion auftritt und a priori in seinem ganzen Variationsbereich $0° \cdots 360°$ unbekannt ist.

Kaula hat für (47) den folgenden Ansatz eingeführt:

$$R_{lm} = k\,M\,\frac{R_E^l}{r^{l+1}}\,P_{lm}(\sin\varphi)\,(C_{lm}\cos m\lambda + S_{lm}\sin m\lambda)\,; \tag{55}$$

k: Gravitationskonstante

P_{lm}: zugeordnete Kugelfunktionen, normiert nach

$$\int\limits_{\varphi=-\pi/2}^{+\pi/2} [P_{lm}(\sin\varphi)]^2 \cos\varphi\,d\varphi = \frac{2}{2\,l+1}\,\frac{(l+m)!}{(l-m)!}\,, \qquad m \neq 0\,,$$

$$P_{lm}(\sin\varphi) = \frac{\cos^m\varphi}{2^l\,l!}\,\frac{d^{l+m}}{d(\sin\varphi)^{l+m}}\,(\sin^2\varphi - 1)^l\,.$$

Dieser Ausdruck ist linear in den Unbekannten des Gravitationsfeldes C_{lm}, S_{lm}, und es gilt, die Parameter λ, φ und r durch die 6 Bahnelemente auszudrücken. Aus Abb. 3 entnimmt man

$$m\lambda = [m(\alpha - \Omega) + m(\Omega - \Theta)]\,,$$

wobei α die Rektaszension und Θ die Greenwicher Sternzeit ist, also

$$\cos m\lambda = \cos m(\alpha - \Omega)\cos m(\Omega - \Theta) - \sin m(\alpha - \Omega)\sin m(\Omega - \Theta)$$

und ein analoger Ausdruck für $\sin m\lambda$.

Aus Abb. 3 entnimmt man weiter

$$\cos(\alpha - \Omega) = \frac{\cos(\omega + v)}{\cos\varphi}\,,$$

$$\sin(\alpha - \Omega) = \frac{\sin(\omega + v)\cos i}{\cos\varphi}\,,$$

$$\sin\varphi = \sin i\,\sin(\omega + v)\,.$$

Für die zugeordnete Kugelfunktion $P_{lm}(\sin\varphi)$ gilt ferner folgende Entwicklung nach Potenzen von $\sin\varphi$, $\cos\varphi$

$$P_{lm}(\sin\varphi) = \cos^m\varphi \sum_t \Gamma_{lmt}\,\sin^{l-m-2t}\varphi\,,$$

wobei die Ausdrücke Γ_{lmt} bestimmte Koeffizienten sind. Mit den vorstehenden Entwicklungen und mit Transformationen der folgenden Form

$$\cos m\,x = R_e \exp(m\,j\,x) = R_e \sum_{s=0}^{m} \binom{m}{s} j^s \cos^{m-s} x \sin^s x\,,$$

$$\sin^a x \cos^b x = \frac{(-1)^a j^a}{2^{a+b}} \sum_{c=0}^{a} \sum_{d=0}^{b} \binom{a}{c} \binom{b}{d} (-1)^c \times$$

$$\times\,[\cos(a+b-2c-2d)\,x + j \sin(a+b-2c-2d)\,x]$$

(R_e bedeutet den Realteil)

und mit den Beziehungen (29) und (30) läßt sich (55) in folgende Form bringen

$$R_{lm} = k\,M\,\frac{R_E^l}{a^{l+1}} \sum_{p=0}^{l} F_{lmp}(i) \sum_q G_{lpq}(e)\, S_{lmpq}(\omega, M, \Omega, \Theta) \qquad (56)$$

mit

$$F_{lmp}(i) = \sum_t \frac{(2l-2t)!}{t!\,(l-t)!\,(l-m-2t)!\,2^{2l-2t}} \sin^{l-m-2t} i \times$$

$$\times \sum_{s=0}^{m} \binom{m}{s} \cos^s i \sum_c \binom{l-m-2t+s}{c} \binom{m-s}{p-t-c} (-1)^{c-k^*}\,,$$

k^* ist der ganzzahlige Teil von $\frac{1}{2}(l-m)$,

$$S_{lmpq} = \begin{bmatrix} C_{lm} \\ -S_{lm} \end{bmatrix} \begin{matrix} l-m \text{ gerade} \\ l-m \text{ ungerade} \end{matrix} \cos[(l-2p)\,\omega +$$

$$+\,(l-2p+q)\,M + m\,(\Omega - \Theta)] +$$

$$+ \begin{bmatrix} S_{lm} \\ C_{lm} \end{bmatrix} \begin{matrix} l-m \text{ gerade} \\ l-m \text{ ungerade} \end{matrix} \sin[(l-2p)\,\omega +$$

$$+\,(l-2p+q)\,M + m\,(\Omega - \Theta)]\,.$$

Die Funktionen $G_{lpq}(e)$ ergeben sich aus Gleichung (30).

R_{lm} hat die gewünschten Eigenschaften, der Ausdruck (56) ist linear in den Unbekannten des Gravitationsfeldes C_{lm}, S_{lm}, und die 6 Bahnelemente treten als voneinander separierte Größen auf, eine Eigenschaft, die bei der Bildung der Ableitungen von R_{lm} nach diesen 6 Parametern für die Störungsgleichungen (40) eine wesentliche Erleichterung mit sich bringt. Die Funktionen $\frac{1}{a^{l+1}}$, $F_{lmp}(i)$, $G_{lpq}(e)$ und deren Ableitungen nach a, i, e kann man innerhalb eines Integrationsbereiches von 1 bis 2 Monaten bei der Berechnung von R_{lm}, $l > 2$, meistens als konstant ansehen.

Eine Ausnahme macht lediglich das Hauptglied in den Störungsrechnungen, nämlich der Ausdruck für die durch die Kugelfunktion 2. Ordnung $C_{2.0}$ hervorgerufene Störung; denn dieses Glied übersteigt die anderen Glieder um etwa das Tausendfache. Es ruft daher große Störungen hervor, und seine Theorie muß unter Einhaltung einer wesentlich höheren relativen Genauigkeit bearbeitet werden als die Störungen der anderen Kugelfunktionen. Daher muß man bei der Berechnung der durch $C_{2.0}$ hervorgerufenen Störungen alle Bahnelemente als mit der Zeit veränderlich ansehen, ein Umstand, der bei diesem Glied zu Störungen 2. Ordnung mit dem Faktor $C_{2.0}^2$ führt, wie später besprochen wird.

3.7. Analytische Integration

Die zeitlichen Änderungen der Störungen werden nach (56) durch die Funktion $S_{lmpq}(\omega, M, \Omega, \Theta)$ beschrieben.

Vor allem die mittlere Anomalie M ist hier mit der Zeit veränderlich, ändert sie sich doch während eines Umlaufs, also während etwa 2 Stunden, um 360°.

Die Sternzeit Θ ändert sich ebenfalls linear mit der Zeit und durchläuft während eines Sterntages den Kreis.

Aber auch das Argument des Perigäums ω und die Länge des aufsteigenden Knotens Ω können nicht als konstant angesehen werden, werden sie doch durch das schon erwähnte Hauptglied in den Störungsrechnungen, durch $C_{2.0}$, vor allem um linear mit der Zeit fortschreitende Größen verändert, die nicht vernachlässigt werden können. Dabei drehen sich die Apsidenlinie und die Knotenlinie durch diesen Störungseffekt schon an einem Tage oft um 2° bis 4°, so daß sie schon innerhalb von etwa 100 Tagen den Kreis durchlaufen können.

Bei der Integration der Störungsgleichungen (40) dürfen also die folgenden linearen Transformationen in genügender Annäherung substituiert werden:

$$\omega = \omega^{\cdot}\, t + \omega_0\,, \qquad M = n \cdot t + M_0\,,$$

$$\Omega = \Omega^{\cdot}\, t + \Omega_0\,, \qquad \Theta = \Theta^{\cdot}\, t + \Theta_0\,.$$

Setzt man zur Abkürzung

$$\varkappa = (l - 2\,p)\,\omega + (l - 2\,p + q)\,M + m\,(\Omega - \Theta)\,,$$

dann ist

$$\frac{\partial}{\partial \omega} S_{l\,m\,p\,q} = \frac{\partial}{\partial \varkappa} S_{l\,m\,p\,q} \cdot (l - 2\,p)\,. \tag{57}$$

Analoge Ausdrücke folgen für die Ableitungen nach M und Ω.

Integriert man diese Differentialquotienten (57) nach der Zeit, um nach (40) aus den Ableitungen der Störungen in den Bahnelementen die Störungen selbst zu erhalten, so erhält man beispielsweise

$$\int \frac{\partial}{\partial \omega} S_{l\,m\,p\,q}\, dt = \frac{l - 2\,p}{(l - 2\,p)\,\omega^{\cdot} + (l - 2\,p + q)\,n + m\,(\Omega^{\cdot} - \Theta^{\cdot})}\, S_{l\,m\,p\,q}\,. \tag{58}$$

Die Störungen in den Bahnelementen enthalten also die gleichen Wellen wie die Funktion $S_{l\,m\,p\,q}$.

3.8. Säkulare, langperiodische und kurzperiodische Störungen

Es hat sich als zweckmäßig erwiesen, die Bahnstörungen der Satelliten entsprechend ihren zeitlichen Perioden in drei Gruppen einzuteilen, in die säkularen, die langperiodischen und kurzperiodischen Störungen.

Die säkularen Störungen in den Bahnelementen wachsen linear mit der Zeit an, sie können daher im Laufe von einigen Wochen erhebliche Beträge erreichen. Sie verursachen die größten Störungen in den Bahnelementen und treten auf, wenn im Ausdruck für S_{lmpq} (56) gilt:

$$l - 2p = 0\,, \qquad l - 2p + q = 0\,, \qquad m = 0\,. \tag{59}$$

Aus der Bedingung $m = 0$ erkennt man, daß nur die zonalen Kugelfunktionen $C_{l.0}$ säkulare Störungen hervorrufen können. Die tesseralen Kugelfunktionen

$$C_{lm}; \quad S_{lm} \qquad m = 1, 2, \ldots, l - 1$$

und die sektoriellen Kugelfunktionen

$$C_{ll}, \quad S_{ll}$$

können keine säkularen Störungen hervorrufen, ihr Einfluß auf die Bahnstörungen wird daher kleiner sein als der der zonalen Kugelfunktionen.

Die beiden wichtigsten säkularen Bahnstörungen sind schon erwähnt worden, nämlich die durch die zonale Kugelfunktion 2. Ordnung hervorgerufene Drehung der Apsiden- und der Knotenlinie, also die Veränderung von ω und Ω. Setzt man in (56) $l = 2$, $m = 0$, $p = 1$, $q = 0$, so erhält man aus den Störungsgleichungen die folgenden Änderungen in ω, Ω, M

$$\left.\begin{aligned} \delta\omega &= C_{2.0}\,\frac{3\,n\,R_E^2}{4\,(1 - e^2)^2\,a^2}\,(1 - 5\cos^2 i)\cdot t\,,\\ \delta\Omega &= C_{2.0}\,\frac{3\,n\,R_E^2}{2\,(1 - e^2)^2\,a^2}\cos i\cdot t\,,\\ \delta M &= C_{2.0}\,\frac{3\,n\,R_E^2}{4\,(1 - e^2)^{3/2}\,a^2}\,(1 - 3\cos^2 i)\cdot t\,. \end{aligned}\right\} \tag{60}$$

n ist die Winkelgeschwindigkeit des Satelliten

$$n = \frac{2\pi}{T}\,,$$

$\frac{t}{T}$ ist die Anzahl der Satellitenumläufe, T die Umlaufzeit des Satelliten.

Die langperiodischen Störungen dagegen haben oft Wellenlängen von etwa 100 bis 200 Tagen. Sie werden durch die Bewegung der Apsidenlinie hervorgerufen, und sie treten auf, wenn in (56)

$$l - 2p \neq 0\,, \qquad l - 2p + q = 0\,, \qquad m = 0\,. \tag{61}$$

Eine Veränderung der Länge des Knotens läßt sich dagegen von einer Veränderung der Sternzeit nicht trennen. Da die Sternzeit mit der Periode von einem Tag kurzperiodisch ist und in (56) nur in der Differenz $\Omega - \Theta$ auftritt, werden durch die Drehung der Knotenlinie keine langperiodischen Störungen hervorgerufen. Weil in (61) $m = 0$ ist, kommen also auch bei den langperiodischen Störungen nur die zonalen Kugelfunktionen in Betracht. Für die säkularen und langperiodischen Störungen, die die zonalen Kugelfunktionen bis zur 6. Ordnung auf die Bahnelemente während eines Satellitenumlaufs ausüben, hat MERSON ausführliche Formeln abgeleitet.

Setzt man bei dieser langperiodischen Störung im Falle der Exzentrizität

$$\Delta e_* = \int_{L=0}^{2\pi} e^{\cdot} \frac{dt}{dL} \, dL \tag{62}$$

und analoge Ausdrücke für die anderen Bahnelemente i, Ω, ω, M, p, und schreibt man für das Potential

$$V = \frac{k\,M}{r} \left[1 - \sum_{l=2}^{\infty} J_l \left(\frac{R_E}{r} \right)^l P_l(\sin \varphi) \right], \qquad J_l = - C_{l,0} \tag{63}$$

und ist hier $\bar{f} = \sin^2 i$, $p = a\,(1 - e^2)$, so gelten nach MERSON folgende Beziehungen:

$$\Delta e_* = 2\pi \sum_l J_l \left(\frac{R_E}{p} \right)^l e_l \,, \tag{64}$$

$$e_2 = 0 \,,$$

$$e_3 = - \frac{3}{2} (1 - e^2) \sin i \cos \omega \left(1 - \frac{5}{4} \bar{f} \right),$$

$$e_4 = - \frac{45}{16} (1 - e^2) \left(1 - \frac{7}{6} \bar{f} \right) \bar{f}\, e \sin 2\,\omega \,,$$

$$e_5 = \frac{15}{4} (1 - e^2) \sin i \left[\left(1 - \frac{7}{2} \bar{f} + \frac{21}{8} \bar{f}^2 \right) \left(1 + \frac{3}{4} e^2 \right) \cos \omega + \right.$$

$$\left. + \frac{7}{8} \left(1 - \frac{9}{8} \bar{f} \right) \bar{f}\, e^2 \cos 3\,\omega \right],$$

$$e_6 = \frac{525}{32} (1 - e^2) \bar{f} \left[\left(1 - 3 \bar{f} + \frac{33}{16} \bar{f}^2 \right) \left(1 + \frac{1}{2} e^2 \right) e \sin 2\,\omega + \right.$$

$$\left. + \frac{3}{16} \left(1 - \frac{11}{10} \bar{f} \right) \bar{f}\, e^3 \sin 4\,\omega \right],$$

$$\Delta i_* = 2\pi \sum_l J_l \left(\frac{R_E}{p}\right)^l i_l , \tag{65}$$

$$i_2 = 0 ,$$

$$i_3 = \frac{3}{2}\left(1 - \frac{5}{4}\bar{f}\right) e \cos\omega \cos i ,$$

$$i_4 = \frac{45}{32}\left(1 - \frac{7}{6}\bar{f}\right) e^2 \sin 2\omega \sin 2i ,$$

$$i_5 = -\frac{15}{4} e \cos i \left[\left(1 - \frac{7}{2}\bar{f} + \frac{21}{8}\bar{f}^2\right)\left(1 + \frac{3}{4}e^2\right)\cos\omega + \right.$$
$$\left. + \frac{7}{8}\left(1 - \frac{9}{8}\bar{f}\right)\bar{f} e^2 \cos 3\omega\right],$$

$$i_6 = -\frac{525}{64} e \sin 2i \left[\left(1 - 3\bar{f} + \frac{33}{16}\bar{f}^2\right)\left(1 + \frac{1}{2}e^2\right) e \sin 2\omega + \right.$$
$$\left. + \frac{3}{16}\left(1 - \frac{11}{10}\bar{f}\right)\bar{f} e^3 \sin 4\omega\right],$$

$$\Delta \Omega_* = 2\pi \sum_l J_l \left(\frac{R_E}{p}\right)^l \Omega_l , \tag{66}$$

$$\Omega_2 = -\frac{3}{2}\cos i ,$$

$$\Omega_3 = \frac{3}{2}\left(1 - \frac{15}{4}\bar{f}\right) e \sin\omega \cot i ,$$

$$\Omega_4 = \frac{15}{4}\cos i \left[\left(1 - \frac{7}{4}\bar{f}\right)\left(1 + \frac{3}{2}e^2\right) - \frac{3}{4}\left(1 - \frac{7}{3}\bar{f}\right) e^2 \cos 2\omega\right],$$

$$\Omega_5 = -\frac{15}{4}\cot i \left[\left(1 - \frac{21}{2}\bar{f} + \frac{105}{8}\bar{f}^2\right)\left(1 + \frac{3}{4}e^2\right) e \sin\omega + \right.$$
$$\left. + \frac{7}{8}\left(1 - \frac{15}{8}\bar{f}\right)\bar{f} e^3 \sin 3\omega\right],$$

$$\Omega_6 = -\frac{105}{16}\cos i \left[\left(1 - \frac{9}{2}\bar{f} + \frac{33}{8}\bar{f}^2\right)\left(1 + 5e^2 + \frac{15}{8}e^4\right) - \right.$$
$$- \frac{5}{2}\left(1 - 6\bar{f} + \frac{99}{16}\bar{f}^2\right)\left(1 + \frac{1}{2}e^2\right) e^2 \cos 2\omega -$$
$$\left. - \frac{15}{32}\left(1 - \frac{33}{20}\bar{f}\right)\bar{f} e^4 \cos 4\omega\right],$$

$$\Delta\omega_* = 2\pi \sum_l J_l \left(\frac{R_E}{p}\right)^l \omega_l\,, \tag{67}$$

$$\omega_2 = 3\left(1 - \frac{5}{4}\bar{f}\right),$$

$$\omega_3 = \frac{3}{2} e^{-1} \sin\omega \sin i \left[\left(1 - \frac{5}{4}\bar{f}\right) + \left(\frac{35}{4}\cos^2 i - \operatorname{cosec}^2 i\right) e^2\right],$$

$$\omega_4 = -\frac{15}{32}\left[(16 - 62\bar{f} + 49\bar{f}^2) + (6\bar{f} - 7\bar{f}^2)\cos 2\omega + \right.$$
$$+ \left(18 - 63\bar{f} + \frac{189}{4}\bar{f}^2\right) e^2 +$$
$$\left. + \left(-6 + 35\bar{f} - \frac{63}{2}\bar{f}^2\right) e^2 \cos 2\omega\right],$$

$$\omega_5 = \frac{105}{16} e^{-1} \sin\omega \operatorname{cosec} i \left[\left(-\frac{4}{7} + 2\bar{f} - \frac{3}{2}\bar{f}^2\right)\bar{f} + \right.$$
$$+ \left(\frac{4}{7} - \frac{87}{7}\bar{f} + \frac{67}{2}\bar{f}^2 - \frac{357}{16}\bar{f}^3\right) e^2 +$$
$$+ \left(-1 + \frac{9}{8}\bar{f}\right)\bar{f}^2 e^2 \cos 2\omega +$$
$$+ \left(\frac{3}{7} - 7\bar{f} + \frac{267}{16}\bar{f}^2 - \frac{165}{16}\bar{f}^3\right) e^4 +$$
$$\left. + \left(1 - \frac{39}{8}\bar{f} + \frac{33}{8}\bar{f}^2\right)\bar{f} e^4 \cos 2\omega\right],$$

$$\omega_6 = \frac{525}{64}\left[\frac{8}{5}\left(1 - 8\bar{f} + \frac{129}{8}\bar{f}^2 - \frac{297}{32}\bar{f}^3\right) + \right.$$
$$+ \left(2 - 6\bar{f} + \frac{33}{8}\bar{f}^2\right)\bar{f}\cos 2\omega +$$
$$+ 6\left(1 - \frac{43}{6}\bar{f} + \frac{109}{8}\bar{f}^2 - \frac{121}{16}\bar{f}^3\right) e^2 +$$
$$+ \left(-2 + 25\bar{f} - \frac{459}{8}\bar{f}^2 + \frac{561}{16}\bar{f}^3\right) e^2 \cos 2\omega +$$
$$+ \frac{3}{8}\left(1 - \frac{11}{10}\bar{f}\right)\bar{f}^2 e^2 \cos 4\omega +$$
$$+ \left(2 - \frac{27}{2}\bar{f} + \frac{99}{4}\bar{f}^2 - \frac{429}{32}\bar{f}^3\right) e^4 +$$
$$+ \left(-1 + \frac{21}{2}\bar{f} - \frac{363}{16}\bar{f}^2 + \frac{429}{32}\bar{f}^3\right) e^4 \cos 2\omega +$$
$$\left. + \frac{3}{8}\left(-1 + \frac{22}{5}\bar{f} - \frac{143}{40}\bar{f}^2\right)\bar{f} e^4 \cos 4\omega\right],$$

$$\Delta M_* = 2\pi \sum_l J_l \left(\frac{R_E}{p}\right)^l M_l , \tag{68}$$

$$M_2 = \frac{3}{2}(1-e^2)^{1/2}\left(1-\frac{3}{2}\bar{f}\right),$$

$$M_3 = -\frac{3}{2}(1-e^2)^{1/2}(1-4e^2)\left(1-\frac{5}{4}\bar{f}\right)e^{-1}\sin\omega\sin i ,$$

$$M_4 = \frac{45}{16}(1-e^2)^{1/2}\left[\left(1-\frac{5}{2}e^2\right)\left(1-\frac{7}{6}\bar{f}\right)\bar{f}\cos 2\omega + \right.$$
$$\left. + \left(-1+5\bar{f}-\frac{35}{8}\bar{f}^2\right)e^2\right],$$

$$M_5 = \frac{15}{4}(1-e^2)^{1/2}e^{-1}\sin i\left[\left(1-\frac{7}{2}\bar{f}+\frac{21}{8}\bar{f}^2\right)\times\right.$$
$$\times\left(1-\frac{7}{4}e^2-\frac{9}{2}e^4\right)\sin\omega +$$
$$\left. + \frac{7}{8}\left(1-\frac{9}{8}\bar{f}\right)(1-2e^2)\bar{f}e^2\sin 3\omega\right],$$

$$M_6 = -\frac{35}{16}(1-e^2)^{1/2}\left[\left(1-\frac{21}{2}\bar{f}+\frac{189}{8}\bar{f}^2-\frac{231}{16}\bar{f}^3\right)\times\right.$$
$$\times\left(1-\frac{5}{2}e^2-\frac{15}{8}e^4\right)+$$
$$+\frac{15}{2}\left(1-3\bar{f}+\frac{33}{16}\bar{f}^2\right)\left(1-\frac{3}{2}e^2-\frac{7}{4}e^4\right)\bar{f}\cos 2\omega +$$
$$\left. + \frac{45}{32}\left(1-\frac{11}{10}\bar{f}\right)\left(1-\frac{7}{4}e^2\right)\bar{f}^2e^2\cos 4\omega\right],$$

$$\Delta p_* = 2\pi \sum_l J_l \left(\frac{R_E}{p}\right)^l p_l , \tag{69}$$

$$p_2 = 0 ,$$

$$p_3 = 3p\left(1-\frac{5}{4}\bar{f}\right)e\cos\omega\sin i ,$$

$$p_4 = \frac{45}{8}p\left(1-\frac{7}{6}\bar{f}\right)\bar{f}e^2\sin 2\omega ,$$

$$p_5 = -\frac{15}{2}pe\sin i\left[\left(1-\frac{7}{2}\bar{f}+\frac{21}{8}\bar{f}^2\right)\left(1+\frac{3}{4}e^2\right)\cos\omega + \right.$$
$$\left. + \frac{7}{8}\left(1-\frac{9}{8}\bar{f}\right)\bar{f}e^2\cos 3\omega\right],$$

$$p_6 = -\frac{525}{16}pe\bar{f}\left[\left(1-3\bar{f}+\frac{33}{16}\bar{f}^2\right)\left(1+\frac{1}{2}e^2\right)e\sin 2\omega + \right.$$
$$\left. + \frac{3}{16}\left(1-\frac{11}{10}\bar{f}\right)\bar{f}e^3\sin 4\omega\right].$$

Die Glieder in den Ausdrücken (64) bis (69), die nicht von ω, wohl aber von a, i und e abhängen, verursachen die säkularen Störungen. Die Glieder, die die Sinus- oder Kosinusfunktion von ω, $2\,\omega$, $3\,\omega$, $4\,\omega$, ... enthalten, bewirken die langperiodischen Störungen.

Wichtig ist festzustellen, daß bei e, i und a keine säkularen Störungen auftreten.

Die Integration über die Ausdrücke (64) bis (69) ergibt die säkularen und langperiodischen Störungen Δe, ... für größere Zeitabschnitte, dabei muß als Zeiteinheit ein Satellitenumlauf eingeführt werden. Die Integrationen geschehen nach Formeln von der folgenden Art:

$$\int \cos u\,\omega \cdot dt = \frac{\sin u\,\omega}{u\,\omega^{\cdot}} + \text{const}\,. \tag{70}$$

$$\Delta e = \int_{t_0}^{t} \Delta e_*(\omega) \cdot dt = \frac{1}{\omega^{\cdot}} \int_{\omega_0}^{\omega} \Delta e_*(\omega)\, d\omega\,. \tag{71}$$

Beispielsweise ist die bei der Länge des aufsteigenden Knotens ☊ auftretende säkulare und langperiodische Störung, die durch die zonale Kugelfunktion 4. Ordnung hervorgerufen wird, nach (71)

$$J_4 \left(\frac{R_E}{p}\right)^4 n \left[\frac{15}{4} \cos i \left(1 - \frac{7}{4} \sin^2 i\right)\left(1 + \frac{3}{2} e^2\right) t - \right.$$
$$\left. - \frac{45}{32\,\omega^{\cdot}} \cos i \left(1 - \frac{7}{3} \sin^2 i\right) e^2 \sin 2\,\omega\right]. \tag{72}$$

Hat n die Dimension $(\text{Tag})^{-1} = \text{d}^{-1}$, so ist t hier in Tagen gemessen und $\omega^{\cdot}$ die pro Tag genommene Änderung von ω, ein Wert, der durch Differentiation der ersten Gleichung von (60) gewonnen werden kann. $\omega^{\cdot}$ tritt in (70) im Nenner auf. Es ist

$$\omega^{\cdot} = 3\, J_2 \left(\frac{R_E}{p}\right)^2 n \left(1 - \frac{5}{4} \sin^2 i\right).$$

Ist $i = 63°\,26'$ (kritische Neigung), dann wird $\omega^{\cdot} = 0$, und die Störungen haben nach (70) eine Singularität (ω = const.). Es ist aber keine echte Singularität, sie läßt sich beheben, wenn man in (64), ..., (69) nicht analytisch, sondern numerisch integriert oder noch einen anderen Integrationsweg einschlägt.

Den Gesamtbetrag der Bahnstörungen, die durch das Gravitationsfeld der Erde hervorgerufen werden, erhält man, wenn man beispielsweise das Störpotential (56) in die Störungsgleichungen (40) einsetzt und dann über die Zeit analytisch oder numerisch integriert. Subtrahiert man von diesem Gesamtbetrag die säkularen und langperiodischen Störungen, so bleiben die kurzperiodischen Störungen übrig.

Man wird also zu den kurzperiodischen Störungen geführt, wenn man in der Gleichung (56) setzt

$$l - 2\,p + q \neq 0$$

oder

$$m \neq 0$$

oder

$$l - 2p + q \neq 0 \qquad \text{und} \qquad m \neq 0\,.$$

Diese kurzperiodischen Störungen, die durch das Schwerefeld der Erde hervorgerufen werden, haben also die Perioden

$$T, \frac{1}{2}T, \frac{1}{3}T, \frac{1}{4}T, \ldots$$

und

$$d, \frac{1}{2}d, \frac{1}{3}d, \frac{1}{4}d, \ldots,$$

wenn T die Umlaufzeit des Satelliten und d hier die Länge eines Tages ist (genauer: die Periode von $\Theta - \Omega$).

Die Amplituden der kurzperiodischen Störungen übersteigen nur selten 70 bis 100 m.

Sie sind also wesentlich kleiner als die säkularen und langperiodischen Störungen und daher auch viel schwieriger zu bestimmen. Weil bei den kurzperiodischen Störungen die Bedingung $m \neq 0$ erscheint, wird man durch die Analyse dieser Störungen zu einer Möglichkeit zur Bestimmung der tesseralen und sektoriellen Kugelfunktionen geführt. Auf dieses Problem wird später bei der Behandlung der dynamischen Satellitengeodäsie eingegangen.

Es können hier die analytischen Ausdrücke für die kurzperiodischen Störungen nicht in aller Ausführlichkeit dargestellt werden; denn sie sind dafür viel zu umfangreich.

Bei praktischen Berechnungen werden sie aus den Gleichungen (56) und (40) mit einer elektronischen Rechenmaschine ermittelt.

Für einzelne Wellen in den kurzperiodischen Störungen des Satelliten Vanguard 1 ($a = 8{,}7$ Mm; $e = 0{,}19$; $i = 34°$) hat KAULA die folgende Tabelle 2 berechnet. Sie baut auf statistisch plausiblen Werten für die Koeffizienten $C_{l.m}$ und $S_{l.m}$ der betreffenden Kugelfunktion auf.

Tabelle 2: Amplituden einiger kurzperiodischer Störungen in der Bahn des Satelliten Vanguard 1

l	m	p	q	$\Delta\Omega(m)$	$\Delta\omega(m)$	$\Delta M_1(m)$	$\Delta i(m)$	$\Delta a(m)$	$\Delta e(m)$
2	2	1	0	−115	+ 30	− 65	+77	0	0
3	0	1; 2	0	+ 2	− 10	− 9	− 3	−4	0
3	1	1	1	− 4	+335	−212	+ 2	0	−54
4	1	2	0	−105	+289	− 5	+37	0	0
4	2	2	0	− 25	+ 92	− 5	−41	0	0
6	1	3	0	+ 74	− 58	0	− 3	0	0

3.9. Störungen zweiter Ordnung

Bei den Integrationen über einen Satellitenumlauf zur Bestimmung der säkularen und langperiodischen Bahnstörungen aus den Gleichungen (64) bis (69) wurden im Integranden die Bahnelemente e, i, a näherungsweise konstant angenommen. Dies ist bei den recht kleinen Kugelfunktionen $J_3, J_4, \ldots$ berechtigt. Aber die durch J_2 hervorgerufenen Störungen in den Bahnelementen sind beträchtlich groß und beeinflussen auch die im Integranden der Form (62) auftretenden Bahnelemente nicht unerheblich. Man hat also bei strengerer Betrachtungsweise die Bahnelemente im Integranden als variabel anzusehen. Aus (62) wird dann

$$\int_0^{2\pi} \left(e^{\cdot} \frac{dt}{dL}\right)_{a=a_0,\, e=e_0,\, \ldots} dL + \int_0^{2\pi} \left[\frac{\partial}{\partial a}\left\{e^{\cdot} \frac{dt}{dL}\right\} \cdot (a - a_0) + \right.$$

$$\left. + \frac{\partial}{\partial e}\left\{e^{\cdot} \frac{\partial t}{\partial L}\right\} (e - e_0) + \cdots \right] dL = \Delta e_* + \Delta e_{**} .$$

Nachdem $e^{\cdot} \frac{\partial t}{\partial L} = e^{\cdot} \frac{dt}{d(\omega + v)}$ linear von J_2 abhängig ist, gilt dies auch für die Ableitung dieser Größe nach den Bahnelementen $a, e, \ldots$ Andererseits sind $a - a_0, e - e_0, \ldots$ ebenfalls linear abhängig von J_2. Das zweite Integral Δe_{**} auf der rechten Seite der letzten Gleichung ist daher quadratisch in J_2. Es liegt also eine Störung zweiter Ordnung vor. Die Glieder mit den Faktoren $J_2 \cdot J_3, J_2 \cdot J_4, \ldots; J_3^2, J_4^2; J_3 \cdot J_4, \ldots$ können meistens vernachlässigt werden, weil sie zu klein sind.

Die Störungen zweiter Ordnung $\Delta e_{**}, \Delta i_{**}, \ldots$ für einen Satellitenumlauf ergeben sich nach MERSON, wie folgt:

$$\Delta e_{**} = 2\pi J_2^2 \left(\frac{R_E}{p}\right)^4 e_{22}, \tag{73}$$

$$e_{22} = -3 \sin \omega \left[\frac{3}{2}\left(1 - \frac{5}{4}\bar{f}\right)(1 + e \cos \omega)^2 - \right.$$

$$\left. - \bar{f}(1 - e^2)\left\{\left(1 - \frac{5}{4}\bar{f}\right) - \left(\frac{7}{8} - \frac{15}{16}\bar{f}\right)\right\} e \cos \omega\right],$$

$$\Delta i_{**} = 2\pi J_2^2 \left(\frac{R_E}{p}\right)^4 i_{22},$$

$$i_{22} = -\frac{3}{2} \sin 2i \left[\left(1 - \frac{5}{4}\bar{f}\right) e \sin \omega + \left(-\frac{7}{16} + \frac{15}{32}\bar{f}\right) e^2 \sin 2\omega\right],$$

$$\Delta \Omega_{**} = 2\pi J_2^2 \left(\frac{R_E}{p}\right)^4 \Omega_{22},$$

$$\Omega_{22} = \frac{3}{2} \cos i \left[\left(\frac{3}{4} - 5 \bar{f} \right) + (4 - 10 \bar{f})\, e \cos \omega + \right.$$

$$\left. + \left(-\frac{1}{4} - \frac{5}{16} \bar{f} \right) e^2 + \left(-\frac{7}{8} + \frac{15}{8} \bar{f} \right) e^2 \cos 2\omega \right],$$

$$\Delta \omega_{**} = 2 \pi J_2^2 \left(\frac{R_E}{p} \right)^4 \omega_{22},$$

$$\omega_{22} = \frac{9}{4} \left[\left(-2 + \frac{23}{6} \bar{f} - \frac{5}{3} \bar{f}^2 \right) e^{-1} \cos \omega + \left(\frac{95}{12} \bar{f} - \frac{445}{48} \bar{f}^2 \right) + \right.$$

$$+ \left(-2 + \frac{23}{12} \bar{f} + \frac{5}{8} \bar{f}^2 \right) \cos 2\omega +$$

$$+ \left(-\frac{25}{6} + \frac{461}{24} \bar{f} - \frac{50}{3} \bar{f}^2 \right) e \cos \omega +$$

$$\left. + \left(-\frac{1}{2} + \frac{5}{8} \bar{f} \right) e \cdot \cos 3\omega + \cdots \right],$$

$$\Delta M_{**} = 2 \pi J_2^2 \left(\frac{R_E}{p} \right)^4 M_{22},$$

$$M_{22} = \frac{9}{2} (1 - e^2)^{-1/2} \left[\left(1 - \frac{23}{12} \bar{f} + \frac{5}{6} \bar{f}^2 \right) e^{-1} \cos \omega + \right.$$

$$+ \left(\frac{25}{12} \bar{f} - \frac{131}{48} \bar{f}^2 \right) + \left(1 - \frac{23}{24} \bar{f} - \frac{5}{16} \bar{f}^2 \right) \cos 2\omega +$$

$$+ \left(-\frac{7}{4} + \frac{355}{48} \bar{f} - \frac{20}{3} \bar{f}^2 \right) e \cos \omega +$$

$$\left. + \left(\frac{1}{4} - \frac{5}{16} \bar{f} \right) e \cos 3\omega + \cdots \right],$$

$$\Delta p_{**} = 2 \pi J_2^2 \left(\frac{R_E}{p} \right)^4 p_{22},$$

$$p_{22} = -6 p e f \left[\left(1 - \frac{5}{4} \bar{f} \right) \sin \omega - \left(\frac{7}{16} - \frac{15}{32} \bar{f} \right) e \sin 2\omega \right].$$

Die Störungen Δe_{**}, Δi_{**}, ... müssen zu den Störungen Δe_{*}, Δi_{*}, ... hinzuaddiert werden, wenn man die volle Störung für einen Satellitenumlauf errechnen will. Natürlich sind die Störungen zweiter Ordnung sehr klein.

3.10. Kurzperiodische Störungen durch die Kugelfunktion 2. Ordnung

Es sei zunächst auf die Abhängigkeit der großen Halbachse der Satellitenbahn a von der Umlaufzeit des Satelliten eingegangen. Ist T_ω die anomalistische Periode, also die Zeit zwischen zwei aufeinanderfolgenden Durchgängen des Satelliten durch das zeitlich veränderliche Perigäum, und ist

$$\bar{n} = \frac{2\pi}{T_\omega},$$

so gilt unter Vernachlässigung der höheren Glieder

$$a = \left(\frac{k\,M}{\bar{n}^2}\right)^{1/3} \left[1 + \frac{1}{2}\, J_2\, \frac{R_E^2}{p^2} \sqrt{1 - e^2} \left(-1 + \frac{3}{2} \sin^2 i\right)\right]. \tag{74}$$

a und $\bar{n}$ sind hier Mittelwerte, die frei sind von kurzperiodischen Störungen und die sich nicht auf eine bestimmte Oskulationsellipse beziehen.

Die oft benutzten und von KOZAI abgeleiteten Ausdrücke für die durch die Kugelfunktion 2.O. hervorgerufenen kurzperiodischen Störungen im Argument der Breite L, im Radiusvektor r, in der Länge des aufsteigenden Knotens ☊ und in der Neigung i sollen nicht unerwähnt bleiben.

$$\left.\begin{aligned}
\delta L_{KG2} &= \frac{3}{2}\, J_2\, \frac{R_E^2}{p^2} \left[\frac{1}{2} \left\{\left(-1 + \frac{7}{6} \sin^2 i\right) \sin(2\,\omega + 2\,v) + \right.\right. \\
&+ e \left[\left(-1 + \frac{5}{3} \sin^2 i\right) \sin(2\,\omega + v) + \right. \\
&\left.\left. + \frac{1}{3} (-1 + \sin^2 i) \sin(2\,\omega + 3\,v)\right]\right\} - \\
&- \left\{\frac{1}{3} \left(-1 + \frac{3}{2} \sin^2 i\right) \left[(+1 - \sqrt{1 - e^2}) \sin v \cos v + \right.\right. \\
&\left. + e \left(\frac{e}{1 + \sqrt{1 - e^2}}\right)^2 \sin v\right] + (v - M + e \sin v) \times \\
&\left.\left. \times \left(-2 + \frac{5}{2} \sin^2 i\right)\right\}\right], \\
\delta r_{KG2} &= \frac{1}{2}\, J_2\, \frac{R_E^2}{p} \left[\left(-1 + \frac{3}{2} \sin^2 i\right) \times \right. \\
&\times \left(1 - \frac{1 - e \cos E}{\sqrt{1 - e^2}} + \frac{e}{1 + \sqrt{1 - e^2}} \cos v\right) + \\
&\left. + \frac{1}{2} \cos(2\,\omega + 2\,v) \sin^2 i\right], \\
\delta \Omega_{KG2} &= \frac{3}{2}\, J_2\, \frac{R_E^2}{p^2} \cos i \left[-(v - M + e \sin v) + \right. \\
&+ \frac{1}{2} \left\{\sin(2\,\omega + 2\,v) + e \left[\sin(2\,\omega + v) + \right.\right. \\
&\left.\left.\left. + \frac{1}{3} \sin(2\,\omega + 3\,v)\right]\right\}\right], \\
\delta i_{KG2} &= \frac{3}{4}\, J_2\, \frac{R_E^2}{p^2} \sin i \cos i \left[\cos(2\,\omega + 2\,v) + \right. \\
&\left. + e \left\{\cos(2\,\omega + v) + \frac{1}{3} \cos(2\,\omega + 3\,v)\right\}\right].
\end{aligned}\right\} \tag{75}$$

Mit diesen 4 Gleichungen und mit Gleichung (24) kann man den Einfluß der durch die Kugelfunktion 2. Ordnung hervorgerufenen kurzperiodischen Störung in der Position des Satelliten berechnen.

3.11. Bahnstörungen in Abhängigkeit von terrestrischen Schwereanomalien

Während bei den vorstehenden Entwicklungen das Potentialfeld der Erde durch eine Kugelfunktionsentwicklung dargestellt worden ist, kann man die Bahnstörungen auch als Funktionen von den Schwereanomalien an der Erdoberfläche ausdrücken. Man hat dann die Möglichkeit, solche Schwereanomalien, die durch terrestrische Messungen bereits bekannt sind, als gegebene Größen einzuführen, während sie anderenfalls als unbekannte Werte betrachtet werden müssen, die durch die Satellitenbeobachtungen zu bestimmen sind.

Die Geoidundulationen N und damit das Störpotential $T = G\,N$ an der Erdoberfläche sind nach dem Stokesschen Integral (2) zu berechnen. Für das Störpotential im Außenraum in Abhängigkeit von den terrestrischen Schwereanomalien (Freiluftanomalien Δg_F) gilt ein ähnlicher Ausdruck

$$T = \frac{r}{4\pi} \iint_\sigma \Delta g_F \; \Phi_1(S, Q)\, d\sigma \,. \tag{76}$$

σ bezeichnet die Erdkugel, die hier als Einheitskugel eingeführt wurde. Die Funktion Φ_1 ist sowohl von der Position S des Satelliten im Raum als auch von dem beim Integrieren variablen Punkt Q auf der Erdoberfläche abhängig. Es ist die für den Außenraum verallgemeinerte Funktion von Stokes. Ihre Darstellung nach Kugelfunktionen lautet

$$\Phi_1(S, Q) = \sum_{l=2}^{\infty} \frac{2\,l+1}{l-1}\, \tau^{l+2}\, P_l(\cos\psi) \,. \tag{77}$$

Es läßt sich auch ein geschlossener Ausdruck angeben

$$\left.\begin{aligned} &\Phi_1(S, Q) = \\ &= \tau^2 \left[\frac{2}{D} + 1 - 3\,D - \tau\cos\psi \left(5 + 3 \ln \frac{1 + D - \tau\cos\psi}{2}\right)\right], \\ &\tau = \frac{R_E}{r}, \qquad D^2 = 1 - 2\,\tau\cos\psi + \tau^2\,, \\ &\cos\psi = \sin\varphi_S \sin\varphi_Q + \cos\varphi_S \cos\varphi_Q \cos(\lambda_Q - \lambda_S)\,. \end{aligned}\right\} \tag{78}$$

$r \cdot D$ ist der räumliche Abstand zwischen den beiden Punkten S und Q. ψ ist der sphärische Abstand beider Punkte, wie er vom Schwerpunkt der Erde aus erscheint.

Man kann für T eine Kugelfunktionsentwicklung nach den Bahnelementen angeben, den so erhaltenen Ausdruck dann nach den Bahnelementen differenzieren und in die Störungsgleichungen (40) einsetzen. Entwickelt man nämlich

Φ_1 mit (77) nach Kugelfunktionen und stellt diese Funktionen nach dem Additionstheorem der Kugelfunktionen durch die Längen und Breiten des Subsatellitenpunktes von S und des Punktes Q dar

$$P_l(\cos\psi) = P_l(\sin\varphi_S)\,P_l(\sin\varphi_Q) + \\ + 2\sum_{m=1}^{l}\frac{(l-m)!}{(l+m)!}\,P_{lm}(\sin\varphi_S)\,P_{lm}(\sin\varphi_Q)\cos m\,(\lambda_S - \lambda_Q)\,, \tag{79}$$

und setzt die so erhaltene Form für Φ_1 in (76) ein und zerlegt das über die Erdoberfläche erstreckte Integral (76) in eine Summe, so erhält man für T einen Ausdruck von der gleichen Form wie der Ausdruck (55) für R_{lm}, so daß man die Störungstheorie von KAULA verwenden kann.

Als Unbekannte erscheinen dann allerdings nicht die STOKESschen Konstanten C_{lm} und S_{lm}, sondern die Mittelwerte der Schwereanomalien für die ausgewählten Flächenelemente $\Delta\sigma$ der Erdoberfläche.

Will man aber eine numerische Integration über die Störungsgleichungen (45) durchführen, so braucht man die Komponenten K_1, K_2, K_3 des Gradienten des Störpotentials T, die sich wie folgt berechnen. Ist B die Nord–Süd- (positiv nach Norden) und L die Ost–West-Komponente (positiv nach Osten) dieses Gradienten, so folgt mit

$$\left.\begin{aligned}
B &= -\frac{1}{4\pi}\iint \Delta g\;\Phi_2(S,\,Q)\,d\sigma\,,\\
L &= -\frac{1}{4\pi}\iint \Delta g\;\Phi_3(S,\,Q)\,d\sigma\,,\\
\begin{Bmatrix}\Phi_2\\ \Phi_3\end{Bmatrix} &= -\tau^3\begin{Bmatrix}\Psi_2\\ \Psi_3\end{Bmatrix}\left[\frac{2}{D^3}+\frac{6}{D}+3\,\frac{D-1+\tau\cos\psi}{D\sin^2\psi}-8-\right.\\
&\qquad\left.-\,3\ln\frac{D+1-\tau\cos\psi}{2}\right],\\
\Phi_4 &= \tau^2\left[\frac{1-\tau^2}{D^3}-1-3\,\tau\cos\psi\right],\\
\Psi_2 &= \sin\psi\cos A = \sin\varphi_Q\cos\varphi_S - \cos\varphi_Q\sin\varphi_S\cos(\lambda_Q-\lambda_S)\,,\\
\Psi_3 &= \sin\psi\sin A = \cos\varphi_Q\sin(\lambda_Q-\lambda_S)\,,\\
\cot\varkappa &= \cos(\omega+v)\tan i\,.
\end{aligned}\right\} \tag{80}$$

Daraus ergeben sich die folgenden Komponenten für den Gradienten des Störpotentials

$$\left.\begin{aligned}
K_1 &= B\sin\varkappa - L\cos\varkappa\,,\\
K_2 &= B\cos\varkappa + L\sin\varkappa\,,\\
K_3 &= -\frac{1}{4\pi}\iint \Delta g\,(2\,\Phi_1+\Phi_4)\,d\sigma\,.
\end{aligned}\right\} \tag{81}$$

Die Schwereanomalien Δg in (80) und (81) sind nicht identisch mit den Freiluftanomalien Δg_F der Gleichungen (2) und (76), die in der physikalischen Geodäsie aus den beobachteten Schwerewerten an der Erdoberfläche und aus der Normalschwere abgeleitet werden; denn die Δg-Werte sind in den Gleichungen (80) und (81) gewissermaßen Anomalien relativ zu der Schwereformel für eine neue Modellerde, die durch die Kugelfunktion nullter Ordnung $\frac{k\,M}{r}$ und die zonale Kugelfunktion 2. Ordnung J_2 der wirklichen Erde bestimmt wird. In der Satellitengeodäsie untersucht man nämlich das Potential der wirklichen Erde und nicht das eines Standard-Niveauellipsoids. Diese Δg-Werte stehen mit den Freiluftanomalien Δg_F in folgender Beziehung

$$\Delta g = \Delta g_F - 9{,}4\, P_2(\sin\varphi) + 7{,}1\, P_4(\sin\varphi) \quad [\mathrm{mgal}] \tag{81a}$$

falls die Δg_F-Werte nach der CASSINIschen Schwereformel bestimmt werden, und

$$\Delta g = \Delta g_F - 1{,}0\, P_2(\sin\varphi) + 8{,}1\, P_4(\sin\varphi) \quad [\mathrm{mgal}] \tag{81b}$$

bei der HELMERTschen Schwereformel.

Die Integrale für B, L, K_3 lassen sich in genügender Annäherung in Summen zerlegen

$$\mathrm{const} \sum_q [\Delta g]_q\, \Phi(S, Q_q)\, \Delta\sigma_q\,, \tag{82}$$

die linear in den Schwereanomalien $[\Delta g]_q$ sind, die sich auf die flächenhaften Kompartimente $\Delta\sigma$ der Erdoberfläche beziehen. Unter $\Delta\sigma$ wird man $5° \times 5°$ oder $10° \times 10°$ oder $15° \times 15°$ oder $20° \times 20°$ große Kompartimente zu verstehen haben.

Soweit die $[\Delta g]_q$-Werte aus terrestrischen Messungen bekannt sind, kann man sie als bekannte Größen einführen. Soweit sie unbekannt sind, gehören sie zu den Unbekannten des Problems.

Die Integration der Gleichungen (45) über die Zeit vollzieht sich dann nach einem der zahlreichen in der numerischen Mathematik gelehrten Verfahren der numerischen Integration. Die Integrationsschritte werden zeitlich etwa 30 bis 60 Sekunden betragen.

Es empfiehlt sich hier die Integration nach SIMPSON

$$\begin{aligned}\delta a &= \int a^{\cdot}\, dt = \\ &= \frac{1}{3}\,\Delta t\,(a_1^{\cdot} + 4\,a_2^{\cdot} + 2\,a_3^{\cdot} + 4\,a_4^{\cdot} + \cdots + 4\,a_{n-1}^{\cdot} + a_n^{\cdot})\,.\end{aligned} \tag{83}$$

3.12. Literatur

[1] ARNOLD, K.: Die Bahnen der künstlichen Erdsatelliten in ihrer Abhängigkeit von den Schwereanomalien. Veröff. d. Geodät. Inst. Potsdam, Nr. 27 (1965).

[2] ARNOLD, K.: Analytische Integration der durch die Schwereanomalien hervorgerufenen Satellitenbahnstörungen. Gerl. Beitr. Geophysik, **76** (1967) H. 4.

[3] Brouwer, D., Clemence, G. M.: Methods of Celestial Mechanics. Academic Press, New York, London 1961.

[4] Collatz, L.: Numerische Behandlung von Differentialgleichungen. Springer Verlag. Berlin, Göttingen, Heidelberg 1955.

[5] Groves, G. V.: Motion of a Satellite in the Earth's Gravitational Field. Proc. Roy. Soc. Ser. A. **254** (1960) 48.

[6] Kaula, W. M.: Analysis of Gravitational and Geometric Aspects of Geodetic Utilization of Satellites. Geophys. J. **5** (1961).

[7] Kaula, W. M.: Theory of Satellite Geodesy. Blaisdell Publishing Company 1966.

[8] Koch, K. R.: Die Bestimmung der Bahnstörungen künstlicher Erdsatelliten mit Hilfe von Schwereanomalien. Schweiz. Z. f. Vermessung, Photogrammetrie u. Kulturtechnik Nr. 3 (1967).

[9] Kulikov, D. K.: Integration of equations of celestial mechanics by Cowell's method with variable intervals. In Roy, M. ed.: Dynamics of Satellites. Springer-Verlag 1963.

[10] Merson, R. H.: The Motion of a Satellite in an Axi-symmetric Gravitational Field. Geophys. J. **4** (1961).

[11] Moulton, F. R.: Einführung in die Himmelsmechanik. B. G. Teubner Verlag, Leipzig, Berlin 1927.

[12] Roy, M. ed.: Dynamics of Satellites. Springer-Verlag 1963.

[13] Schneider, M.: Beiträge zur Bahnmechanik künstlicher Erdsatelliten. Dtsch. Geodät. Komm., München, Reihe A, H. 51 (1966).

[14] Schneider, M.: Die Bewegung künstlicher Erdsatelliten im Schwerefeld einer Erde mit drei verschiedenen Trägheitsmomenten. Dtsch. Geodät. Komm., München, Reihe C, H. 93 (1966).

[15] Smart, W. M.: Celestial Mechanics. Longmans, Green and Co. London, New York, Toronto 1953.

[16] Veis, G.: The Use of Artificial Satellites for Geodesy. Proceedings of the first International Symposium on the Use of Artificial Satellites for Geodesy. North-Holland Publishing Company 1963.

4. Bahnstörungen durch die Gravitationswirkung von Sonne und Mond, durch die Bremswirkung der Atmosphäre und den Strahlungsdruck der Sonne

Für die Satellitengeodäsie wäre es von Vorteil, wenn die Abweichungen der Satellitenbahnen von den KEPLERschen Ellipsen allein durch das Schwerefeld der Erde hervorgerufen würden; denn dann könnten die aus den Beobachtungen abgeleiteten Oskulationsbahnelemente ohne weiteres für geodätische Zwecke analysiert werden. Die Störungen in den Satellitenbahnen werden aber auch durch andere Einflüsse, nämlich durch die Gravitationswirkung der Sonne und des Mondes, durch die Reibungswirkung der Atmosphäre und durch den Strahlungsdruck, den die Sonne auf den Satelliten ausübt, hervorgerufen, um nur die wichtigsten Störungseinflüsse zu nennen. Auch die Gezeiten der festen Erde sind nicht ohne nachweisbaren Einfluß auf die Satellitenbahnen.

4.1. Bahnstörungen durch die Gravitationswirkung von Sonne und Mond

Zunächst sei der Störungseinfluß des Gravitationsfeldes des Mondes behandelt. Es treten säkulare und periodische Störungen durch den Gravitationseinfluß des Mondes auf. Die periodischen Mondstörungen können die Satellitenbahnen um etwa 100 m verändern, ein Betrag, der weit außerhalb der Beobachtungs-

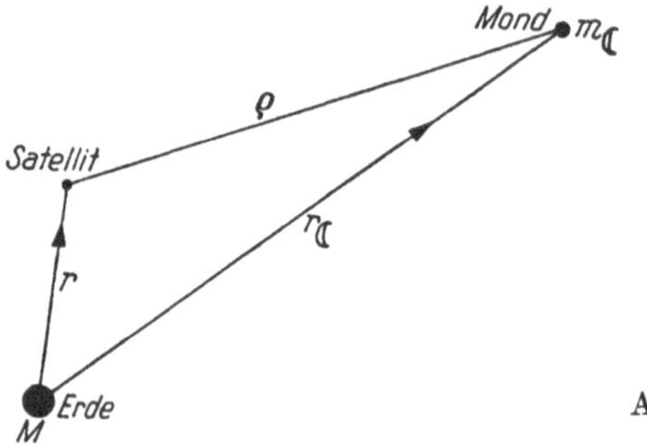

Abb. 7

genauigkeit von etwa ± 10 m bis ± 20 m liegt. Die Störungen durch den Mond haben zahlreiche unterschiedliche Perioden. Die Perioden mit den größten Amplituden sind etwa 2 Wochen lang, sie sind damit kürzer als die in der Satellitengeodäsie berechneten Bahnen, die sich über mehrere Wochen und Monate erstrecken können. Die Störungen durch den Mond können daher nicht allein durch konstante oder linear mit der Zeit fortschreitende empirisch zu bestimmende Zusatzglieder bei den Bahnelementen dargestellt werden.

Abb. 7 veranschaulicht die geometrische Lage des Satelliten relativ zur Erde und zum Mond, deren Massen M und $m_☾$ für diese Überlegungen im Mittelpunkt dieser Körper konzentriert gedacht werden können.

Die Masse des Satelliten kann als sehr klein angenommen werden, so daß sie keine nachweisbare Gravitationskraft auf die Erde und den Mond ausübt.

Die geozentrischen Ortsvektoren des Satelliten und des Mondes sind

$$\begin{pmatrix} x \\ y \\ z \end{pmatrix} \text{ bzw. } \begin{pmatrix} x_☾ \\ y_☾ \\ z_☾ \end{pmatrix},$$

$$r^2 = x^2 + y^2 + z^2 ,$$
$$r_☾^2 = x_☾^2 + y_☾^2 + z_☾^2 ,$$
$$\varrho^2 = (x - x_☾)^2 + (y - y_☾)^2 + (z - z_☾)^2 .$$

Nimmt man also den Mittelpunkt der Erde als Koordinatenursprung, so wirkt auf die Erde die Gravitationskraft des Mondes

$$\frac{k\, m_☾}{r_☾^3} x_☾$$

und auf den Satelliten die Gravitationskraft von Erde und Mond

$$-\frac{k\, M}{r^3} x - \frac{k\, m_☾}{\varrho^3} (x - x_☾) .$$

Für die y- und z-Komponenten gelten analoge Gleichungen.

Auf die Erde wirkt also eine Kraft in Richtung zum Mond und auf den Satelliten eine Kraft in Richtung zur Erde und eine in Richtung zum Mond. Die auf den Mond wirkenden Kräfte interessieren hier nicht weiter; denn es gilt lediglich, die Bewegung des Satelliten relativ zur Erde zu beschreiben. Die Beschleunigung des Satelliten in seiner Bahn um die Erde wird daher bestimmt durch die Differenz der auf den Satelliten und die Erde angreifenden Kräfte. Es ist

$$\ddot{x} = -\frac{k\, M}{r^3} x - \frac{k\, m_☾}{r_☾^3} x_☾ - \frac{k\, m_☾}{\varrho^3} (x - x_☾) , \tag{84}$$

indem nur die für die x-Komponente gültige Gleichung angegeben wurde.

Das zweite und dritte Glied auf der rechten Seite dieser Gleichung bestimmen die durch den Mond verursachten Störungen. Sie lassen sich durch die Ableitungen eines Potentials $V_☾$ nach den Koordinaten x, y, z des Satelliten als Gradienten darstellen

$$V_☾ = k m_☾ \left[\frac{1}{\varrho} - \frac{x\, x_☾ + y\, y_☾ + z\, z_☾}{r_☾^3}\right], \qquad \operatorname{grad} V_☾ = \begin{pmatrix} \dfrac{\partial V_☾}{\partial x} \\ \dfrac{\partial V_☾}{\partial y} \\ \dfrac{\partial V_☾}{\partial z} \end{pmatrix} . \tag{85}$$

Die Ableitung von $V_{☾}$ nach x ist gleich dem zweiten und dritten Glied auf der rechten Seite der Gleichung (84).

$$\ddot{x} = -\frac{k\,M}{r^3}\,x + \frac{\partial V_{☾}}{\partial x}\,. \tag{86}$$

Analoge Gleichungen gelten für die y- und z-Komponenten.

Man muß nun dieses Störpotential $V_{☾}$ nach den 6 Bahnelementen entwickeln, dann die Ableitungen nach diesen Parametern bilden und in die Störungsgleichungen (40) einsetzen, um auf dem Wege einer analytischen Integration die durch die Gravitationswirkung des Mondes hervorgerufenen Störungen in den Bahnelementen zu erhalten.

Zu diesem Zweck hat KOZAI in Gleichung (85) die Koordinaten des Satelliten nach (28) durch die Bahnelemente L, Ω, i ausgedrückt. In ähnlicher Weise wurden die Koordinaten des Mondes durch dessen Bahnelemente dargestellt und in die Gleichung (85) für das Potential eingesetzt.

Auf diesem Wege fand KOZAI für das Störpotential $V_{☾}$ des Mondes die folgende Entwicklung nach den Bahnelementen des Mondes und des Satelliten

$$\begin{aligned} V_{☾} = n_{☾}^2\, m_{☾}\, a^2 \left(\frac{r}{a}\right)^2 \left(\frac{a_{☾}}{r_{☾}}\right)^3 \Bigg[& \frac{1}{4}\left(1 - \frac{3}{2}\sin^2 i\right)\left(1 - \frac{3}{2}\sin^2 i_{☾}\right) + \\ & + \frac{3}{16}\sin 2\,i \sin 2\,i_{☾} \cos(\Omega - \Omega_{☾}) + \cdots + \\ & + \frac{3}{4}\sin i \sin^2\frac{i}{2}\sin^2 i_{☾} \sin^2\frac{i_{☾}}{2}\cos(2\,\zeta_{☾} - 3\,\Omega_{☾} - 2\,L + \Omega)\Bigg]\,. \end{aligned} \tag{87}$$

Insgesamt stehen in der eckigen Klammer 23 trigonometrische Ausdrücke. $n_{☾}$ ist die Winkelgeschwindigkeit, $\zeta_{☾} = v_{☾} + \omega_{☾} + \Omega_{☾}$ ist die wahre Länge des Mondes.

Es empfiehlt sich, $i_{☾}$ und $\Omega_{☾}$ durch analoge auf die Ekliptik bezogene Größen zu ersetzen. Ist I die Neigung der Mondbahn relativ zur Ekliptik ($I \cong 5°, 15$) und N die in der Ekliptik gezählte Länge des aufsteigenden Knotens des Mondes und ε die genähert konstante Schiefe der Ekliptik ($\varepsilon \cong 23°27'$), so gilt

$$\sin i_{☾} \sin \Omega_{☾} = \sin I \sin N\,,$$

$$\sin i_{☾} \cos \Omega_{☾} = \sin\varepsilon \cos I + \cos\varepsilon \sin I \cos N\,.$$

Schließlich werden noch $\frac{r}{a}$ und $\frac{a_{☾}}{r_{☾}}$ in (87) durch die Exzentrizität der Bahn und die mittlere Anomalie ausgedrückt. Dann wird die Gleichung (87) in die Störungsgleichungen eingesetzt. Die Entwicklungen sind sehr vielgliedrig und können hier nicht im einzelnen wiedergegeben werden.

Säkulare Störungen durch die Gravitationskraft des Mondes und der Sonne treten in dem Argument des Perigäums ω und in der Länge des aufsteigenden Knotens Ω auf.

Kozai fand die folgenden Ausdrücke für die durch den Mond hervorgerufenen säkularen Bahnstörungen

$$\frac{d\omega}{dt} = \frac{3}{4}\frac{n_☾^2}{n} m_☾ \frac{1}{\sqrt{1-e^2}}\left(2 - \frac{5}{2}\sin^2 i + \frac{1}{2}e^2\right)\left(1 - \frac{3}{2}\sin^2 i_☾\right),$$

$$\frac{d\Omega}{dt} = -\frac{3}{4}\frac{n_☾^2}{n} m_☾ \frac{\cos i}{\sqrt{1-e^2}}\left(1 + \frac{3}{2}e^2\right)\left(1 - \frac{3}{2}\sin^2 i_☾\right).$$

Hierbei gilt

$$\sin^2 i_☾ = \frac{1}{2}\sin^2 I\,(1 + \cos^2\varepsilon) + \sin^2\varepsilon\cos^2 I + \frac{1}{2}\sin 2\varepsilon \sin 2I \cos N$$
$$- \frac{1}{2}\sin^2 I \sin^2\varepsilon \cos 2N .$$

$m_☾$ ist hier die Masse des Mondes in Einheiten der Masse der Erde.

Für die Berechnung der Position des Mondes benötigt man die mittlere Länge des Mondes und die seines Perigäums, ferner die in der Ekliptik gezählte Länge N des aufsteigenden Knotens seiner Bahn. Diese Werte können aus dem Anhang (Explanation) der „Astronomical Ephemeris" entnommen werden, z. B.

$$N = 259°{,}18 - 0°{,}05\,295\, d ,$$

wenn d die Anzahl der Tage seit dem Julianischen Datum 2415020.0 ist.

Die durch die Gravitationswirkung der Sonne hervorgerufenen säkularen Bahnstörungen erhält man, wenn man für $m_☾$, $n_☾$, $i_☾$ die betreffenden auf die Sonne und ihre Bahnbewegung bezogenen Größen einsetzt ($m_☾ \to 1$, $I \to 0$).

Kozai fand in der Bewegung des Satelliten 1958 β_2 die folgenden säkularen Störungen pro Tag

Tabelle 3

	$\frac{d\omega}{dt}$	$\frac{d\Omega}{dt}$
Beobachtete säkulare Störung	4°,40462 ± 10	−3°,01507 ± 4
Berechneter säkularer Anteil des Mondes	0°,00039	−0°,00028
Berechneter säkularer Anteil der Sonne	0°,00018	−0°,00013

In zahlreichen Fällen kann man sich damit begnügen, den Gravitationseinfluß des Mondes auf die Satellitenbahnen mit einem Restfehler von 10% approximativ zu bestimmen. Dann kann man zahlreiche Glieder in dem vielgliedrigen Ausdruck (87) von Kozai vernachlässigen. Die Hauptglieder haben Perioden von etwa 14 Tagen.

Für die Störungswirkung der Sonne auf den Satelliten gelten ähnliche mathematische Entwicklungen.

Während die Störungen durch das Gravitationsfeld der Erde in den Bahnelementen des Satelliten periodische Veränderungen hervorrufen, deren Perioden teilweise nur Bruchteile eines Satellitenumlaufes sind, betragen dagegen die kürzesten Perioden der Hauptglieder in den durch die Sonne und den Mond verursachten Störungen mehrere Tage. Integriert man die Störungen numerisch, so darf beim Gravitationsfeld der Erde das Integrationsintervall kaum größer als 1 min sein, während man im Fall einer numerischen Integration über die durch die Gravitationswirkung von Sonne und Mond verursachten Störungen mit wesentlich längeren Integrationsintervallen wird auskommen können.

Es ist also auch möglich, die Störungsberechnungen für die Bestimmung des Gravitationseffektes von Sonne und Mond nicht analytisch, sondern statt dessen numerisch durchzuführen.

Ausführliche Formeln für die Störungen durch die Gravitationskraft von Mond und Sonne sind auch bei Gaposchkin zu finden.

Schließlich sei noch betont, daß alle in dieser Störungstheorie auftretenden Parameter mit einer für diese Zwecke vollkommen ausreichenden Genauigkeit bekannt sind, ganz im Gegensatz zu den durch die Reibungswirkung der Atmosphäre hervorgerufenen Störkräften.

4.2. Der Einfluß der Reibung an der Atmosphäre auf die Bahnstörungen

Zur Bestimmung der Bremswirkung der Atmosphäre benötigt man genaue Angaben über den Verlauf der Dichte entlang der vom Satelliten überstrichenen Bahn, und man braucht ebenfalls die Geschwindigkeitsvektoren der Luft in diesem Bereich. Diese Daten sind aber von vielen geophysikalischen und astrophysikalischen Parametern abhängig. Die Dichte ändert sich mit der Höhe über der Erdoberfläche, bei Nacht ist die Dichte geringer als in gleicher Höhe am Tage. Die Dichte ist ferner abhängig von der Sonnenaktivität. Man hat eine gute Korrelation gefunden zwischen der Intensität der Sonnenstrahlung auf der 10,7-cm- und 20-cm-Welle einerseits und der Veränderung der Dichte der Atmosphäre andererseits. Auch die geomagnetische Kennziffer ist mit der Dichte korreliert.

Das gegenwärtige Wissen über die Dichte der Atmosphäre und die daraus zu ziehenden Konsequenzen für die Bahnstörungen des Satelliten können hier nicht in aller Ausführlichkeit dargelegt werden; denn dafür ist dieses Wissensgebiet zu groß, und es ist ein Wissensgebiet für sich. Es sollen hier nur die wichtigsten Tatsachen und Beziehungen abgeleitet werden, die notwendig sind, um den Einfluß der Reibungswirkung der Atmosphäre auf die Satellitenbahnen in einer Weise berücksichtigen zu können, die für die Satellitengeodäsie im allgemeinen ausreichend ist.

Aus Abb. 8 und 9 kann man sich ein Bild über den Verlauf der Dichte, über den Tag-Nacht-Effekt und die Abhängigkeit von der Sonnenaktivität machen.

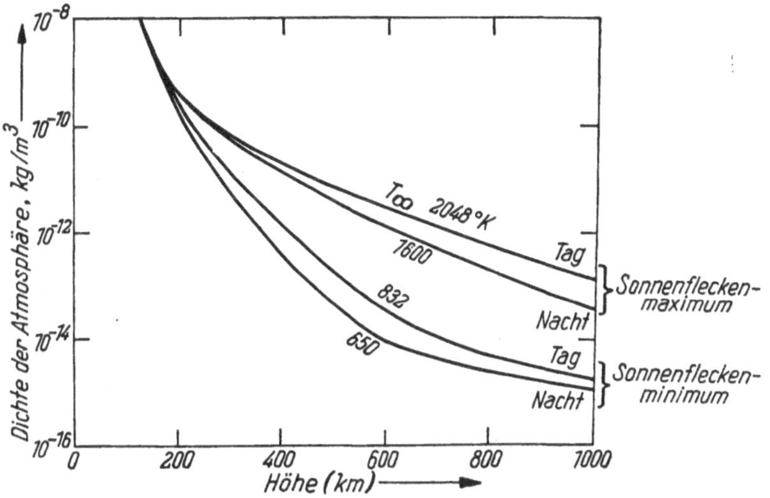

Abb. 8. Dichteverlauf in der oberen Atmosphäre bei Sonnenfleckenmaximum und Sonnenfleckenminimum unter Berücksichtigung des Tag-Nacht-Effektes. Die Profile entsprechen einer Modellatmophäre (Jacchia 1965), bei der die Maximaltemperatur am Tage 28% höher ist als die Minimaltemperatur in der Nacht. (Mit freundlicher Genehmigung durch das Smithsonian Institution, Astrophysical Observatory, Cambridge, Mass.)

Steigt man von 500 km Höhe aufwärts bis in eine Höhe von etwa 800 km, so sinkt die Dichte auf etwa 1/100 ihres Wertes, den sie in 500 km Höhe hat. Im gleichen Verhältnis werden die linear von der Dichte der Atmosphäre abhängigen Bahnstörungen in größeren Höhen abnehmen. Aus Abb. 9 entnimmt man, daß sich in etwa 730 km Höhe die Dichte durch die Sonnenaktivität um etwa den Faktor 10 verändern kann. Die Tätigkeit der Sonne kann also die durch die Reibung an der Atmosphäre hervorgerufenen Bahnstörungen über kurze Zeit verzehnfachen. Der Tag-Nacht-Effekt wirkt vor allem in größeren Höhen, also in Höhen über 350 km, während er unterhalb von etwa 200 km nahezu verschwindet. Diesen Tag-Nacht-Effekt kann man auch als eine wellenförmige Deformation der Erdatmosphäre erklären, die ihre Extremwerte etwa in den Punkten hat, in denen die Sonne im Zenit (Maximum) bzw. Nadir (Minimum) steht, wobei aber eine durch die Erdrotation verursachte Phasenverschiebung von 20° bis 30° signifikant nachgewiesen werden konnte. Auch die durch die Rotation der Sonne hervorgerufene 27tägige Periode in der die Erde erreichenden Sonnenstrahlung hat einen nachweisbaren Einfluß auf die Satellitenbahnen. Er ist mit der Sonnenstrahlung im 10,7 cm Bereich korreliert.

Die durch die Reibung an der Atmosphäre auf den Satelliten ausgeübte Beschleunigung in Richtung seiner Bahn ist bekanntlich

$$-\frac{1}{2}\vartheta\,\varkappa\,\bar{v}^2\,, \tag{88}$$

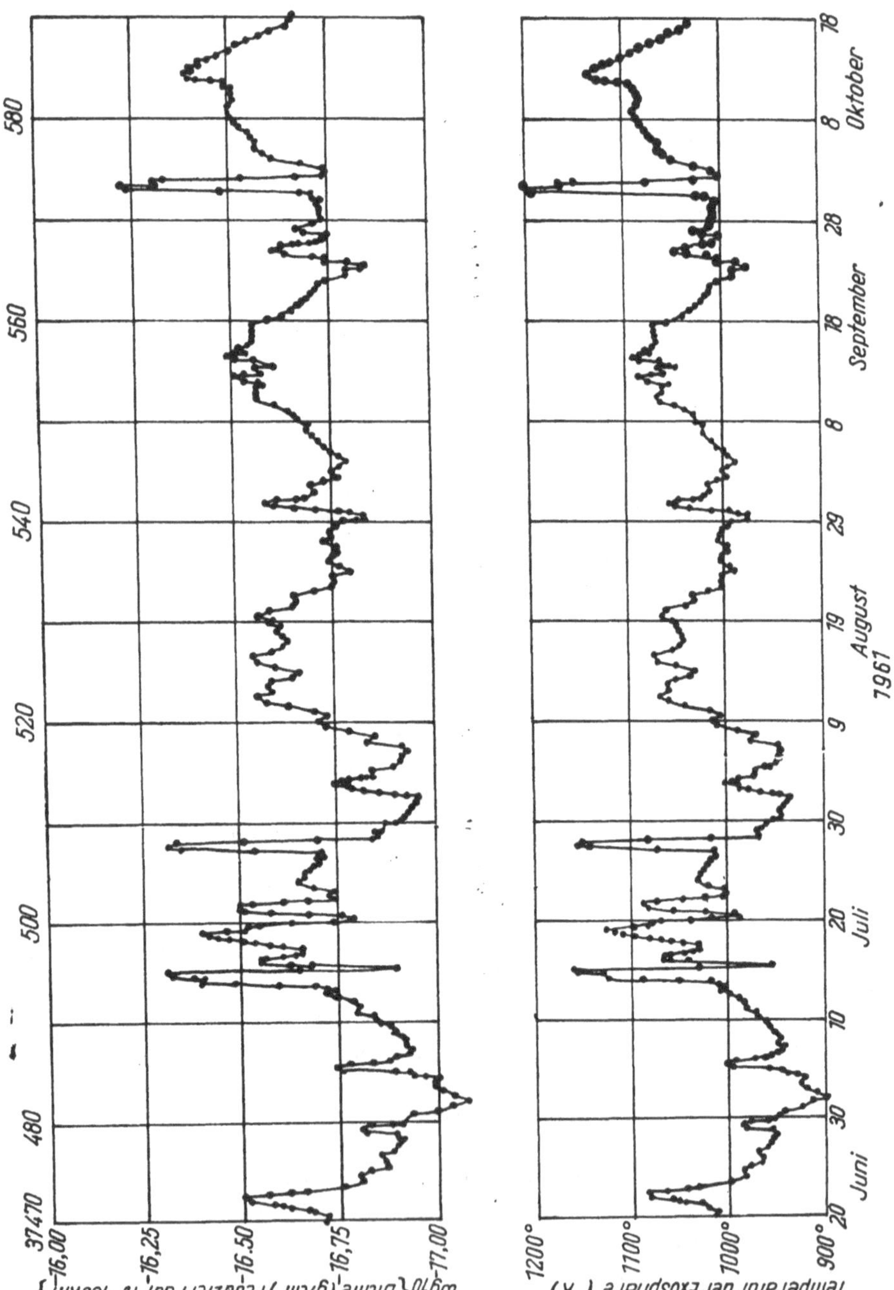
37470
480
500
520
540
560
580
−16,00
−16,25
−16,50
−16,75
−17,00
log10 {Dichte (g/cm³) reduziert auf h = 730 km}
1200°
1100°
1000°
900°
Temperatur der Exosphäre (°K)
20
30
10
20
30
9
19
29
8
18
28
8
18
Juni
Juli
August
1961
September
Oktober

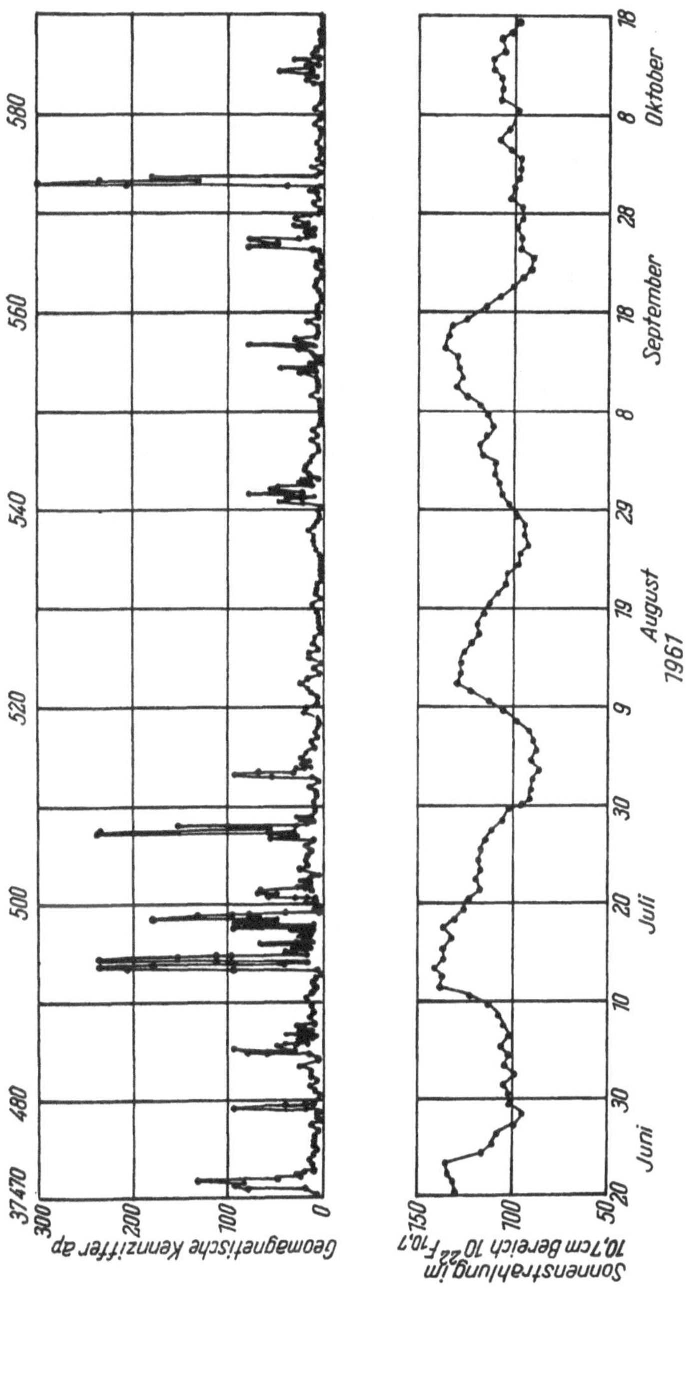

Abb. 9. Dichte und Temperatur der Atmosphäre nach den Bahnstörungen des Satelliten Explorer 9 (1961 δ 1), geomagnetische Kennziffer a_p und Sonnenstrahlung auf der Wellenlänge 10,7 cm. Die Bahnstörungen wurden aus präzisen photographischen Beobachtungen mit BAKER-NUNN-Kameras ermittelt. Die Einheit der Abszisse ist der modifizierte Julianische Tag (J. D. minus 2400000,5)
(Mit freundlicher Genehmigung durch das Smithsonian Institution, Astrophysical Observatory, Cambridge, Mass.)

ϑ ist die Dichte der Luft,

$$\varkappa = C_D \frac{A}{m} . \tag{89}$$

C_D ist der Reibungskoeffizient (im Mittel etwa $C_D = 2{,}2$); A ist die Fläche des mittleren Querschnitts des Satelliten, m seine Masse und $\bar{v}$ seine lineare Bahngeschwindigkeit.

Da die Reibungskraft in der Richtung der Bahnbewegung wirkt, wird durch sie vor allem die mittlere Anomalie M gestört werden. Der relativ stark gestörte Satellit Explorer 9 hatte bei dem Bezugsdatum 29. März 1964 ($= T_0$) die folgende mittlere Anomalie M (hier in Anzahl der Umläufe), wenn die Einheit von t ein Tag ist,

$$M = 0{,}82465 + 14{,}536862\,(t - T_0) + 2{,}153 \cdot 10^{-2}\,(t - T_0)^2 .$$

Die mittlere Winkelgeschwindigkeit $\bar{n}$ ändert sich also an einem Tag um etwa 0,3%, das sind pro Umlauf etwa 10 km, ein ungewöhnlich großer Wert.

Überraschend ist, daß das Glied bei $(t - T_0)^2$ eine Beschleunigung in der Bewegung des Satelliten und nicht, wie erwartet, eine Verzögerung zum Ausdruck bringt. Die Ursache ist in der Energiebilanz des Satelliten zu finden. Durch die Reibung an der Atmosphäre wird nämlich Energie verbraucht, die aus der kinetischen Energie des Satelliten gewonnen wird. Nun ist nach (13) die Gesamtenergie des Satelliten, also die Summe aus kinetischer und potentieller Energie gleich

$$\frac{1}{2} m\, \bar{v}^2 - k\, M \frac{m}{r} = -\frac{1}{2} k\, M \frac{m}{a} .$$

Wenn diese Energie sich verringert, so muß sich a ebenfalls verringern, und nach dem 3. Keplerschen Gesetz (17) wird dann die Winkelgeschwindigkeit des Satelliten n größer.

Für die mittlere Anomalie des ersten geodätischen Satelliten ANNA 1B galt dagegen am 3. November 1964 ($= T_0$)

$$M = 0{,}15845 + 13{,}344946\,(t - T_0) + 3{,}0 \cdot 10^{-8}\,(t - T_0)^2 .$$

Er hatte also in $M^{\cdot}$ nur eine relative Änderung von etwa $5 \cdot 10^{-9}$ pro Tag, das sind pro Umlauf nur wenige Zentimeter.

In Untersuchungen, bei denen es nicht auf die höchste Genauigkeit ankommt oder bei denen Satelliten eingeführt werden, deren Bahnen nur wenig gestört sind, die also in größerer Höhe fliegen oder die einen kleinen Querschnitt A und eine große Masse m haben, kommt man daher bei der Berücksichtigung der Reibungswirkung der Luft häufig damit aus, daß man bei der Bahnbestimmung für die mittlere Anomalie einen in der Zeit quadratischen Ansatz einführt

$$M = M_0 + M_1\, t + M_2\, t^2 + \cdots , \tag{90}$$

dessen Koeffizienten M_0, M_1, M_2 empirisch durch eine Ausgleichung von Satellitenbeobachtungen bestimmt werden. Die nach dem 3. KEPLERschen Gesetz korrespondierende Störung in der großen Halbachse a ist

$$-\frac{4}{3}\frac{a}{n} M_2 t + \cdots .$$

Die in den anderen Bahnelementen durch die Reibung an der Luft verursachten Störungen sind zum Teil ziemlich klein. Sie können meistens durch eine Approximationsformel in ausreichender Genauigkeit berücksichtigt werden, wenn man nicht besondere Ansprüche stellt.

Ein in vielen Fällen ausreichender Weg zur Bestimmung der durch die Reibungswirkung der Atmosphäre hervorgerufenen Störungen in a, e, ω und ☊ ergibt sich folgendermaßen.

Man macht für die mittlere Anomalie einen Potenzreihenansatz der Form (90), wobei man annimmt, daß hier die säkulare Störung durch die Gravitationswirkung von Sonne und Mond und durch den Strahlungsdruck der Sonne in Abzug gebracht worden sind. Die Koeffizienten dieser so reduzierten Potenzreihe ergeben sich dann aus den Satellitenbeobachtungen. Der Koeffizient M_2 in Gleichung (90) stellt also mit diesen Voraussetzungen lediglich den Reibungseinfluß der Atmosphäre dar, er ist frei vom Einfluß der zonalen Kugelfunktionen.

Durch Differentiation von (90) ergibt sich die mittlere Winkelgeschwindigkeit

$$\bar{n} = M^{\cdot} = M_1 + 2\, M_2 t + \cdots . \tag{91}$$

Die Änderung der Winkelgeschwindigkeit seit der Epoche $t = 0$ ist

$$\Delta\bar{n} = \bar{n} - \bar{n}_0 = 2\, M_2 t + \cdots . \tag{92}$$

Aus n folgt nach dem 3. KEPLERschen Gesetz die große Halbachse a

$$\Delta a = a - a_0 = -\frac{4}{3}\frac{a}{n} \cdot M_2 t + \cdots . \tag{93}$$

Besonders festzustellen ist, daß in der großen Halbachse a und in $\bar{n}$ säkulare und langperiodische Einflüsse durch das Schwerefeld nicht auftreten, wenn man von den später zu besprechenden Resonanzen durch tesserale und sektorielle Kugelfunktionen höherer Ordnung absieht. Dies ist ein Vorteil für die praktische Bestimmung des Einflusses der Luftreibung aus $\Delta\bar{n}$ und Δa nach (90) bis (93). Aus Δa und $\Delta\bar{n}$ ergibt sich die entsprechende durch die Bremswirkung der Atmosphäre verursachte Störung in der Exzentrizität e

$$\Delta e = (1 - e) \cdot \frac{\Delta a}{a} = -\frac{2}{3}(1 - e) \cdot \frac{\Delta\bar{n}}{n} . \tag{94}$$

Die Theorie, nach der die Gleichung (94) entwickelt wurde, baut darauf auf, daß die mittlere Höhe des Perigäums sich nur sehr wenig verändert im Vergleich mit der Veränderung der Achse a und der Exzentrizität. Der Radiusvektor des Perigäums $a(1 - e)$ wird also als konstant angenommen, und der des Apogäums $a(1 + e)$ als durch die Reibungswirkung der Atmosphäre variabel, eine Voraussetzung, die in hoher Annäherung zutreffend ist.

Die durch die Reibung an der Atmosphäre hervorgerufenen Änderungen in a und e, (93) (94), pflanzen sich nach (60) auch auf die Drehbewegung der Knotenlinie und der Apsidenlinie fort. Der so berechnete Einfluß der Bremswirkung der Atmosphäre auf die Drehbewegung der Apsiden- und Knotenlinie ist

$$\Delta\omega = \frac{1}{3}\frac{\omega^{\cdot}}{n}\left\{\frac{7-e}{1+e}\right\}\Delta M\,, \qquad \Delta\Omega = \frac{1}{3}\frac{\Omega^{\cdot}}{n}\left\{\frac{7-e}{1+e}\right\}\Delta M \tag{95}$$

mit

$$\Delta M = M_2\,t^2\,.$$

Die säkularen Bewegungen $\omega^{\cdot}$, $\Omega^{\cdot}$ ergeben sich mit der Formel (60).

Man kann diese Theorie noch verfeinern, indem man die Änderung des Radiusvektors des Perigäums berücksichtigt und bei der Bahnneigung i die Störung durch die Rotation der Atmosphäre hinzunimmt.

Wenn aber bei der Bahnmethode die tesseralen und sektoriellen Kugelfunktionen des Schwerefeldes der Erde bestimmt werden sollen, so ist man bemüht, alle störenden Einflüsse der Bremswirkung der Atmosphäre, auch die periodischen, durch Reduktion zu beseitigen, um einer Verfälschung des Resultates vorzubeugen. Man ist daher genötigt, eine umfassendere Theorie für die atmosphärischen Störungen zu entwickeln.

Es gilt daher, den Geschwindigkeitsvektor des Satelliten in seine Komponenten in Richtung des Radiusvektors (K_3) und in die „tangentiale" Komponenten (K_2) zu zerlegen, daraus die entsprechenden Komponenten K_3 und K_2 des Beschleunigungsvektors (88) abzuleiten und diese Komponenten durch die Bahnelemente auszudrücken. Man findet für die beiden Komponenten des Geschwindigkeitsvektors

$$(K_2) = \sqrt{\frac{k\,M}{p}}\,(1 + e\cos v)\,, \qquad (K_3) = e\sqrt{\frac{k\,M}{p}}\sin v$$

und für die auf den Satelliten wirkenden Komponenten der Störbeschleunigung, wenn man von der Störung durch die Rotation der Erdatmosphäre absieht,

$$\begin{aligned} K_2 &= -\frac{1}{2}\vartheta\,\varkappa\frac{k\,M}{p}(1 + 2e\cos v + e^2)^{1/2}(1 + e\cos v)\,,\\ K_3 &= -\frac{1}{2}\vartheta\,\varkappa\frac{k\,M}{p}(1 + 2e\cos v + e^2)^{1/2}\,e\sin v\,. \end{aligned} \tag{96}$$

Weil die Atmosphäre vor allem in ihren tieferen Schichten ebenfalls um die Rotationsachse der Erde rotiert, tritt auch senkrecht zur Bahnebene eine Störbeschleunigung K_1 auf.

Für die Dichte ϑ und ihre Abhängigkeit von der Höhe h führt man im allgemeinen folgenden Exponentialansatz ein

$$\vartheta = \vartheta_0 \exp\left[-\frac{h - h_0}{H}\right]. \tag{97}$$

Die mit dem Null-Index versehenen Werte beziehen sich auf die Referenzhöhe h_0. H ist die Skalenhöhe, die im allgemeinen für eine Satellitenbahn konstant angenommen wird, bei strengerer Auffassung aber als variabel anzusehen ist. In 200 km Höhe ist $H \cong 30$ bis 40 km, bei 700 km Höhe ist $H \cong 90$ bis 160 km in Abhängigkeit von dem Stand der Sonne (Tag-Nacht-Effekt).

Mit (97), (96), (45) erhält man schließlich durch Integration die durch die Atmosphäre hervorgerufenen Bahnstörungen für einen Satellitenumlauf

$$\left.\begin{aligned}
\delta a &= -2\pi a^2 \vartheta_p \varkappa F_p \exp(-a e/H)\,[I_0 + 2 e I_1]\,, \\
\delta e &= -2\pi a \vartheta_p \varkappa F_p \exp(-a e/H)\left[I_1 + \frac{1}{2} e (I_0 + I_2)\right], \\
\delta \omega &= -\cos i \times \delta \Omega\,, \\
\delta i &= -\frac{1}{2}\pi a \vartheta_p \varkappa \sqrt{F_p}\cdot \beta \cdot T_d \exp(-a e/H) \sin i \times \\
&\quad \times [I_0 + \cos 2\omega\, I_2 - 4 e \cos^2 \omega\, I_1]\,, \\
\delta \Omega &= -\frac{1}{2}\pi a \vartheta_p \varkappa \sqrt{F_p}\cdot \beta \cdot T_d \exp(-a e/H) \sin 2\omega \times \\
&\quad \times (I_2 - 2 e I_1)\,.
\end{aligned}\right\} \qquad (98)$$

Aus δa errechnet man nach dem 3. KEPLERschen Gesetz die Störung in n, ϑ_p ist die zur Höhe des Perigäums $h_p = a(1-e) - R_E$ gehörige Dichte. Ist ω_E die Winkelgeschwindigkeit der Erde, so ist $\sigma = \beta\,\omega_E$ die Winkelgeschwindigkeit der Atmosphäre. Bei den Gleichungen (98) hat man also gegenüber den Gleichungen (96) noch berücksichtigt, daß in der Höhe von etwa 250 km die Atmosphäre eine andere Winkelgeschwindigkeit hat als die Erde. Für Höhen von etwa 200 bis 300 km erhält man etwa $\beta = 1{,}27 \pm 0{,}18$, dem entspricht ein West–Ost-Wind von etwa 100 m s^{-1} in mittleren Breiten. In (98) ist weiter

$$F_p = \left[1 - \sigma \cos i \frac{a(1-e)}{\sqrt{\frac{kM}{p}}(1+e)}\right]^2 .$$

T_d ist die Umlaufszeit des Satelliten in Tagen ausgedrückt. $I_n(x)$ ist die BESSELsche Funktion n-ter Ordnung

$$I_n(x) = \frac{\pi}{2}\int_0^{2\pi} \exp(x \cos E) \cos n E \, dE \,.$$

Die Abplattung der Atmosphäre der Erde wurde in (97) vernachlässigt.

Die Bestimmung des Reibungskoeffizienten C_D ist mit einer gewissen Unsicherheit behaftet. Der Koeffizient hängt von der Gestalt des Satelliten ab. Bei einem kugelförmigen Satelliten läßt er sich zuverlässig bestimmen, asphärische Satelliten führen häufig Taumelbewegungen durch, wenn sie nicht stabilisiert sind. Dann ist der Reibungskoeffizient schwieriger zu bestimmen. Im allgemeinen liegt aber C_D zwischen 2,1 und 2,3; 2,2 ist ein guter Mittelwert. Für Sputnik 3 wurde $C_D = 2{,}15$ erhalten.

Will man aber bei der Bestimmung der Bahnstörungen die Kenntnisse über den Dichteverlauf in der Atmosphäre möglichst weitgehend ausnutzen, soweit dies für die Zwecke der Satellitengeodäsie noch vertretbar erscheint, und will man insbesondere als weitere Parameter den Tag-Nacht-Effekt und die Strahlungsintensität der Sonne auf der 10,7 cm Welle berücksichtigen, so kann man sich der Theorie von JACCHIA (1960), (1964), (1967) bedienen.

Man setzt für die Dichte

$$\vartheta(h) = \vartheta_0 \left(1 + \alpha \cos^{n'} \frac{\psi'}{2}\right), \tag{99}$$

wenn $\vartheta(h)$ die Dichte in der Höhe h über der Erdoberfläche und α und n' bestimmte Parameter sind. ψ' ist der Winkel zwischen der Achse der durch den Tag-Nacht-Effekt hervorgerufenen Dichteanomalie und dem Radiusvektor zum Satelliten. ϑ_0 ergibt sich aus der Relation

$$\log \vartheta_0 = \bar{a} + \bar{b}\, h + \bar{c} \exp(-0{,}01\, h)\,, \tag{100}$$

wo $\bar{a}$, $\bar{b}$, $\bar{c}$ empirisch zu bestimmende Koeffizienten sind, SEHNAL (1966). Die Koeffizienten α, $\bar{a}$, $\bar{b}$, $\bar{c}$ und der Exponent n' ergeben sich für den betreffenden Tag und den betreffenden Satelliten folgendermaßen:

Aus Abb. 10 entnimmt man die nächtliche Temperatur der Exosphäre T_0 in Abhängigkeit von der beobachteten Intensität der Sonnenstrahlung im 10,7-cm-Bereich. Aus T_0 ergeben sich die im weiteren benötigten Werte $T_{1/2} = 1{,}14\, T_0$ und $T_M = 1{,}28\, T_0$. Für diese 3 Temperaturen und die Höhe des Perigäums des Satelliten entnimmt man aus bestimmten Tabellen, JACCHIA (1964), die zugehörigen Luftdichten ϑ_0, $\vartheta_{1/2}$, ϑ_M. Die Koeffizienten α und der Exponent n' resultieren aus (99) wie folgt

$$\alpha = \frac{\vartheta_M - \vartheta_0}{\vartheta_0}\,, \qquad n' = 6{,}644\, [\log(\vartheta_M - \vartheta_0) - \log(\vartheta_{1/2} - \vartheta_0)]\,.$$

Geht man mit der Temperatur T_0 in die genannten Tafeln von JACCHIA ein für 3 verschiedene über dem Perigäum gelegene Punkte und entnimmt diesen Tafeln die zugehörigen Dichtewerte, so hat man 3 Gleichungen der Form (100) zur Bestimmung der Koeffizienten $\bar{a}$, $\bar{b}$, $\bar{c}$. Damit ist die Dichtefunktion (99) bekannt.

Mit dieser Dichtefunktion ist nun nach den Gleichungen (88), (89), (96) die auf den Satelliten wirkende Störbeschleunigung zu berechnen. Es empfiehlt sich, diese Vektorkomponenten K_1, K_2, K_3 nicht durch die wahre Anomalie v, sondern durch die exzentrische Anomalie E auszudrücken, um sie dann in die Störungsgleichungen (45) einzusetzen. Man erhält dann beispielsweise für die Störung in der großen Halbachse a einen Ausdruck der Form

$$a^{\cdot} = K_a \cdot F_a(E) \cdot \vartheta \cdot E^{\cdot}\,.$$

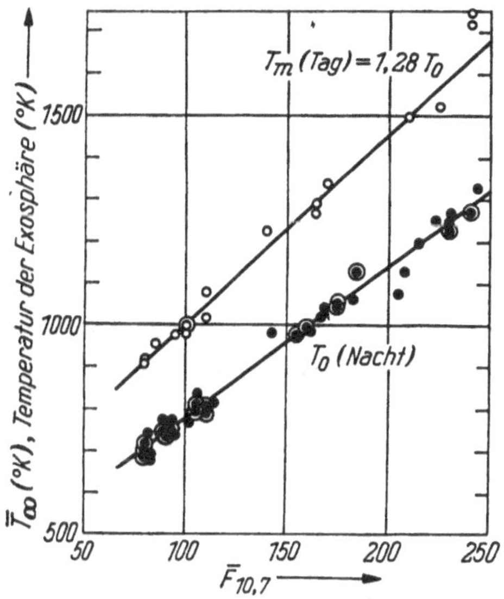

Abb. 10. Temperatur der Exosphäre bei Tag und bei Nacht in Abhängigkeit von der Intensität der Sonnenstrahlung auf der Wellenlänge 10,7 cm. Die Temperaturen und Strahlungsintensitäten sind Mittelwerte, der Einfluß der durch die Rotation der Sonne hervorgerufenen 27-Tage-Perioden ist herausgemittelt. Die Temperaturen ergaben sich aus dem Dichteverlauf in bestimmten Modellatmosphären, wie er aus den Störungen in den Satellitenbahnen erhalten worden ist (JACCHIA 1965)

Hier werden für $F_a(E)$ und ϑ Potenzreihenentwicklungen nach der Exzentrizität e der Satellitenbahn eingesetzt. Es ist

$$\cos \psi' = \frac{a}{r} (D_1 \cos E - D_1 e + D_2 \sqrt{1 - e^2} \sin E) ,$$

$$D_1 = D_1(i, \omega, \Omega, \varepsilon, \bar{L}, \bar{\lambda}) ,$$

$$D_2 = D_2(i, \omega, \Omega, \varepsilon, \bar{L}, \bar{\lambda}) .$$

i, ω, Ω sind Bahnelemente des Satelliten, ε die Schiefe der Ekliptik, $\bar{L}$ die Länge der Sonne und $\bar{\lambda}$ der Phasenunterschied zwischen der Rektaszension der Sonne ($\alpha_\odot$) und der Achse des Tag-Nacht-Effektes (α_B), $\alpha_\odot + \bar{\lambda} = \alpha_B$ ($\bar{\lambda} \cong 30°$). Für beide Richtungen wird die gleiche Deklination vorausgesetzt, $\delta_\odot = \delta_B$.

Die weiteren Entwicklungen zu dieser Theorie können hier nicht gegeben werden. Es sei aber betont, daß man mit dieser Theorie u. a. hofft, die kurzperiodischen Störungen durch die Atmosphäre in einer befriedigenden Genauigkeit bestimmen und nach ihrer Berücksichtigung die Restfehler der Bahnmethode noch weiter herabdrücken zu können. Bekanntlich liegen die Restfehler der Beobachtungen, die sich nach einer Ausgleichung bei der Bahnmethode ergeben, noch merkbar höher als die innere Genauigkeit der Beobachtungen.

Die mit den Gleichungen (99) und (100) definierte Modellatmosphäre ist selbstverständlich auch nur eine gewisse Approximation für die wirkliche Struktur der Dichte der Atmosphäre.

Man hat inzwischen Verfeinerungen dieser Modellatmosphäre entwickelt, die der wirklichen Atmosphäre noch näher kommen. Wieweit diese Verfeinerungen für die Satellitengeodäsie, insbesondere für die Bahnmethode von Bedeutung sein können, muß erst noch durch besondere Untersuchungen festgestellt werden; Friedman, Jacchia und Slowley, Jacchia (1967).

4.3. Bahnstörungen durch den Strahlungsdruck der Sonne

Ein weiterer Störeffekt extraterrestrischen Ursprungs wird durch den Strahlungsdruck hervorgerufen, den das Sonnenlicht auf den Satelliten ausübt. Die dadurch erzeugte Beschleunigung des Satelliten ist in vektorieller Darstellung bei einem sphärischen Satelliten

$$\boldsymbol{t} = K \frac{A}{m} \frac{1}{c} I_0 \left(\frac{a_\varepsilon}{r_\varepsilon}\right)^2 \left[\left(1 - \frac{v_n}{c}\right) \boldsymbol{n}_\varepsilon - \frac{1}{c} \boldsymbol{v}_s\right]. \tag{101}$$

K ist ein zwischen 0 und 2 liegender Koeffizient, der von den Reflektionseigenschaften des Satelliten abhängt. A und m haben die gleiche Bedeutung wie in Gleichung (89), c ist die Lichtgeschwindigkeit, I_0 die Solarkonstante ($I_0 \cong 2{,}00 \pm 2\%$ cal cm^{-2} min^{-1}), a_ε die große Halbachse der Bahnellipse, die die Erde um die Sonne beschreibt, und r_ε die Entfernung der Erde von der Sonne.

Das zweite und dritte Glied in der eckigen Klammer stellen den Poynting-Robertson-Effekt dar. $\boldsymbol{v}_s$ ist die Geschwindigkeit des Satelliten relativ zur Sonne, $\boldsymbol{n}_\varepsilon$ der heliozentrische Einheitsvektor der Erde, $v_n = \boldsymbol{v}_s \cdot \boldsymbol{n}_\varepsilon$ ist die Komponente der Geschwindigkeit des Satelliten in der Richtung Sonne-Erde. Das zweite Glied in der eckigen Klammer von (101) enthält durch v_n gewissermaßen einen Doppler-Effekt; bewegt sich der Satellit in Richtung auf (fort von der) die Sonne, so verstärkt (vermindert) sich der Strahlungsdruck. Das dritte Glied in der eckigen Klammer bedeutet eine Beschleunigung in Richtung der Satellitenbahn. Es wird durch die physikalischen Vorgänge beim Wiederabstrahlen der aufgenommenen Strahlungsenergie erklärt.

Beschränkt man sich in der eckigen Klammer von (101) auf den Vektor $\boldsymbol{n}_\varepsilon$, so wird man $\boldsymbol{n}_\varepsilon$ zunächst durch die Bahnelemente der scheinbaren Bewegung der Sonne um die Erde darstellen. Danach bildet man die K_1-, K_2-, K_3-Komponenten der Störbeschleunigung $\boldsymbol{t}$ und setzt sie in die Gleichungen (45) ein, um durch eine Integration die Störungen der Bahnelemente des Satelliten zu erhalten. Man darf aber dabei nur über den Teil der Satellitenbahn integrieren, in dem der Satellit sich im Sonnenlicht befindet. Weil der im Erdschatten liegende Bereich der Satellitenbahn ausgelassen werden muß, empfiehlt es sich meistens nicht, die Integration auf analytischem Wege auszuführen; die numerische Integration ist meistens günstiger. Die durch den Strahlungsdruck der Sonne hervorgerufenen Satellitenbahnstörungen sind ohnehin langperiodischen Charakters, so daß man bei der numerischen Integration vorteilhafterweise mit relativ langen Integrationsschritten auskommt.

Interessant ist noch eine Gegenüberstellung der Störungen durch den Strahlungsdruck der Sonne einerseits und durch die Reibung an der Atmosphäre andererseits. In größeren Höhen (mehr als 1000 Kilometer) über der Erde dominiert der erste Einfluß über dem zweiten, während in tieferen Schichten die Reibungswirkung der Atmosphäre den größeren Einfluß hat. Beim Sonnenfleckenmaximum sind beide Störungen in etwa 900 km Höhe gleich, in etwa 500 km Höhe beim Sonnenfleckenminimum.

Der Strahlungsdruck der Sonne ruft vor allem bei den Ballonsatelliten (Echo 1, Echo 2, PAGEOS), die nur ein geringes Gewicht und einen großen Durchmesser von 30 bzw. 40 m haben, erhebliche Störungen hervor. Die Änderungen der Höhe des Perigäums von Echo 1 und Echo 2 in Abb. 11 sind vor allem auf den Strahlungsdruck der Sonne zurückzuführen.

Die zur Erde gelangende Sonnenstrahlung wird zum Teil an der Erdoberfläche und an den Wolken reflektiert und trifft danach zum Teil wieder auf den Satelliten und ruft so eine zweite relativ geringe Störbeschleunigung hervor, die gelegentlich berücksichtigt worden ist. Die Störung durch diese indirekte Sonnenstrahlung beträgt etwa 10 bis 15% des Einflusses der direkten. Hier soll darauf nicht näher eingegangen werden.

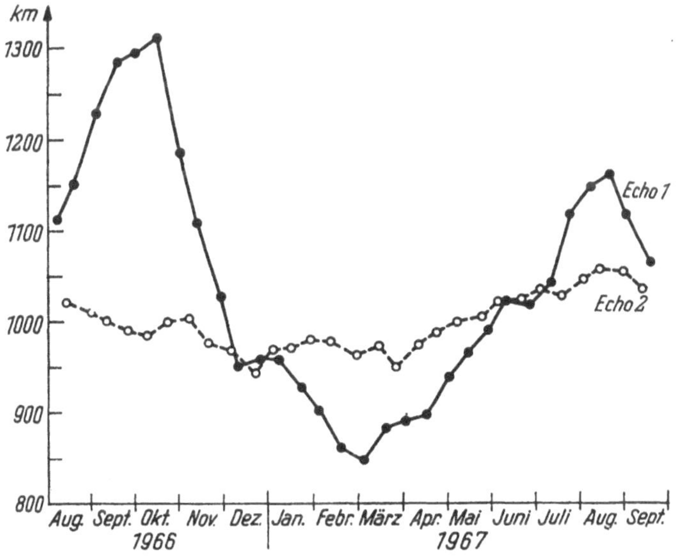

Abb. 11. Variation der Höhe des Perigäums der Ballonsatelliten Echo 1 und Echo 2

4.4. Bahnstörungen durch die Gezeiten der festen Erde

Die Gravitationskraft von Sonne und Mond wirkt nicht nur direkt auf den Satelliten, ein Effekt, der bereits beschrieben wurde; sie wirkt auch auf den Erdkörper, der sich unter dieser Wirkung elastisch deformiert. Die Deformationen erreichen an der Erdoberfläche etwa 20 bis 30 cm als vertikale Komponente, sie rufen beim Potentialfeld der Erde ein zeitlich veränderliches Zusatzpotential hervor, das Deformationspotential, das auch die Bahn des Satelliten beeinflußt. KOZAI und andere haben eine Theorie dieser Störungen entwickelt. Eine der in diesen Störungen enthaltenen Wellen wirkt auf die Neigung i als eine Störung mit der Periode der Rotation der Knotenlinie durch den Term

$$0^\circ.80 \cdot 10^{-3}\, k_2 \cos\left(\Omega - \omega_E\, \Delta t\right),$$

wenn k_2 die LOVEsche Zahl für das elastische Verhalten der Erde, ω_E die Winkelgeschwindigkeit der Erde und Δt die zeitliche Phasenverschiebung der Gezeiten sind. Mittels der Satelliten Vanguard 2, Vanguard 3, Rakete Echo 1 fand KOZAI

$$k_2 = 0{,}45 \pm 0{,}09\,,$$

$$k_2 = 0{,}47 \pm 0{,}12\,,$$

$$k_2 = 0{,}35 \pm 0{,}06\,,$$

im Mittel $k_2 = 0{,}39 \pm 0{,}05.$

NEWTON erhielt

$$k_2 = 0{,}31 \pm 0{,}03$$

bzw.

$$k_2 = 0{,}33 \pm 0{,}04$$

aus den Bahnen des Satelliten 1963 38B bzw. 1963 49C.

Aus neueren sehr gründlichen Untersuchungen erhielt NEWTON (1968) den Wert

$$k_2 = 0{,}336 \pm 0{,}028\,.$$

Dabei konnte er aus der Analyse von Satellitenbeobachtungen auch eine Aussage über die Verlangsamung der Rotationsbewegung der Erde machen. Er fand aus der Phasenverschiebung der durch die Sonne und den Mond hervorgerufenen Gezeitenwelle des Erdkörpers (und der Atmosphäre), daß die Verlangsamung der Erdrotation zwischen $\frac{\dot{\omega}_E}{\omega_E} = -16{,}8 \cdot 10^{-11}$ und $-21{,}4 \cdot 10^{-11}$ pro Jahr liegt.

Im allgemeinen beträgt der störende Einfluß des Deformationspotentials der Erde nur etwa 15% (allgemeiner Reduktionsfaktor $k_2(R_E/a)^5$) des direkten Einflusses, den das Gravitationsfeld der Sonne und des Mondes auf die Satellitenbahn ausübt, wenn die Höhe des Satelliten etwa 1000 km ist.

4.5. Literatur

[1] Cook, G. E.: Luni-Solar Perturbations of the Orbit of an Earth Satellite. Geophys. J. **6** (1962).
[2] Cook, G. E., King-Hele, D. G.: The Contraction of Satellite Orbits under the Influence of Air Drag. Phil. Trans. of the Roy. Soc. Ser. A, **259** (1965).
[3] Friedman, M. P.: A three-dimensional model of the upper atmosphere. SAO Special Report, Cambridge, Mass., No. 250 (1967).
[4] Gaposchkin, E. M.: Differential Orbit Improvement (DOI-3). SAO Special Report, Cambridge, Mass., No. 161 (1964).
[5] Groves, G. V.: Dynamics of Rockets and Satellites. North-Holland Publishing Company, Amsterdam 1965.
[6] Hulst van de, H. C., Jager, de, C., Moore, A. F.: Space Research II, North-Holland Publishing Company, Amsterdam 1961.
[7] Jacchia, L. G.: A Variable Atmospheric-Density Model from Satellite Accelerations. J. Geophys. Res., **65** (1960) No. 9.
[8] Jacchia, L. G.: Static Diffusion Models of the Upper Atmosphere with Empirical Temperature Profiles. SAO Special Report, Cambridge, Mass., No. 170 (1964).
[9] Jacchia, L. G.: Properties of the Upper Atmosphere Determined from Satellite Orbits. Phil. Trans. of the Roy. Soc. Ser. A, **262** (1967) No. 1124.
[10] Jacchia, L. G.: Recent results in the atmospheric region above 200 km and comparisons with CIRA 1965. SAO Special Report, Cambridge, Mass., Nr. 245 (1967).
[11] Jacchia, L. G., Slowley, J. W.: Diurnal and seasonal-latitudinal variations in the upper atmosphere. SAO Special Report, Cambridge, Mass., Nr. 242 (1967).
[12] Kallmann Bijl, H.: Space Research I. North-Holland Publishing Company, Amsterdam 1960.
[13] Kaula, W. M.: Tesseral Harmonics of the Gravitational Field and Geodetic Datum Shifts Derived from Camera Observations of Satellites. J. Geophys. Res. **68** (1963) No. 2.
[14] Kaula, W. M.: Theory of Satellite Geodesy. Blaisdell Publishing Company 1966.
[15] King-Hele, D. G.: Methods of determining air density from Satellite orbits. Ann. Géophys., Paris, **22** (1966).
[16] Kozai, Y.: The Earth's Gravitational Potential Derived from the Motion of Satellite 1958 Beta Two. SAO Special Report No. 22 (1959).
[17] Kozai, Y.: On the Effects of the Sun and the Moon upon the Motion of a Close Earth Satellite. SAO Special Report No. 22 (1959).
[18] Kozai, Y.: Effects of Solar Radiation Pressure on the Motion of an Artificial Satellite. SAO Special Report No. 56 (1961).
[19] Kozai, Y.: Effects of the Tidal Deformation of the Earth on the Motion of Close Earth Satellites. Tokyo Astronom. Obs. Repr. No. 281 (1965).
[20] Kozai, Y.: Lunisolar Perturbations with short Periods. SAO Special Report No. 235 (1966).
[21] Kozai, Y.: The Earth Gravitational Potential derived from Satellite Motion. Space Sci. Rev. **5** (1966).
[22] Kozai, Y.: Determination of Love's Number from Satellite Observations. Phil. Trans. of the Roy. Soc., Ser. A, **262** (1967) No. 1124.
[23] Newton, R. R.: A satellite determination of tidal parameters and Earth deceleration. Geophys. J. **14** (1968) No. 5.
[24] Roy, M.: Dynamics of Satellites. Springer Verlag 1963.
[25] Sehnal, L.: The Dynamical Effects of the Solar Radiation Pressure in the Motion of Artificial Satellites. Bull. Astronom. Inst. of Czechoslovakia, 14 (1963).
[26] Sehnal, L., Mills, S. B.: The Short-Period Drag Perturbations of the Orbits of Artificial Satellites. SAO Special Report No. 223 (1966).
[27] Zadunaisky, P. E., Shapiro, I. I., Harrison, M. J.: Experimental and Theoretical Results on the Orbit of Echo 1. SAO Special Report. No. 61 (1961).

5. Beobachtungsmethoden

5.1. Photographische Satellitenbeobachtung

Die visuellen Methoden zur Beobachtung von Satelliten sind für geodätische Zwecke im allgemeinen zu ungenau.

Von hervorragender Bedeutung sind aber die photographischen Satellitenbeobachtungen. Sie gestatten, den topozentrischen Einheitsvektor, der von der Beobachtungsstation zur momentanen Position des Satelliten zeigt, mit hoher Genauigkeit ($\pm 0''5$ bis $\pm 2''$) zu bestimmen, wenn eine gute Kamera verwendet wird, und wenn in der Zeitnahme der Aufwand genügend hoch getrieben wird, so daß etwa eine Millisekunde in der Zeit sicher erhalten werden kann.

In diesem Rahmen können nicht alle die zahlreichen Instrumententypen aufgeführt und beschrieben werden, ebenso wie hier nicht alle bei der Beobachtung von Satelliten zu beachtenden Einzelheiten gegeben werden können. Es sollen aber einige charakteristische Instrumententypen kurz beschrieben werden.

Es empfiehlt sich, in der Satellitengeodäsie grundsätzlich zwischen zwei verschiedenen Kameratypen zu unterscheiden, eine Differenzierung, die aber weniger durch die Optik der Kamera bestimmt wird als vielmehr durch die Montierung der Kamera, nämlich durch ihre Eigenschaft, daß sie der Bewegung der Satelliten nachgeführt werden kann oder nicht.

Die eine dieser beiden Gruppen wird durch Kameras gebildet, die während der Beobachtung fest und unbeweglich sind oder die lediglich der täglichen Bewegung der Fixsterne nachgeführt werden können. Der anderen Gruppe gehören kompliziertere Einrichtungen an, bei denen die Kamera der relativ schnellen Bewegung der Satelliten nachgeführt wird, und die daher auch die Aufnahme lichtschwacher Satelliten gestatten.

In der schnellen Bewegung der Satelliten relativ zum Beobachter, die bis zu 1°/s (topozentrisch) erreichen kann, liegen auch die Hauptschwierigkeiten begründet, die die Satellitenbeobachtung im Vergleich mit den klassischen Verfahren der photographischen Astrometrie hat. So erhält man bei den photographischen Satellitenbeobachtungen aus einer Einzelaufnahme die Position des Sputniks im allgemeinen kaum genauer als $\pm 1''$, es sei denn, man hat zahlreiche Unterbrechungen der Satellitenspur auf einer Platte, über die man mitteln kann, und die so etwa $0''5$ zu erreichen gestatten. In der Astronomie dagegen können ohne weiteres $\pm 0''1$ und, wenn der Aufwand genügend hoch getrieben wird, sogar bis zu $\pm 0''05$ erreicht werden.

Mit den bei der Beobachtung fest montierten Satellitenkameras oder mit Kameras, die lediglich der Bewegung der Sterne nachgeführt werden können, kann man nicht die sehr kleinen und sehr lichtschwachen Satelliten aufnehmen; sie sind vor allem für die Aufnahme der hellen Ballonsatelliten wie Echo 1, Echo 2 und PAGEOS geeignet.

Nur wenige sehr lichtstarke Kameras, die nicht der Bewegung des Satelliten nachgeführt werden, können Satelliten von einer Helligkeit bis etwa zur siebenten Größenklasse bei einer Winkelgeschwindigkeit des Satelliten von etwa 1°/s (topozentrisch) aufnehmen. Die meisten bei der Beobachtung festen Kameras reichen nur bis zur 3. oder 4. Größenklasse. Wird dagegen die Kamera der Bewegung der Satelliten nachgeführt, so kann man noch Objekte bis zur 12. Größenklasse abbilden.

Bei den photographischen Beobachtungen wird der Satellit relativ zum Sternenhintergrund auf einer Platte oder einem Film photographisch festgehalten (s. Abb. 12, 13, 14).

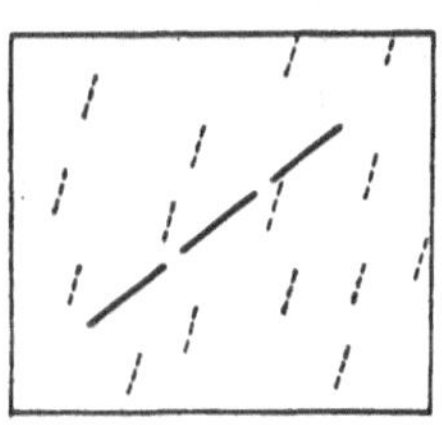

Abb. 12. Photographische Satellitenbeobachtung. Azimutal montierte Kamera

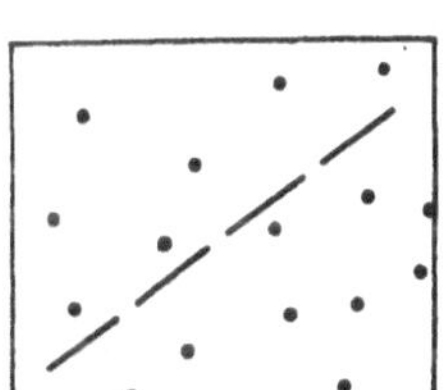

Abb. 13. Photographische Satellitenbeobachtung. Parallaktisch montierte Kamera

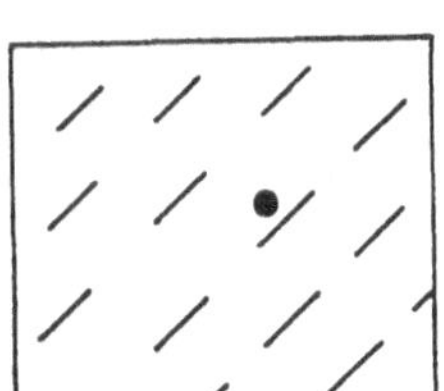

Abb. 14. Photographische Satellitenbeobachtung. Die Kamera wurde der Bewegung des Satelliten nachgeführt

Ist die Kamera fest, so werden sich die Sterne als kurze Spuren abbilden, der Satellit dagegen als eine lange durchlaufende Spur, die durch einen Verschluß in zeitlichen Abständen von z. B. einer Sekunde unterbrochen wird.

Oft kann man auch in den Sternspuren die durch die Tätigkeit des Verschlusses bewirkten Unterbrechungen erkennen (Abb. 12).

Wird dagegen die Kamera der Bewegung der Sterne nachgeführt, so werden diese als Punkte abgebildet und der Satellit wird wieder als eine durch den Verschluß unterbrochene Spur zu erkennen sein (Abb. 13).

Wird dagegen die Kamera der Bewegung des Satelliten nachgeführt, so wird der Satellit als Punkt abgebildet, die Sterne dagegen als kurze Striche (Abb. 14).

Von den Kameras, die der Bewegung des Satelliten nicht nachgeführt werden, seien hier fünf Typen ausgewählt:

PC-1000:

Diese Kamera ist azimutal montiert, sie kann also um eine Vertikalachse azimutal und um eine Horizontalachse dem Höhenwinkel nach eingestellt werden; der Bewegung der Sterne kann sie nicht nachgeführt werden. Sie hat eine Brennweite von 1016 mm und eine Objektivöffnung von 203 mm. Man benutzt Glasplatten von 190 mm $\times$ 215 mm $\times$ 6 mm Größe. Das Gesichtsfeld beträgt also $10^\circ \times 10^\circ$ und das Öffnungsverhältnis 1/5. Die Kamera ist für sehr präzise Aufnahmen konstruiert, um eine Genauigkeit von bis zu 0.4″ zu erreichen.

BC-4:

Bei dieser Kamera hat man eine umgebaute Fliegerkamera WILD RC-5 auf die Montierung des Theodoliten WILD T-4 aufgesetzt. Die Brennweite ist nur 305 mm (bzw. bei einer neueren Variante 450 mm) und die Öffnung nur 117 mm. Die verwendeten Glasplatten haben das Format 215 mm $\times$ 190 mm $\times$ 6 mm. Die Kamera hat mit $33^\circ \times 33^\circ$ (bzw. $24^\circ \times 24^\circ$ bei der größeren Brennweite) ein besonders großes Bildfeld. Ein Drehscheibenverschluß unterbricht die Satellitenspur. Man hat mit dieser Kamera eine Genauigkeit von 2″ erreicht. Wegen des großen Bildfeldes kann die Satellitenspur an 100 bis 300 Stellen unterbrochen werden, so daß man durch Ausmittlung eine wesentlich erhöhte Genauigkeit erreichen wird. Man hofft, auf diese Weise $\pm 0''5$ erreichen zu können. Diese Kamera hat ebenfalls eine azimutale Montierung.

NAFA 3s/25:

Dieses Instrument wurde gleichfalls aus einer Fliegerkamera entwickelt. Die Brennweite beträgt 250 mm und die Öffnung 100 mm. Das Bildfeld ist mit $30^\circ \times 50^\circ$ wieder besonders groß. Die Kamera hat einen Jalousieverschluß, man benutzt Filme. Man erreicht mit dieser Kamera etwa $\pm 5''$ in der Position und $\pm 0{,}005$ s in der Zeit. Die NAFA 3s/25 hat ebenfalls eine azimutale Montierung.

Satellitenkamera PSK:

Bei dieser am Geodätischen Institut in Potsdam entwickelten Kamera wurde auf eine parallaktische Montierung der Firma Zeiss eine Kamera, deren Optik aus Linsen und einem Spiegel besteht, angebracht. Die Brennweite beträgt 1000 mm, die Öffnung 200 mm, das effektive Öffnungsverhältnis ist aber nur 1/5,6. Man verwendet Platten vom Format 64 mm $\times$ 90 mm. Das Gesichtsfeld beträgt $3\overset{\circ}{,}5 \times 4\overset{\circ}{,}7$. Die Reichweite dieser Satellitenkamera ist bei einer scheinbaren Geschwindigkeit des Satelliten von $0\overset{\circ}{,}3$/s mit der Magnitude $3{,}6^m$ charakterisiert. Ist die scheinbare Geschwindigkeit 1°/s (topozentrisch), so erreicht man Satelliten der Helligkeit $2{,}3^m$. Eine Kassette enthält drei Platten, die durch eine Drehung der Kassette nacheinander in das Blickfeld der Kamera geschwenkt werden können. Die Spurunterbrechungen erfolgen durch einen rotierenden Sektor, der sich wenige Millimeter vor der photographischen Schicht durch einen Synchronmotor angetrieben bewegt. Die parallaktische Montierung hat den Vorteil, daß auch sehr lichtschwache Sterne abgebildet werden.

Kamera nach Hewitt:

J. Hewitt beschreibt eine in England stationierte Kamera, die nicht der Bewegung des Satelliten und der Sterne nachgeführt werden kann, die aber trotzdem Satelliten bis zur Größenklasse $+7{,}5^m$ aufzunehmen gestattet, wenn deren Winkelgeschwindigkeit 1°/s nicht überschreitet. Das Öffnungsverhältnis der Kamera beträgt 1:1,15, die Brennweite 61 cm. Die Optik besteht aus einem Schmidt-Spiegel mit geebnetem Feld. Man hat die Genauigkeit $\pm 1''1$ und $\pm 0{,}0005$ s erreicht.

Baker-Nunn-Kamera:

Zwei Instrumente der zweiten Gattung, deren Optik man der Bewegung der Satelliten nachführen kann, seien hier geschildert.

Unter den Kameras, die der Bewegung des Satelliten nachgeführt werden können, sei zunächst die Kamera von Baker-Nunn genannt. Man verwendet hier einen speziellen Schmidt-Spiegel mit 50 cm Brennweite und einem Gesichtsfeld von $30° \times 5°$. Das Öffnungsverhältnis beträgt 1:1. Die Kamera hat eine dreiachsige Montierung, die Primärachse ist vertikal. Diese Montierung gestattet es, die Kamera jedem Satelliten nachzuführen, dessen Winkelgeschwindigkeit nicht größer als 2°/s. ist. Die Kamera hat eine genähert sphärische Fokalfläche (Radius = 500 mm), auf die der Film unter Spannung gelegt wird. Die Satellitenspur wird durch einen für die Kamera typischen Verschluß, der aus rotierenden Elementen besteht, unterbrochen. Der Verschluß (barrelchopper) wird mit einem, um seine Längsachse rotierenden Faß verglichen, das nur aus zwei Dauben besteht. Diese beiden Metallblätter werden durch die Rotation unmittelbar vor dem Film entlanggeführt.

Abb. 15. BAKER-NUNN-Kamera.
(Mit freundlicher Erlaubnis durch das Smithsonian Institution, Astrophysical Observatory, Cambridge, Mass.)
Die BAKER-NUNN-Kameras sind an etwa 15 über die ganze Erde verteilten Stationen aufgestellt

Die Kamera erreicht Satelliten bis zur Helligkeit 12^m. Mit der BAKER-NUNN-Kamera erhält man die Genauigkeit $\pm 2''$ und 0,001 s.

SBG Zeiss:

Die Firma Zeiss (Jena) hat in letzter Zeit eine Kamera herausgebracht, die ebenfalls der Satellitenbewegung nachgeführt werden kann. Sie besitzt 4 Achsen, die erste ist vertikal, die zweite horizontal, die dritte wird senkrecht zur Bahnebene des Satelliten eingestellt. Mit der vierten Achse werden Bewegungen aus der Bahnebene heraus verfolgt. Die Optik besteht aus einem SCHMIDT-Spiegel mit geebneter Bildfläche, sie hat eine Brennweite von 760 mm und das Öffnungsverhältnis ist 1:1,8. Die photographischen Platten haben das Format 90×120 mm. Das Gesichtsfeld mißt etwa $5° \times 8°$. Die Kamera ist nicht mit einem üblichen Verschluß zum Unterbrechen der Satellitenspur versehen. Das Teleskop wird der Bewegung des Satelliten nachgeführt. Die photographische Platte kann für die Aufnahme der Sterne zusätzlich eine Bewegung erhalten, durch die die Bewegung des Satelliten kompensiert wird.

Man hofft, mit dieser Kamera eine Genauigkeit von $1''$ bis $2''$ und 1 bis 2 ms erreichen zu können.

Ein Exemplar dieses Gerätes ist auf dem HELMERT-Turm des Geodätischen Institutes in Potsdam aufgestellt, ein zweites in Ondřejov bei Prag.

Abb. 16. Satellitenbeobachtungsgerät SBG der Fa. C. Zeiss, Jena. Station: HELMERT-Turm des Geodätischen Instituts in Potsdam

In der Sowjetunion und in Frankreich befinden sich ebenfalls Satellitenkameras im Einsatz, die der Bewegung des Satelliten nachgeführt werden können. Die französische trägt den Namen ANTARES; $f = 900$ mm, Öffnung 300 mm, Bildfeld $11° \times 11°$, vierachsige Montierung.

Allgemein ist zu den Kameras für photographische Satellitenbeobachtungen zu bemerken, daß die Brennweite nicht zu kurz sein sollte, wenn man genaue Ergebnisse erhalten will. Die Montierung muß solide gebaut sein, damit durch die Tätigkeit des Verschlusses keine Vibrationen entstehen. Die Optik muß einwandfrei sein, und der Gefahr einer Durchbiegung des Tubus der Kamera muß vorgebeugt sein. Für die Zeitbestimmung sollte bei Präzisionsbeobachtungen eine Quarzuhr zur Verfügung stehen. Wird die Satellitenspur durch einen rotierenden Sektor von etwa 10° oder 20° Öffnung unterbrochen, so empfiehlt es sich, ihn in der Mitte mit einem Schlitz zu versehen. In der Mitte der Spurunterbrechung erhält man dann in der Abbildung eine etwa punktförmige Schwärzung der photographischen Platte, auf die man bei der Ausmessung im Komparator das Fadenkreuz genau einstellen kann. Andernfalls hat man bei einer normalen Spurunterbrechung Schwierigkeiten mit der Ausmessung in Richtung der Satellitenbewegung, weil die Unterbrechungen immer etwas unscharf sein werden wegen der Schnelligkeit der Bewegung des Satelliten in seiner Bahn, so daß man der Ausmessung senkrecht zur Satellitenspur ein größeres Gewicht geben kann als der in tangentialer Richtung (3:2).

Ein Beobachtungsfehler von 1″ bedeutet bei einem 1000 km entfernten Satelliten einen Punktfehler von 5 m, 1 ms etwa 8 m.

5.2. Doppler-Beobachtungen

Die Beobachtung der Satelliten mittels der Verfahren der Funkmeßtechnik (Radar) hat in den letzten Jahren auch in der Geodäsie größere Bedeutung erlangt, sei es durch die Doppler-Beobachtungen, sei es durch die Entfernungsmessungen zum Satelliten mittels SECOR.

Die Funkmeßverfahren haben gegenüber den optischen Beobachtungen den Vorteil, von der Wetterlage und der Tageszeit nahezu unabhängig zu sein. Es wird nur vorausgesetzt, daß im Satelliten ein Sender installiert ist und daß der Satellit sich über dem Horizont der Beobachtungsstation befindet. Dadurch kann man fast alle Satellitendurchgänge beobachten, und man erhält ein sehr dichtes Beobachtungsmaterial, das vor allem für die Bestimmung kurzperiodischer Bahnstörungen und detaillierter Strukturen des Schwerefeldes der Erde benötigt wird. Während die photographischen Verfahren relativ langwierige manuelle Ausmeßarbeiten am Koordinatenmeßgerät nach sich ziehen, können die Funkmeßverfahren digitalisiert werden, so daß die Vornahme der Beobachtung und ihre Reduktion relativ leicht automatisiert werden können. Die photographischen Beobachtungen haben aber den Vorteil, räumliche Richtungen im absoluten Koordinatensystem der Sterne zu ergeben, während Doppler-Beobachtungen und Entfernungsmessungen zum Satelliten, sei es mit SECOR, sei es mit Laser, nicht in Beziehung zu einem räumlichen astronomischen Koordinatensystem stehen.

Bei Doppler-Beobachtungen strahlt der Satellit bestimmte Radiofrequenzen f aus; 54, 162, 216, 324 Megahertz beim ersten geodätischen Satelliten ANNA-1B. Diese werden an der Bodenstation mit einer zuverlässig gegebenen Referenzfrequenz f_0 verglichen. Aus dem zeitlich veränderlichen Unterschied beider Frequenzen läßt sich nach dem Doppler-Effekt eine Beziehung für die Bahnbewegung des Satelliten ableiten. Ist c die Lichtgeschwindigkeit und s die Entfernung zum Satelliten, so beträgt die durch den Doppler-Effekt verursachte Frequenzverschiebung

$$\Delta f = f_1 - f = -\frac{f}{c} \dot{s}\,, \tag{102}$$

wenn f_1 die empfangene Frequenz ist. Der $\dot{}$-Index bedeutet die Ableitung nach der Zeit.

Bei der praktischen Bestimmung der zeitlichen Änderung der empfangenen Frequenz zählt man die Anzahl der positiven Nulldurchgänge der Phase des

Signals während eines bestimmten zeitlichen Intervalls. Man beobachtet folgende integrale Größe

$$B^* = \int_{t_1}^{t_2} (f_0 - f_1)\, dt = \int_{t_1}^{t_2} (f_0 - f - \Delta f)\, dt =$$
$$= (f_0 - f)(t_2 - t_1) + \frac{f}{c}(s_2 - s_1)\,. \qquad (102\,\mathrm{a})$$

Sind f_0 und f gegeben, B^* und $(t_2 - t_1)$ durch Beobachtung ermittelt, so kann man mit dieser Gleichung die Änderung der Entfernung zum Satelliten $(s_2 - s_1)$ bestimmen.

Die Kenntnis der Streckenlänge $s_2 - s_1$ könnte man auch zur Bestimmung des Maßstabes der Satellitenbahn ausnutzen.

Man unterscheidet Kurzzeit-Beobachtungen, $t_2 - t_1 \leqq 0{,}5$ s, und Langzeit-Beobachtungen, $t_2 - t_1 = 1$ min.

Aus Gleichung (102a) erkennt man, daß bei DOPPLER-Beobachtungen sowohl Frequenz- als auch Zeitmessungen ausgeführt werden. Wegen der hohen geforderten Genauigkeit können auf der Bodenstation und an Bord des Satelliten nur Präzisionsschwingquarze verwendet werden. Der Frequenzfehler sollte bei Meßzeiten von 1 s nicht 5×10^{-11} überschreiten, die tägliche Drift sollte nicht mehr als 2×10^{-10}/Tag sein. Die Drift der Frequenz f_0 auf der Bodenstation kann durch Vergleich mit Normalfrequenzen bestimmt werden, die Drift der Frequenz f an Bord des Satelliten muß als Unbekannte in die Ausgleichung eingeführt werden. Entspricht die Instabilität der Frequenz diesen Werten, dann kann man in der Ortsbestimmung mit einer Unsicherheit von etwa 1 m aus dieser Quelle rechnen. Ist die Zeitmessung (äußere Genauigkeit) durch Empfang von Zeitzeichen um etwa 0,5 ms unsicher, so wirkt sich dieser Umstand wie bei den photographischen Beobachtungen wegen der Erdrotation in einem Fehler von etwa 4 m in der Ortsbestimmung aus, eine Fehlerquelle, die durch den Einsatz transportabler Atomuhren erheblich eingeschränkt werden kann.

Beim Durchlaufen der Atmosphäre unterliegen die Radiowellen zwei verschiedenen Arten von Refraktionseinflüssen: der Refraktion an den nichtionisierten Schichten der unteren Atmosphäre, insbesondere der Troposphäre, und der Refraktion an der Ionosphäre.

Zur Ermittlung der Refraktion an der Troposphäre hat man eine Modellatmosphäre eingeführt, die die Temperatur und Luftfeuchtigkeit am Erdboden als Parameter enthält. Bei stabilen Wetterlagen kann man mit Hilfe dieser Modellatmosphäre etwa 90% der Refraktionsfehler, die durch die Troposphäre hervorgerufen werden, eliminieren. Die bei der Reduktion eines Satellitendurchganges übrigbleibenden Restfehler der Refraktion werden die berechnete Lage des Beobachtungspunktes um weniger als 5 m verändern, wenn der Satellit sich wenigstens 10° über dem Horizont befindet. Bei kleinen Zenitdistanzen sind die Einflüsse der Restfehler der Refraktion entsprechend geringer.

Der Refraktionseinfluß der Ionosphäre wird wesentlich anders ermittelt. Berücksichtigt man den Einfluß der Ionosphäre auf die Ausbreitung der Radiowellen, so wird aus (102)

$$\Delta f = -\frac{f}{c}\frac{d}{dt}\int n^* \, ds\,, \qquad n^* = \sqrt{1 - \frac{4\pi N e^2}{\varepsilon_0 m f^2}}\,.$$

N ist die Anzahl der Elektronen pro Kubikzentimeter, e die Ladung und m die Masse des Elektrons. ε_0 ist die Dielektrizitätskonstante. Bei Berücksichtigung des Einflusses der Ionosphäre erhält also Gleichung (102) die folgende Form

$$\Delta f = -\frac{f}{c}\dot{s} + \frac{\alpha_1}{f} + \frac{\alpha_3}{f^3} + \cdots . \tag{103}$$

Die Parameter α_i hängen von der Struktur der Ionosphäre und damit von der Zeit ab, nicht aber von der Frequenz. Variiert man f, verwendet man also an Bord des Satelliten mehrere Frequenzen, so kann man die unbekannten Parameter α_i eliminieren. Das Refraktionsglied mit α_1 ist bei weitem das größte, es kann auf der Erdoberfläche Positionsfehler von mehr als hundert Meter hervorrufen und muß daher immer berücksichtigt werden. Die anderen Glieder mit $\alpha_2, \alpha_3, \ldots$ sind wesentlich kleiner und können oft vernachlässigt werden.

Zur Bestimmung der Parameter α_i strahlen geodätische Satelliten mehrere Frequenzen aus, die durch Vervielfachung der Grundfrequenz eines Quarzes abgeleitet werden (GEOS – A: 162, 324 und 972 MHz, TRANSIT-Satelliten: 150 und 400 MHz). Für die Beobachtung dieser Frequenzen benutzt man Richtantennen, die der Bewegung des Satelliten nachgeführt werden.

Die innere Genauigkeit der DOPPLER-Beobachtungen ausschließlich der Refraktionsfehler läßt im Mittel über 15 Beobachtungen eine Positionsbestimmung auf der Erde auf etwa ± 10 m zu.

Bei der Bahnmethode, Kapitel 9, treten noch die Refraktionsfehler und die Restfehler des Gravitationsfeldes hinzu, so daß man absolute geodätische Koordinaten auf etwa ± 20 bis 30 m wird bestimmen können.

Aus quasi-simultanen DOPPLER-Beobachtungen auf zwei Stationen kann man die Koordinatenunterschiede beider Stationen mit höherer Genauigkeit errechnen. Man bestimmt dabei zunächst die absoluten Koordinaten beider Stationen aus den quasi-simultanen Beobachtungen nach der Bahnmethode, Kapitel 9, und bildet dann die Koordinatendifferenzen. Durch die Differenzbildung werden die Fehler in den Bahnelementen weitgehend eliminiert. Über 3000 bis 4000 km erhält man so die Koordinatenunterschiede auf etwa ± 15 bis 20 m genau.

5.3. SECOR-Messungen

Für die Entfernungsmessung zwischen einer Bodenstation und einem Satelliten mittels Radiomethoden wurde das SECOR-System (Sequential Collation of Ranges) entwickelt. Jede Bodenstation dieses Systems ist mit einer Sende-

und Empfangseinrichtung für Radiowellen ausgerüstet, mit Quarzuhren und Möglichkeiten der Registrierung auf Magnetband. Der Satellit muß mit einem Transponder für Radiowellen versehen sein. Die Station strahlt eine Trägerfrequenz von 421 MHz aus, die vom Satelliten auf den Frequenzen 449 MHz und 224,5 MHz zurückgesandt wird. Für die Entfernungsmessung nach der Methode der Phasenverschiebung ist die Trägerfrequenz überlagert mit Frequenzen von 585,533; 36,596; 2,287 und 0,286 kHz.

Die erste Frequenz entspricht einer Wellenlänge von 512 m, sie wird für die Präzisionsmessung benutzt. Die anderen Frequenzen geben die Entfernung mit der ihnen äquivalenten Genauigkeit. Für eine grobe Abschätzung der Entfernung auf etwa einen Kilometer genau benutzt man ein Radarsystem, das mit der Laufzeit von Impulsen, die auf der Trägerfrequenz ausgestrahlt werden, arbeitet (20 Impulse pro Sekunde). Es handelt sich also um eine Einrichtung, die den terrestrischen Mikrowellenentfernungsmessern (Tellurometern) sehr ähnlich ist. Die Entfernungsmessungen mit SECOR haben ebenso wie die DOPPLER-Beobachtungen den Vorteil, über viele hundert Beobachtungen, die innerhalb weniger Minuten empfangen werden können, integrieren zu können.

Ebenso wie beim DOPPLER-Verfahren muß auch beim SECOR-Verfahren der Einfluß der Ionosphäre eliminiert werden. Die Phasenverschiebung ist für den Weg zum Satelliten und zurück

$$2 \frac{f}{c} s$$

und bei Berücksichtigung des Einflusses der Ionosphäre

$$2 \frac{f}{c} \int n^* \, ds = 2 \frac{f}{c} s + \frac{\beta}{f} + \cdots .$$

Man erkennt, daß man den Einfluß der Ionisation der Atmosphäre auf die Phasenverschiebung, der durch den Parameter β ausgedrückt wird, auch beim SECOR-Verfahren durch Verwendung mehrerer Frequenzen eliminieren kann. Daher strahlt der Satellit bei SECOR auf zwei Frequenzen zurück (449 und 224,5 MHz).

Der Einfluß der Troposphäre auf SECOR-Messungen kann wie bei den DOPPLER-Beobachtungen aus einer Modellatmosphäre mit genügender Genauigkeit bestimmt werden.

Es wird berichtet, daß man mit SECOR die Strecke zum Satelliten auf etwa 1:300000 und die Lage eines Punktes auf der Erde auf etwa ± 3 m genau bestimmen kann.

Ob das SECOR-Verfahren in der Zukunft eine sehr breite Anwendung finden wird, sei jedoch dahingestellt; denn es dürfte unter allen Verfahren der Satellitenbeobachtungen besonders aufwendig sein.

5.4. Laserbeobachtungen

In den letzten Jahren wurde die Laserbeobachtung von Satelliten zu einer erfolgversprechenden Methode entwickelt. Man schickt hier einen mit einem Laser erzeugten Lichtblitz zum Satelliten, dessen Oberfläche mit Tripelspiegeln ausgerüstet sein muß. Von dort wird er zur gleichen Bodenstation reflektiert, und aus seiner Laufzeit Δt erhält man nach Division durch die Lichtgeschwindigkeit die doppelte Entfernung zum Satelliten

$$s = \frac{1}{2} \frac{\Delta t}{c} .$$

Der erste mit Tripelspiegeln ausgerüstete Satellit (Explorer 22) wurde am 10. Oktober 1964 auf die Bahn gebracht. SNYDER und Mitarbeiter berichteten als erste über den erfolgreichen Empfang eines reflektierten Laserblitzes am 18. Oktober 1964. In Frankreich konnten BIVAS und Mitarbeiter am 24. Januar 1965 zum ersten Mal die Rückkehr eines Laserblitzes photoelektrisch registrieren. WILLIAMS und Mitarbeiter photographierten als erste einen vom Satelliten zurückkehrenden Laserblitz am 21. Januar 1965.

Die Gruppe um BIVAS am Haute-Provence Observatorium verwendete einen Rubinlaser, der pro Minute 15 Blitze (0,3 Joule) zum Satelliten strahlte. Die zeitliche Länge der Blitze betrug 20 bis $30 \cdot 10^{-9}$ s. Der Laserstrahl hatte einen Öffnungswinkel von ca. 4′. Er muß daher der Bewegung des Satelliten sehr sorgfältig nachgeführt werden, am besten unter Kontrolle durch visuelle Beobachtung mit einem Fernrohr. Trifft der Strahl den Satelliten, so wird er durch die Tripelspiegel in die gleiche Richtung reflektiert, aus der er gekommen ist. Ein parallel zum Laser montiertes Fernrohr empfängt die reflektierten Blitze auf der Erde und führt sie einem Sekundärelektronenvervielfacher zu. Am Haute-Provence Observatorium hat man mit Laser die Strecke zum Satelliten in den ersten Experimenten auf einige Meter genau bestimmt. Im Jahre 1967 soll man bereits auf ± 2 m gekommen sein. Hier handelt es sich freilich nur um innere Genauigkeiten, der Einfluß der Atmosphäre bedarf einer genaueren Betrachtung, doch kann man erwarten, daß die äußere Genauigkeit nicht schlechter als ± 3 m sein wird. Für die Zukunft erwartet man eine Genauigkeitssteigerung auf ± 1 m. Man verwendet heute Laserblitze von 15 Nanosek. und 500 Megawatt.

Bei eine anderen Variante der Laserbeobachtung erhält man nicht die Entfernung aus der Laufzeit des Laserblitzes, sondern man beobachtet photographisch den zurückkehrenden Laserblitz relativ zu den Sternen. Bei den photographischen Laserbeobachtungen verwendet man Lichtblitze von $2{,}7 \cdot 10^{-3}$ s Länge. Das Laserstrahlenbündel hat hier einen Öffnungswinkel von 15′. WILLIAMS und Mitarbeiter benutzten dabei eine PC-1000 Kamera.

Kombiniert man beide Varianten, die Entfernungsmessung und die Richtungsmessung, so erhält man vollständig den topozentrischen Ortsvektor des Satelliten nach Länge und Richtung.

Abb. 17. Gerät für Laser-Beobachtung zum Satelliten
(Mit freundlicher Genehmigung durch Centre de Recherches de Marcoussis)

Die Lasermethode hat gegenüber den photographischen Beobachtungsverfahren den Vorteil, die Verfolgung des Satelliten auch dann zu gestatten, wenn der Satellit nicht von der Sonne beschienen wird, wenn er sich also im Schatten der Erde befindet. Andererseits stehen nur wenige Satelliten mit Tripelspiegelreflektoren zur Verfügung (GEOS-A, GEOS-B, französische Diademsatelliten, zwei Explorersatelliten).

5.5. Spezielle Satelliten

Die Beobachtung der Satelliten muß sich in hohem Maße nach den Parametern der einzelnen Satelliten richten. Es sollen daher die für die Geodäsie wichtigsten Satelliten kurz beschrieben werden.

Letzten Endes kann jeder geeignete Satellit für die Zwecke der Geodäsie verwendet werden. Für die Bestimmung des Gravitationsfeldes der Erde ist es aber erforderlich, daß man den Einfluß der Reibung an der Atmosphäre und den Einfluß des Strahlungsdruckes der Sonne noch gut beherrscht und daß die Höhe des Satelliten nicht zu groß ist, möglichst kleiner als 1500 km, weil sonst der Störungseinfluß durch das Gravitationsfeld zu gering ist. Die meisten dieser Satelliten können nur mit Kameras beobachtet werden, die der Bewegung des Satelliten nachgeführt werden.

Für die Bestimmung geodätischer Punkte auf der Erde, also für die geometrische Satellitengeodäsie, fallen diese bei der Bahnmethode gültigen Einschränkungen fort. Die Reibung an der Atmosphäre und der Strahlungsdruck der Sonne bringen bei Aufgaben der geometrischen Satellitengeodäsie keine Nachteile; denn man braucht hier nur einen Zielpunkt, der auf der Erde von vielen Punkten aus gut zu sehen ist, ohne daß seine Position a priori genau bekannt sein müßte. Bei Aufgaben der geometrischen Satellitengeodäsie wirken zahlreiche Stationen zusammen, um Simultanbeobachtungen auszuführen. Sie können nicht alle mit Kameras ausgerüstet sein, die der Bahnbewegung des Satelliten nachgeführt werden, weil das zu aufwendig wäre. Daher empfiehlt es sich, bei der geometrischen Satellitengeodäsie vor allem Simultanbeobachtungen der hellen Ballonsatelliten vorzunehmen.

In den letzten Jahren wurden spezielle geodätische Satelliten auf die Bahn gebracht, um für die verschiedenen Aufgaben der Geodäsie jeweils besonders geeignete Satelliten zu haben.

Echo 1

Der sehr helle Ballonsatellit Echo 1 umkreist seit dem 12. August 1960 die Erde. Die Haut dieses Ballons besteht aus einem dünnen plastischen Material, auf dessen Außenseite eine dünne Aluminiumschicht aufgebracht ist. Der Durchmesser beträgt etwa 30 m, seine Helligkeit ist $+1^m$ bis 0^m, die Bahnneigung ist 47°, seine Höhe über der Erde variierte in den Jahren 1966 und 1967 etwa zwischen 900 und 1300 km (Abb. 11). Das auffallende Sonnenlicht wird im wesentlichen durch spiegelnde Reflektion zur Erde gestrahlt. Während der Durchmesser ursprünglich dem ausgelegten Wert sehr nahe blieb, wurden

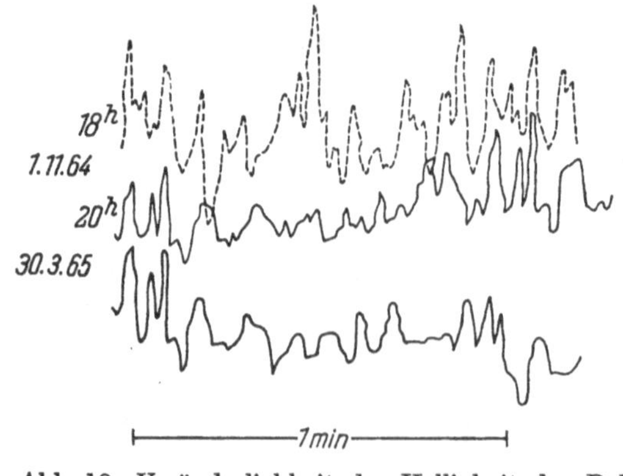

Abb. 18. Veränderlichkeit der Helligkeit des Ballonsatelliten Echo 1 (nach F. Link).
Die Ordinate gibt die Intensität an (SPACE RESEARCH VI)

später bei der Photometrie von Echo 1 kurzperiodische Änderungen seiner Helligkeit festgestellt, die durch ein starkes Abweichen von der sphärischen Gestalt erklärt werden können (Abb. 18). Die Ursache dafür dürfte nicht zuletzt im Aufschlag von Mikrometeoriten auf die Ballonhülle zu finden sein. Echo 1 ist am 24. 5. 68 abgestürzt.

Echo 2

Dem Ballonsatelliten Echo 1 folgte inzwischen Echo 2 am 25. Januar 1964 nach. Er hat mit $i = 82°$ eine Polbahn, seine Höhe beträgt etwa 1100 km, die Exzentrizität ist sehr klein, im Jahre 1967 lag sie zwischen $e = 0{,}001$ und $e = 0{,}019$, seine Helligkeit lag zwischen den Größenklassen -1^m und $+1^m$, sein Durchmesser beträgt 41 m.

Die Mylar-Haut von Echo 2 ist nur 0,0087 mm stark und mit einer Aluminiumschicht von 0,0045 mm Stärke versehen.

PAGEOS

Weitere Möglichkeiten eröffnet der PAGEOS-Ballonsatellit (Passive Geodetic Earth Orbiting Satellite); denn er hat eine viel höhere Bahn als Echo 1 und Echo 2, so daß er in sehr weit voneinander entfernt liegenden Punkten gesehen werden kann (Abb. 22). PAGEOS wurde im Sommer 1966 auf seine Umlaufbahn gebracht. Seine nur 0,01 mm starke Haut ist außen aluminisiert, sein Durchmesser beträgt etwa 30 m, nach dem Aufblasen soll er etwa 85% des auffallenden sichtbaren Lichtes reflektieren, seine Helligkeit variiert zwischen den Magnituden 2^m und 5^m. Auch er hat eine Polbahn, $i = 85°$. Seine Exzentrizität war anfänglich klein ($e = 0{,}05$), sie ist aber bis 1968 auf $e = 0{,}2$ angewachsen. Die Höhe seines Apogäums betrug 1968 etwa 6000 km, seines Perigäums etwa 2200 km, so daß er auch an zwei Stationen simultan beobachtet werden kann, deren gegenseitige Entfernung 6000 km beträgt.

Die Beobachtung dieser Ballonsatelliten stellt instrumentell relativ wenig Ansprüche, weil diese Zielpunkte sehr hell sind. Man kann sie schon beobachten mit relativ einfachen Kameras, die nicht der Satellitenbewegung nachgeführt werden. Weil die Bahnen dieser Ballonsatelliten durch die Reibung an der Atmosphäre und den Strahlungsdruck der Sonne stark gestört sind, können sie aber keine Information über das Schwerefeld der Erde geben.

ANNA 1B, GEOS A, GEOS B

Die geodätischen Blitzlichtsatelliten ANNA 1B, GEOS A und GEOS B haben dagegen den Vorteil, sowohl für die geodätische Punktbestimmung als auch für die Erforschung des Schwerefeldes der Erde, also für geometrische und dynamische Satellitengeodäsie, eingesetzt werden zu können. Ihre Installation ist aber viel komplizierter als die der Ballonsatelliten. Diese drei Satelliten zeichnen sich vor allem durch die Möglichkeit aus, kräftige Lichtblitze, die durch eine Gasentladungslampe erzeugt werden und eine zeitliche Länge von nur 1 ms haben, zur Erde senden zu können.

Der erste Blitzlichtsatellit ANNA 1B wurde am 31. Oktober 1962 gestartet ($i = 50°$, $e = 0{,}008$, Höhe = 1100 km). Er sendet keine Blitze mehr aus. Seine Richtungsorientierung relativ zur Erde erfolgte mit einer Einrichtung, die vom Kraftvektor des Magnetfeldes der Erde gesteuert wurde. Helligkeit 7^m bis 9^m.

Von besonderer Bedeutung sind die Blitzlichtsatelliten der GEOS-Serie.

GEOS A wurde am 6. November 1965 auf die Bahn gebracht. Die von ihm ausgestrahlten Lichtblitze überdecken einen Kegel von etwa 110° Öffnung, der immer zur Erdoberfläche gerichtet ist. Die Richtungsorientierung erfolgt mit einem Stabilisator, bei dem der Vertikalgradient der Schwere ausgenutzt wird. Der Stabilisator besteht aus einem Stab, der aus dem Satelliten herausgefahren wird und an dessen Ende sich ein Gewicht befindet. Die Blitze werden in Serien zu 7 ausgestrahlt, zwischen zwei aufeinanderfolgenden Blitzen liegen jeweils 4 s, ihre Intensität ist ungefähr 1500 cd m s^{-1}, ihre Länge 1 ms. Um die GEOS-A-Blitze gut beobachten zu können, benötigt man im allgemeinen eine Kamera mit einer Öffnung von nicht weniger als 20 cm. Man braucht für die Beobachtung der Blitze selbstverständlich keine Kamera, die der Bewegung des Satelliten nachgeführt wird. Die Leistungsfähigkeit der Kamera kann sehr erhöht werden, wenn eine hochempfindliche photographische Emulsion benutzt wird. Die Energie wird aus den Sonnenzellen gespeist. Die Zeitmomente des Ausstrahlens der Blitze erhält man auf ± 1 ms genau von einer dem Satelliten beigegebenen Uhr, die vom Boden her durch Radioverbindung kontrolliert wird. GEOS A ist auch mit Tripelspiegeln für Laserbeobachtungen versehen. Alle Einrichtungen, die für die Entfernungsbestimmung nach dem SECOR-Verfahren notwendig sind, sind ebenfalls vorgesehen. Für genaue Doppler-Beobachtungen dienen die Wellenlängen 162, 324 und 972 MHz. GEOS A hat eine Neigung von $i = 59°$, eine Perigäumshöhe von etwa 1100 km, die Höhe des Apogäums ist etwa 2200 km. Die Lichtblitze von GEOS A sind inzwischen erloschen.

GEOS B wurde am 11. Januar 1968 gestartet. Er ist mit größeren Tripelspiegeln bestückt als GEOS A. Die Bahn von GEOS B ist durch folgende Daten charakterisiert: $i = 106°$; $e = 0{,}03$; Apogäum 1600 km; Perigäum 1100 km. Die sonstige Ausrüstung ist ähnlich wie bei GEOS A.

Will man lediglich Doppler- oder Laserbeobachtungen ausführen, so kann man sich auch zweier Explorer-Satelliten bedienen. Der erste wurde 1964 gestartet ($i = 80°$, $h = 1000$ km), der zweite folgte ihm ein Jahr später ($i = 41°$, $h = 1200$ km).

Die französischen Diadem-Satelliten gestatten ebenfalls Doppler-Beobachtungen und Laserbeobachtungen. Laserbeobachtungen aber nur mit den Satelliten D2 und D3.

Bei den photographischen Beobachtungen von Blitzlichtsatelliten sind einige Besonderheiten zu beachten. Ist die Kamera azimutal montiert, wird sie also nicht der täglichen Bewegung der Sterne nachgeführt, dann bilden sich die Sterne als kurze Bögen ab, die man an den Endpunkten ausmessen kann und von denen sich die punktförmigen, äquidistanten Lichtblitze relativ leicht abheben. Ist die Kamera aber parallaktisch montiert, wird sie also den Sternen nachgeführt, so sind auch die Sterne punktförmig abgebildet, und es ist sehr schwierig, die Satellitenblitze ausfindig zu machen. Daher empfiehlt es sich, nach der Exposition die Kamera um die Deklinationsachse um wenige Bogenminuten zu verstellen und dann eine zweite Aufnahme zu machen. So werden die Sterne als eng benachbarte Punktepaare erscheinen, von denen sich die Satellitenblitze leichter abheben. Es empfiehlt sich, die Lichtblitze und Sterne von 2 Personen unabhängig voneinander ausmessen zu lassen.

Die Genauigkeit, mit der die Richtung zum Satelliten aus der Beobachtung eines Lichtblitzes bestimmt werden kann, hängt nicht zuletzt von der Richtungsszintillation (Bildunruhe) der Sterne und der Lichtblitze ab; denn die Erdatmosphäre enthält kleine Turbulenzelemente von etwa 10 cm Durchmesser, die geringe Temperatur- und Druckunterschiede gegenüber ihrer Umgebung aufweisen und so zu periodischen Refraktionserscheinungen Anlaß geben, so daß das Licht des Blitzes nicht nur periodische Helligkeitsänderungen, sondern vor allem unregelmäßige Richtungsänderungen um etwa 1″ bis 5″ erfährt. Die Periode der Richtungsszintillation ist im allgemeinen nur ein Bruchteil einer Sekunde lang. Durch eine Ausmittelung über eine Serie von 7 Blitzen, wie sie bei den GEOS-Satelliten ausgestrahlt werden, wird der nachteilige Einfluß der Szintillation wesentlich gemindert.

5.6. Helligkeit der Satelliten

Schließlich sollen noch einige Formeln angegeben werden, mit denen man die Helligkeit eines Satelliten und die Leistungsfähigkeit einer Kamera beurteilen kann. Zwischen der durch die Strahlung eines Sternes hervorgerufenen Beleuchtungsstärke E [lumen m^{-2}] oder [lux] und seiner Größenklasse m besteht die Beziehung

$$m = -14{,}13 - 2{,}50 \log E\,.$$

Ist $m_{\odot} = -26{,}8$ die Helligkeit (visuell) der Sonne im Zenit, a_0 der Reflektionskoeffizient bei diffuser Reflektion (Albedo), R_S der Radius des Satelliten, s die Entfernung vom Beobachter, $h \cong s \cdot \cos Z$ die Höhe des Satelliten, p der Phasenwinkel des Satelliten (Winkel zwischen den vom Satelliten aus abgetragenen Ortsvektoren der Sonne und der Beobachtungsstation), Z die Zenitdistanz des Satelliten und charakterisiert D die Extinktion der Atmosphäre im Zenit, so gilt für die Helligkeit des Satelliten bei diffuser Reflektion

$$m = m_{\odot} - 2{,}5 \log \frac{2}{3} a_0 - 5 \log \frac{R_s}{h} + 5 \log \sec Z + D (\sec Z - 1) - \\ - 2{,}5 \log \frac{\sin p + (\pi - p) \cos p}{\pi}\,.$$

Bezeichnet man die ersten drei von den Parametern des Satelliten abhängigen Glieder mit m_1, das vierte und fünfte von der Zenitdistanz abhängige Glied mit m_2 und das sechste und letzte durch den Phasenwinkel p bestimmte Glied mit m_3, so folgt

$$m = m_1 + m_2 + m_3 \,.$$

Die Werte für m_1, m_2, m_3 können der beigefügten Tabelle 4 entnommen werden.

Tabelle 4

Die Helligkeit eines Satelliten in Abhängigkeit von seinem Radius R_S, seiner Höhe h, seiner Zenitdistanz Z, und seinem Phasenwinkel p.
Diffuse Reflektion. Albedo = 0,6

$\frac{R_S}{h}$	m_1	m_2	m_3	Z, p
10^{-5}	−0,8	0,0	0,0	0
$8 \cdot 10^{-6}$	−0,3	0,1	0,0	15
$6 \cdot 10^{-6}$	+0,3	0,4	0,1	30
$5 \cdot 10^{-6}$	+0,8	0,8	0,3	45
$4 \cdot 10^{-6}$	+1,2	1,8	0,5	60
$3 \cdot 10^{-6}$	+1,8	3,6	0,8	75
$2 \cdot 10^{-6}$	+2,7		1,2	90
10^{-6}	+4,2		1,8	105
$8 \cdot 10^{-7}$	+4,7		2,4	120
$6 \cdot 10^{-7}$	+5,3		3,3	135
$5 \cdot 10^{-7}$	+5,8		4,6	150
$4 \cdot 10^{-7}$	+6,2			
$3 \cdot 10^{-7}$	+6,8			
$2 \cdot 10^{-7}$	+7,7			
10^{-7}	+9,2			

LINK hat auch Tabellen angegeben, die die Helligkeit des Himmels zu bestimmen gestatten in Abhängigkeit vom Winkel, um den die Sonne sich unter dem Horizont befindet, und in Abhängigkeit von der Helligkeit und der Position des Mondes.

Helle Satelliten beobachtet man meistens erst, wenn die Sonne 12°, schwache Satelliten, wenn sie etwa 18° unter dem Horizont sich befindet, weil sonst der Helligkeitskontrast zu gering ist. Beobachtet man aber die sehr hellen Satelliten Echo 1, Echo 2 und PAGEOS mit einer lichtstarken Kamera, so braucht die Sonne sich nur 9 bis 10° unter dem Horizont zu befinden.

Diese vorstehenden Formeln von LINK für die Helligkeit eines Satelliten gelten für diffuse Reflektion.

Bei spiegelnder Reflektion an einer Kugel gilt nach DAVIS, WHIPPLE und ZIRKER für die Beleuchtungsstärke E, die von einem Satelliten erhalten wird,

$$E = \frac{1}{4}\, a \left(\frac{R_S}{s}\right)^2 E_0 \,,$$

wenn a der Reflektionskoeffizient und E_0 die Intensität der auf den Satelliten treffenden Sonnenstrahlung ist.

Geht man von der Beleuchtungsstärke E zur Helligkeit m über, so wird aus der letzten Gleichung

$$m = -25{,}3 - 5 \log \frac{R_S}{s}$$

für den Fall der spiegelnden Reflektion ($a = 1$). Bei einem Ballonsatelliten mit den Parametern $R_S = 15$ m, $s = 1500$ km folgt $m = -0{,}3$. Eine Kugel mit 15 cm Radius hat bei der gleichen Entfernung die Helligkeitsklasse $m = 10$.

Für einen kreisförmigen ebenen Spiegel mit dem Radius R_S und dem Reflektionskoeffizienten $\bar{a}$ findet WHIPPLE

$$E = 1{,}154 \cdot 10^4 \, \bar{a} \left(\frac{R_S}{s}\right)^2 E_0 .$$

Bei den Satelliten dominiert meistens die spiegelnde Reflektion über der diffusen.

Die Strahlungsintensität wird durch die Multiplikation mit dem Absorptionskoeffizienten der Atmosphäre $\varkappa$ etwas verringert

$$\varkappa = e^{-c^* \sec Z} .$$

c^* kann nach KAULA durch die Wellenlänge λ ausgedrückt werden und steht in enger Beziehung zum obigen Extinktionskoeffizienten D,

$$c^* = 0{,}009 \frac{1}{\lambda^4} + 0{,}223 .$$

Diese so berechnete Helligkeit des Satelliten kann bei der photographischen Beobachtung des Satelliten um so besser ausgenutzt werden, je größer die Öffnung und je kleiner die Brennweite der Kamera sind und je kleiner die Eigenbewegung des Satelliten ist.

Wird die Kamera der Bewegung des Satelliten nachgeführt oder werden die Lichtblitze geodätischer Satelliten beobachtet, so gilt für die Beleuchtungsstärke in der Bildebene

$$k \left(\frac{D^*}{d}\right)^2 E \text{ [lux]} ,$$

wenn E die vom Satelliten kommende Beleuchtungsstärke, D^* die Öffnung der Kamera, d der Durchmesser des Zerstreuungskreises in der Bildebene (im allgemeinen $d = 20$ bis $30\,\mu$m) und k der Durchlässigkeitsgrad der Optik sind. Multipliziert man noch mit der Dauer der Belichtung τ, so erhält man die für die Schwärzung der photographischen Schicht wichtige Größe, nämlich die wirksame Lichtmenge B:

$$B = k \left(\frac{D^*}{d}\right)^2 E \cdot \tau .$$

Die Leistungsfähigkeit der Kamera hängt also unter diesen Bedingungen vor allem vom Quadrat der Objektivöffnung D^{*2} ab.

Wird die Kamera dem Satelliten nicht nachgeführt, so bewegt sich der Zerstreuungskreis des Satellitenbildes über die Platte entsprechend seiner Winkelgeschwindigkeit ω relativ zur Kammerachse. Ist f die Brennweite, so gilt jetzt die effektive Belichtungszeit

$$\tau = \frac{d}{f\omega} \quad \text{oder besser} \quad \tau = \frac{\pi}{4}\frac{d}{f\omega},$$

indem man bei der zweiten Gleichung für τ die seitlich von der Mittelachse der Satellitenspur herrschenden Bedingungen mitberücksichtigt. Die in diesem Fall wirksame Lichtmenge ist dann

$$B = k\frac{D^{*2}}{df\omega}E \qquad \text{oder} \qquad B = \frac{\pi}{4}k\frac{D^{*2}}{df\omega}E\,.$$

Die Leistungsfähigkeit einer Kamera hängt also von dem Faktor

$$\frac{D^{*2}}{f}$$

ab, wenn die Kamera dem Satelliten nicht nachgeführt wird; denn die anderen Größen k, E, d, ω sind immer vorgegeben, oder sie können kaum verändert werden.

5.7. Literatur

[1] Bivas, R., Blamont, J., Courtois, N., Lago, B., Lefebvre, M.: Satellite Orbit Determination by Laser Tracking. CNRS, Paris, 1965.

[2] Graaff de, W., Jager de, C.: COSPAR Information Bull. No. 25 (1965).

[3] Lehr, C. G.: Satellite tracking with a Laser. SAO, Special Report, Cambridge, Mass., No. 215 (1966).

[4] Lehr, C. G., Maestre, L. A., Anderson, P. H.: Measurements of Satellite Range with a Ruby Laser. SAO Special Report No. 211 (1966).

[5] Link, F.: Conditions de visibilité du satellite artificiel. Studia Geoph. et Geod., Prag, **1** (1957).

[6] Muller, P.: La Camera de Poursuite Antares. COSPAR-Tagung London, 1967.

[7] Plotkin, H. H., Johnson, T. S., Spadin, P., Moye, J.: Reflection of Ruby Laser Radiation from Explorer 22. Proc. IEEE **53** (1965).

[8] Réseau géodésique européen par observation de Satellites. Symposium de Paris 14–16 Décembre 1964. Centre National d'Etudes Spatiales, Institut Géographique National, 1964.

[9] Rolff, J.: The Optical Beacon of the GEOS-A Satellite. Bull. Centr. Bur. for Satellite Geodesy, SAO, No. 1 (1966).

[10] Rolff, J.: Some Characteristics of the GEOS-2 Satellite. Bull. Centr. Bur. for Sat. Geodesy, SAO, No. 3 (1968).

[11] Snyder, G. L., Hurst, S. R., Grafinger, A. B., Halsey, H. W.: Satellite Laser Ranging Experiment. Proc. IEEE **53** (1965).

[12] Steinbach, M.: Einige optische Systeme für die Beobachtung künstlicher Erdsatelliten. Jenaer Rdsch., **6** (1963).

[13] Veis, G.: The use of artificial satellites for Geodesy, Vol. II. Athens 1967.

[14] Wallenhauer, A.: Doppler-Messungen an künstlichen Erdsatelliten und ihre Anwendung in der Geodäsie. Vermessungstechn. Rdsch., Bonn, H. 9 (1968).

[15] Williams, O. W., Iliff, R. L., Tavenner, M. S.: Lasers and Satellites: A Geodetic Application. Bull. Géod., Paris, No. 80 (1966).

6. Koordinatensysteme, Zeitsysteme, Reduktionsverfahren, Ephemeridenrechnungen

6.1. Koordinatensysteme

Nach der photographischen Beobachtung des Satelliten vor dem Hintergrund der Sterne berechnet man bei der sich anschließenden Auswertung dieser Beobachtungen den zum Satelliten weisenden topozentrischen Einheitsvektor im räumlichen System der Sterne. Die Koordinaten der Sterne, ihre Rektaszension α und Deklination δ, werden den Sternkatalogen entnommen. Allgemein zieht man heute nach den Empfehlungen internationaler wissenschaftlicher Gesellschaften solche Sternkataloge für die Aufgaben der Satellitengeodäsie vor, die im System FK4 der Fundamentalsterne gegeben sind. Die scheinbaren und mittleren Örter von etwa 1500 Sternen werden in den „Apparent Places of Fundamental Stars“ jährlich veröffentlicht. Für die Aufgaben der Satellitengeodäsie ist der 1966 erschienene Sternkatalog des Smithsonian Institution recht gut geeignet. Er enthält die mittleren Örter und Eigenbewegungen von 258 997 Sternen (6 Sterne je $1^\circ \times 1^\circ$ Fläche) im System FK4 für den Äquator, das Äquinoktium und die Epoche 1950,0 mit einer durchschnittlichen Genauigkeit von $\pm 0\overset{''}{.}2$. Der neue von der Internationalen Astronomischen Union herausgegebene Katalog AGK 3 dürfte ebenfalls zu empfehlen sein.

Recht nützliche Dienste bei der Identifizierung der Sterne hat auch der Himmelsatlas von Bečvář geleistet.

Bezieht man die Sternkoordinaten nicht auf das Koordinatensystem für die Epoche 1950,0, sondern auf den Äquator und das Äquinoktium des Momentes der Beobachtung, bringt man also an die mittleren Örter die Reduktion wegen der Präzession und Nutation an, so erhält man die wahren Sternkoordinaten. Berücksichtigt man noch die jährliche und tägliche Aberration, so folgen die scheinbaren Örter, zu denen die Reduktion wegen der Refraktion zu addieren ist, um die beobachteten Koordinaten zu erhalten.

Die Bewegungsgleichungen der Satelliten (3) (40) und die drei Keplerschen Gesetze gelten allerdings nur für ein Inertialsystem, das also unbeweglich im Raum gelagert ist und keine Rotation erfährt. Ein solches Inertialsystem x^0, y^0, z^0 ist beispielsweise das von dem Äquator und dem Äquinoktium zur Epoche 1950,0 gebildete System, während das System, auf das sich die wahren Örter im Beobachtungsmoment beziehen, an der Präzessions- und Nutationsbewegung teilnimmt und daher kein Inertialsystem ist.

Beim x^0, y^0, z^0-System wird also die x^0, y^0-Ebene mit der Äquatorebene zur Epoche 1950,0 zusammenfallen, die x^0-Achse wird zum Frühlingsäquinoktium der gleichen Epoche zeigen. Die z^0-Achse ergibt sich aus der Orthogonalitätsbedingung. In diesem System könnte man die Sterne und die Satellitenbahnen beschreiben.

Die Positionen der Beobachtungsstationen und folglich auch die Satellitenbeobachtungen dagegen beziehen sich auf den momentanen Erdäquator, der sich von dem Äquator zur Epoche 1950,0 um Beträge unterscheidet, die durch die Präzession (50″ pro Jahr) und Nutation (max. 9″) bestimmt werden. Gegebenenfalls ist auch die Polbewegung (0″4) zu berücksichtigen. Man müßte also die Koordinaten der Beobachtungsstationen und die Beobachtungen in das x^0, y^0, z^0-System transformieren, ein Verfahren, das theoretisch durchaus möglich, in der Ausführung aber unpraktisch und daher nicht angewandt worden ist.

Ist X, Y, Z ein mit dem Erdkörper verbundenes System, dessen X, Y-Ebene mit dem mittleren Äquator der Erde zusammenfällt, dessen X-Achse im (mittleren) Greenwicher Meridian liegt und dessen Z-Achse zum mittleren Pol der Erde zeigt, dann gelten die folgenden Transformationsgleichungen zwischen den Koordinaten X, Y, Z und den Koordinaten x^0, y^0, z^0 und den Koordinaten x'', y'', z'' des momentanen astronomischen Systems, das auf dem momentanen Äquator aufbaut und dessen x''-Achse mit dem momentanen Frühlingspunkt zusammenfällt.

$$\begin{pmatrix} X \\ Y \\ Z \end{pmatrix} = \boldsymbol{S}\,\boldsymbol{R}_z(\Theta) \begin{pmatrix} x'' \\ y'' \\ z'' \end{pmatrix}; \quad \begin{pmatrix} x'' \\ y'' \\ z'' \end{pmatrix} = \boldsymbol{N}''\,\boldsymbol{P}'' \begin{pmatrix} x^0 \\ y^0 \\ z^0 \end{pmatrix} = \boldsymbol{M}'' \begin{pmatrix} x^0 \\ y^0 \\ z^0 \end{pmatrix}, \tag{104}$$

$$\boldsymbol{R}_z(\Theta) = \begin{pmatrix} \cos\Theta & \sin\Theta & 0 \\ -\sin\Theta & \cos\Theta & 0 \\ 0 & 0 & 1 \end{pmatrix}, \tag{105}$$

$$\boldsymbol{S} = \begin{pmatrix} 1 & 0 & \xi \\ 0 & 1 & -\eta \\ -\xi & +\eta & 1 \end{pmatrix}, \tag{106}$$

$$\boldsymbol{N}'' = \begin{pmatrix} 1 & -\Delta\mu & -\Delta\nu \\ \Delta\mu & 1 & -\Delta\varepsilon \\ \Delta\nu & \Delta\varepsilon & 1 \end{pmatrix}, \tag{107}$$

$$\boldsymbol{P}'' = \begin{pmatrix} -\sin\varkappa\sin\omega + \cos\varkappa\cos\omega\cos\nu; & -\cos\varkappa\sin\omega - \sin\varkappa\cos\omega\cos\nu; & -\cos\omega\sin\nu \\ \sin\varkappa\cos\omega + \cos\varkappa\sin\omega\cos\nu; & \cos\varkappa\cos\omega - \sin\varkappa\sin\omega\cos\nu; & -\sin\omega\sin\nu \\ \cos\varkappa\sin\nu; & -\sin\varkappa\sin\nu; & \cos\nu \end{pmatrix}, \tag{108}$$

$$\boldsymbol{M}'' = \boldsymbol{N}''\,\boldsymbol{P}'' \cong \begin{pmatrix} 1 & m_{12} & m_{13} \\ -m_{12} & 1 & m_{23} \\ -m_{13} & -m_{23} & 1 \end{pmatrix}. \tag{109}$$

Die Elemente m_{12}, m_{13}, m_{23} ergeben sich meist in genügender Annäherung durch Addition der entsprechenden Elemente der zwei Matrizen $\boldsymbol{N}''$, $\boldsymbol{P}''$.

Die ξ, η-Werte in (106) sind die Koordinaten des momentanen Pols relativ zum mittleren Pol in Radianten.

Die Nutationsgrößen (107) sind:

$$\left.\begin{aligned}
\Delta\mu = &- 76{,}7 \cdot 10^{-6} \sin\ (12{,}^\circ 1128 - 0{,}^\circ 0529\,539\,t)\\
&+ 0{,}9 \cdot 10^{-6} \sin 2\,(12{,}^\circ 1128 - 0{,}^\circ 0529\,539\,t)\\
&- 5{,}7 \cdot 10^{-6} \sin 2\,(280{,}^\circ 0812 + 0{,}^\circ 9856\,473\,t)\\
&- 0{,}9 \cdot 10^{-6} \sin 2\,(64{,}^\circ 3824 + 13{,}^\circ 1763\,96\,t)\,,\\
\Delta\nu = &- 33{,}3 \cdot 10^{-6} \sin\ (12{,}^\circ 1128 - 0{,}^\circ 0529\,539\,t)\\
&+ 0{,}4 \cdot 10^{-6} \sin 2\,(12{,}^\circ 1128 - 0{,}^\circ 0529\,539\,t)\\
&- 2{,}5 \cdot 10^{-6} \sin 2\,(280{,}^\circ 0812 + 0{,}^\circ 9856\,473\,t)\\
&- 0{,}4 \cdot 10^{-6} \sin 2\,(64{,}^\circ 3824 + 13{,}^\circ 1763\,96\,t)\,,\\
\Delta\varepsilon = &+ 44{,}7 \cdot 10^{-6} \cos\ (12{,}^\circ 1128 - 0{,}^\circ 0529\,539\,t)\\
&- 0{,}4 \cdot 10^{-6} \cos 2\,(12{,}^\circ 1128 - 0{,}0529\,539\,t)\\
&+ 2{,}7 \cdot 10^{-6} \cos 2\,(28{,}^\circ 00812 + 0{,}^\circ 9856\,473\,t)\\
&+ 0{,}4 \cdot 10^{-6} \cos 2\,(64{,}^\circ 3824 + 13{,}^\circ 1763\,96\,t)\,.
\end{aligned}\right\} \quad (110)$$

Die Elemente der Präzessionsmatrix sind

$$\varkappa = 0{,}''063\,107\,t\,, \quad \omega = 0{,}''063\,107\,t\,, \quad \nu = 0{,}''054\,875\,t\,. \quad (111)$$

t ist die Anzahl der Tage seit 1950,0.

Der Winkel Θ in der Rotationsmatrix (105) ist die wahre Sternzeit.

In den später folgenden Gleichungen (114), (115) wird ferner die Matrix

$$\boldsymbol{Q} = \boldsymbol{R}_z(-\Theta)\,\boldsymbol{S}\,\boldsymbol{R}_z(\Theta)\cdot\boldsymbol{M}''\,(\boldsymbol{M}')^{-1} \quad (112)$$

benötigt, Gl. (116).

Will man die Einbeziehung der Nutations- und Präzessionsmatrix $\boldsymbol{N}$, $\boldsymbol{P}$ vermeiden, dann kann man aus der mittleren Rektaszension und Deklination α^0, δ^0 für die Epoche 1950,0 die wahre Rektaszension und Deklination α'', δ'' für das Datum der Beobachtung, also den Übergang vom x^0, y^0, z^0-System in das System x'', y'', z'' wie folgt berechnen:

$$\left.\begin{aligned}
\alpha'' &= \alpha^0 + (\varkappa + \omega) + \Delta\mu + (\nu + \Delta\nu)\sin\alpha\tan\delta - \Delta\varepsilon\cos\alpha\tan\delta\,,\\
\delta'' &= \delta^0 + (\nu + \Delta\nu)\cos\alpha + \Delta\varepsilon\sin\alpha\,.
\end{aligned}\right\} \quad (113)$$

Um die Schwierigkeiten zu vermeiden, die entstehen, wenn alle Daten in das x^0, y^0, z^0-Inertialsystem reduziert werden müssen, kann man auch folgenden Weg beschreiten.

Man führt gar nicht ein Inertialsystem wie beispielsweise das x^0, y^0, z^0-System ein, sondern man reduziert alle Daten auf das momentane astronomische System, das durch den momentanen Äquator und den momentanen Frühlingspunkt gebildet wird, also das x'', y'', z''-System. Freilich gelten dann nicht mehr die Newtonschen Bewegungsgleichungen, und die Satellitenbahn ist keine Kepler-Ellipse mehr, so daß zu den Bahnelementen mit der Zeit veränderliche Zusatzglieder zu addieren sind. Berechnet man also die beobachteten topozentrischen Einheitsvektoren im momentanen x'', y'', z''-System, indem man die scheinbare Rektaszension und Deklination des Satelliten für das Datum der Beobachtung einführt, und nimmt man die sechs Bahnelemente a'', e'', ω'', i'', Ω'', M'' in diesem momentanen astronomischen x'', y'', z''-Koordinatensystem, so behalten die für ein Inertialsystem gültigen Störungstheorien unverändert ihren Wert, wenn man nur konsequent in allen Ausdrücken die Bahnelemente in bezug auf das x'', y'', z''-Koordinatensystem einführt und wenn beim Argument des Perigäums, bei der Neigung, bei der Länge des aufsteigenden Knotens und bei der mittleren Anomalie die folgenden Zusatzglieder addiert werden:

$$\left.\begin{aligned}
\Delta\omega'' &= \sum_1^3 \delta_i\omega\,,\\
\delta_1\omega &= \frac{3}{4} J_2\, n \left[\frac{R_E}{a}\right]^2 (5\sin 2\,i - 2\cot i)\cdot \Gamma_{q\cdot 1}(T', T'')\,,\\
\delta_2\omega &= \frac{1}{\sin i}(\bar{m}_{31}\cos\Omega + \bar{m}_{32}\sin\Omega)\,,\\
\delta_3\omega &= -\frac{15}{4} J_2\, n \left[\frac{R_E}{a}\right]^2 \sin 2\,i\cdot \Gamma_{m\cdot 1}(T', T'')\,,\\
\Delta i'' &= \sum_1^3 \delta_i\, i,\\
\delta_1 i &= -\frac{3}{2} J_2\, n \left[\frac{R_E}{a}\right]^2 \cos i\cdot \Gamma_{q\cdot 2}(T', T'')\,,\\
\delta_2 i &= -\bar{m}_{31}\sin\Omega + \bar{m}_{32}\cos\Omega\,,\\
\delta_3 i &= 0\,,\\
\Delta\Omega'' &= \sum_1^3 \delta_i\Omega\,,\\
\delta_1\Omega &= \frac{3}{2} J_2\, n \left[\frac{R_E}{a}\right]^2 \frac{\cos 2\,i}{\sin i}\cdot \Gamma_{q\cdot 1}(T', T'')\,,\\
\delta_2\Omega &= \bar{m}_{21} - \cot i\,(\bar{m}_{31}\cos\Omega + \bar{m}_{32}\sin\Omega)\,,\\
\delta_3\Omega &= \frac{3}{2} J_2\, n \left[\frac{R_E}{a}\right]^2 \sin i\cdot \Gamma_{m\cdot 1}(T', T'')\,,\\
\Delta M'' &= \sum_1^3 \delta_i M\,,\\
\delta_1 M &= \frac{9}{4} J_2\, n \left[\frac{R_E}{a}\right]^2 \sin 2\,i\cdot \Gamma_{q\cdot 1}(T', T'')\,,\\
\delta_2 M &= 0\,,\\
\delta_3 M &= -\frac{9}{4} J_2\, n \left[\frac{R_E}{a}\right]^2 \sin 2\,i\cdot \Gamma_{m\cdot 1}(T', T'')\,,
\end{aligned}\right\} \qquad (114)$$

$$\left.\begin{aligned}
\Gamma_{q\cdot 1} &= \int_{T'}^{T''} (\bar{q}_{3\cdot 1}\sin\Omega - \bar{q}_{3\cdot 2}\cos\Omega)\, dt\,,\\
\Gamma_{q\cdot 2} &= \int_{T'}^{T''} (\bar{q}_{3\cdot 1}\cos\Omega + \bar{q}_{3\cdot 2}\sin\Omega)\, dt\,.
\end{aligned}\right\} \qquad (115)$$

$\Gamma_{m\cdot1}$ ergibt sich aus $\Gamma_{q\cdot1}$, wenn man in (115) die Funktionen $\bar{q}_{ik}$ durch $\bar{m}_{ik}$ ersetzt. Die $\bar{q}_{ik}$ folgen aus (112).

Der zu berechnende Satellitenbogen beginnt zur Zeit T', der laufende Punkt dieses Bogens, für den die Bahnelemente und die Gleichungen (114) zu berechnen sind, hat die über den ganzen Bogen variable Zeit T''.

Sind $\boldsymbol{Q}'$, $\boldsymbol{M}'$; ($\boldsymbol{Q}''$, $\boldsymbol{M}''$) die Matrizen (109), (112) zur Zeit T' (T''), dann sind die $\bar{q}_{ik}$, $\bar{m}_{ik}$ die Elemente der Matrizen.

$$\boldsymbol{Q} = (\bar{q}_{ik}); \qquad \boldsymbol{M}''(\boldsymbol{M}')^{-1} = (\bar{m}_{ik})\,. \tag{116}$$

Berücksichtigt man diese vier Transformationsausdrücke (114), so hat man strenge mathematische Beziehungen für den Bahnverlauf des Satelliten im momentanen astronomischen System. Diese kann man für die verschiedensten Zwecke in gleicher Weise analysieren wie die Bahnelemente in einem Inertialsystem.

Das Smithsonian Astrophysical Observatory veröffentlicht die Satellitenbeobachtungen im x^0, y^0, z^0-System, also in bezug auf den mittleren Äquator und das mittlere Äquinoktium der Epoche 1950,0. Von den Bahnelementen des Smithsonian Astrophysical Observatory dagegen beziehen sich die Neigung und das Argument des Perigäums auf den wahren Äquator des Datums (x'', y'', z''-System). Die Länge des aufsteigenden Knotens jedoch zählt vom Schnittpunkt der Satellitenbahn mit dem wahren Äquator zunächst entlang dem wahren Äquator bis zu seinem Schnittpunkt mit dem mittleren Äquator für 1950,0 und dann diesen letzteren Äquator entlang bis zum mittleren Äquinoktium für 1950,0. Will man die vom SAO veröffentlichten Werte für die Länge des aufsteigenden Knotens in das x^0, y^0, z^0-System transformieren, also in die Länge des aufsteigenden Knotens für das wahre Äquinoktium des Datums, so muß man den Betrag $3{,}^{\circ}508 \cdot 10^{-5} \cdot t$ hinzuaddieren, wenn t wieder die Anzahl der Tage seit 1950,0 ist, und man muß auch noch die Nutation $\varrho^0 \cdot \Delta\mu$ entsprechend (110) hinzufügen. Der Beobachtungsvektor selbst muß natürlich auch mit den Gleichungen (104) vom x^0, y^0, z^0-System in das x'', y'', z''-System transformiert werden, wenn man in diesem arbeiten will; ist doch die Potentialentwicklung für das Schwerefeld der Erde im X, Y, Z-System gegeben, das nach Berücksichtigung der Rotationsmatrix $R(\Theta)$ und der Polhöhenschwankung entsprechend (104), (105) in das x'', y'', z''-System übergeführt werden kann.

In der Rotationsmatrix $\boldsymbol{R}_z(\Theta)$, Gleichung (105), erscheint die wahre Sternzeit Θ. Sie bestimmt die Lage der Erde entsprechend ihrer Rotationsbewegung. In einer Sekunde bewegt sich die Erde dadurch am Äquator um etwa 460 m von West nach Ost, so daß hier ein Zeitfehler von 1 ms nur einen horizontalen Punktfehler von 0,5 m bewirkt. Der Satellit dagegen bewegt sich in 1 ms um etwa 8 m in seiner Bahn. Die Sternzeit kann natürlich aus Jahrbüchern entnommen werden. Für die praktischen Berechnungen mit einer elektronischen Rechenmaschine empfiehlt es sich dagegen, die wahre Sternzeit Θ aus der beobachteten mittleren Zeit oder aus der Atomzeit durch einen analytischen Ausdruck zu berechnen. Es gilt

$$\Theta = 100{,}^\circ075542 + 360{,}^\circ985647348\, t + 0{,}^\circ2900 \cdot 10^{-12}\, t^2 + \varrho^0 \cdot \Delta\mu\,, \tag{117}$$

wenn t die Anzahl der mittleren Tage seit 1950,0 ist und $\Delta\mu$ aus (110) entnommen wird. t ist hier in dem Zeitsystem $U\,T - 1$ genommen. Ist $U\,T$ die aus der Erdrotation bestimmte Universalzeit, so erhält man $U\,T - 1$, wenn man den Einfluß der Polbewegung berücksichtigt. Eine Inertialzeit ist $U\,T - 1$ natürlich nicht; denn man muß noch den Einfluß geophysikalischer Vorgänge, die zum Teil von den Jahreszeiten abhängen, berücksichtigen, wodurch $U\,T - 2$ erhalten wird. In (117) muß aber t im System $U\,T - 1$ genommen werden. In jüngster Zeit geht man dazu über, auch in der Satellitengeodäsie alle Zeiten in Atomzeit $A - 1$ anzugeben.

Im System $A - 1$ gilt die Gleichung (117) unverändert, wenn man nur t durch t_A ersetzt, wenn t_A die Anzahl der Tage seit 1950,0 in Atomzeit ist, und wenn man ferner

$$\Delta\Theta = 1{,}002738 \cdot [(U\,T - 1) - (A - 1)]\, s\,,$$

$$\Delta\Theta^\circ = 0{,}^\circ004177\, [(U\,T - 1) - (A - 1)]\, s$$

noch hinzuaddiert. Der Ausdruck in der eckigen Klammer wird von den Zeitdiensten laufend veröffentlicht.

6.2. Reduktionsverfahren, Sternkoordinaten

Bei der photographischen Satellitenbeobachtung wird man zur Bestimmung des topozentrischen Einheitsvektors des Satelliten aus der photographischen Aufnahme zunächst die Sterne im Bild mit Hilfe eines Sternatlas identifizieren, aus einem Sternkatalog ihre mittleren Koordinaten für die Epoche 1950,0 entnehmen und aus der so erhaltenen Rektaszension α^0 und Deklination δ^0 den zum Stern weisenden Einheitsvektor im System x^0, y^0, z^0 berechnen.

$$x^0 = \cos\delta^0 \cos\alpha^0\,, \quad y^0 = \cos\delta^0 \sin\alpha^0\,, \quad z^0 = \sin\delta^0\,. \tag{117a}$$

Berücksichtigt man die Präzession und Nutation, indem man mit der Matrix M'' (diese ist auf etwa 0,″2 genau) nach (104) multipliziert, oder indem man (113) benutzt, so erhält man die wahren Sternkoordinaten im System x'', y'', z'' und daraus die Rektaszension α'' und die Deklination δ''. Nun sind die jährliche ($\Delta\alpha_1$, $\Delta\delta_1$) und die tägliche Aberration ($\Delta\alpha_2$, $\Delta\delta_2$) hinzuzufügen, um zum scheinbaren Ort zu gelangen.

$$\left.\begin{aligned} \Delta\alpha_1 &= C\,c + D\,d = -\frac{1}{\cos\delta}\,(20{,}''47 \sin\alpha \sin\lambda_\odot + 18''87 \cos\alpha \cos\lambda_\odot)\,, \\ \Delta\delta_1 &= C\,c' + D\,d' = -\,[20{,}''47 \sin\delta \cos\alpha \sin\lambda_\odot + \\ &\quad + 18{,}''87 \cos\lambda_\odot \cdot (0{,}4336661 \cos\delta - \sin\delta \sin\alpha)]\,. \end{aligned}\right\} \tag{118}$$

Die Größen C, D, c, d, c', d' entstammen der Besselschen Reduktionsformel. $\lambda_\odot$ steht für die geozentrische Länge der Sonne.

$$\lambda_\odot = 2\pi\left(\frac{t}{365{,}242} - 0{,}219\right) \tag{118a}$$

in Radianten.

$$t = JD - 2\,433\,282{,}925; \quad JD = \text{Julianischer Tag.}$$

Die tägliche Aberration ist wesentlich kleiner, man kann sie in vielen Fällen vernachlässigen.

$$\left.\begin{aligned} \Delta\alpha_2 &= 0{,}''32 \cos\varphi \sec\delta \cos(\Theta - \alpha)\,, \\ \Delta\delta_2 &= 0{,}''32 \cos\varphi \sin\delta \sin(\Theta - \alpha)\,, \end{aligned}\right\} \tag{119}$$

Θ ist die Sternzeit.

Im Bereich des Feldes einer Aufnahme kann man meistens die jährliche und tägliche Aberration in genügender Annäherung als konstant ansehen.

Die Reduktion auf den scheinbaren Sternort wegen der Präzession, Nutation und jährlichen Aberration kann natürlich auch mittels der in den „Astronomical Ephemeries" erläuterten Besselschen Umrechnungsformeln geschehen, doch müssen dann von Tag zu Tag die numerischen Werte der zahlreichen Besselschen Konstanten dem Jahrbuch entnommen und in den Rechenautomaten eingegeben werden, während mit den Formeln (104), (118), (119) im wesentlichen nur die Zeit als veränderliches Argument benötigt wird; daher wird die Hinzuziehung der Formeln (118) bei Rechnungen in der Satellitengeodäsie besser sein.

6.3. Refraktionseinfluß auf Sternkoordinaten

Schließlich muß noch die astronomische Refraktion r^* berücksichtigt werden. Durch sie werden die Zenitdistanzen um

$$r^* = (k_1 \tan Z + k_2 \tan^3 Z) \cdot C_B \cdot C_T \tag{120}$$

verringert. $k_1 = 60{,}''18$ und $k_2 = -0{,}''068$. C_B und C_T berücksichtigen den Einfluß des Luftdruckes und der Temperatur. Ihr Einfluß auf r^* kann Refraktionstafeln entnommen werden.

Die durch die Refraktion bewirkten Änderungen der Rektaszension und Deklination sind

$$\left.\begin{aligned} \Delta\alpha_3 &= \frac{\cos\varphi' \sin(\Theta - \alpha)}{\cos\delta \sin Z}\, r^*\,, \\ \Delta\delta_3 &= \frac{1}{\sin Z}\,[\sin\varphi' \cos\delta - \cos\varphi' \sin\delta \cos(\Theta - \alpha)]\, r^*\,. \end{aligned}\right\} \tag{121}$$

Die Zenitdistanz Z und das Azimut A (im Uhrzeigersinn von Norden gezählt) des Sternes lassen sich aus der Sternzeit Θ, der geographischen Breite der Beobachtungsstation φ' und den Koordinaten des Sternes α, δ wie folgt berechnen:

$$\left.\begin{aligned} \cos Z &= \sin\varphi' \sin\delta + \cos\varphi' \cos\delta \cos(\Theta - \alpha)\,, \\ \sin A &= -\operatorname{cosec} Z \cos\delta \sin(\Theta - \alpha)\,, \\ \cos A &= \operatorname{cosec} Z\,[\cos\varphi' \sin\delta - \sin\varphi' \cos\delta \cos(\Theta - \alpha)]\,. \end{aligned}\right\} \quad (122)$$

Ein Fehler in der Refraktionsformel beeinflußt in voller Größe die Rektaszension und Deklination der in dem betreffenden Bild abgebildeten Sterne, er wirkt sich aber nicht in gleicher Größe auf die gesuchte Satellitenposition aus, weil der Satellit in den beobachteten Sternhaufen nach affinen oder perspektivischen Transformationsformeln eingepaßt wird, wie später gezeigt wird (126), (127), (128), (143), (144). Nur Fehler in den Refraktionsunterschieden innerhalb des in der Aufnahme abgebildeten Feldes der Anhaltssterne sind effektiv.

Anstatt die Refraktion bei der Rektaszension und Deklination zu berücksichtigen, kann man diese Reduktion auch an den ebenen Bildkoordinaten der Satellitenaufnahme anbringen. Setzt man in der Bildebene ein nach dem Lot orientiertes rechtwinkliges Koordinatensystem $\bar{x}^*$, $\bar{y}^*$ voraus (Abb. 19), dessen $\bar{y}^*$-Achse horizontal ist (positiv in Richtung nach Osten) und dessen $\bar{x}^*$-Achse in der Richtung des Vertikalkreises verläuft (positiv in Richtung zum Zenit), so verändern sich die $\bar{x}^*$- und die $\bar{y}^*$-Koordinaten nach den Formeln (123), wenn sich die Zenitdistanz wegen der Refraktion um den Winkel r^* verringert.

$$\left.\begin{aligned} \Delta(\bar{x}^*) &= \frac{f\tan Z - \bar{x}^*}{f}\,\frac{\bar{x}^{*2} + \bar{y}^{*2} + f^2}{f + \bar{x}^*\tan Z}\cot Z \cdot r^*\frac{1}{\varrho''}\,, \\ \Delta(\bar{y}^*) &= -\frac{\bar{y}^*}{f}\,\frac{\bar{x}^{*2} + \bar{y}^{*2} + f^2}{f + \bar{x}^*\tan Z}\cot Z \cdot r^*\frac{1}{\varrho''}\,. \end{aligned}\right\} \quad (123)$$

f ist die Brennweite der Kamera, Z ist in dieser Formel (123) die Zenitdistanz der optischen Achse der Kamera.

Die mit (118), (119), (121) reduzierten (beobachteten) Rektaszensionen und Deklinationen der Sterne

$$\left.\begin{aligned} \alpha &= \alpha'' + \Delta\alpha_1 + \Delta\alpha_2 + \Delta\alpha_3\,, \\ \delta &= \delta'' + \Delta\delta_1 + \Delta\delta_2 + \Delta\delta_3 \end{aligned}\right\} \quad (123\,\mathrm{a})$$

müssen nun den Bildkoordinaten der Sterne gegenübergestellt werden.

6.4. Tangentialkoordinaten

Zunächst müssen die α, δ-Koordinaten in die Tangentialkoordinaten $\bar{x}'$, $\bar{y}'$ transformiert werden. Die Tangentialkoordinaten erhält man, wenn man um die Beobachtungsstation eine Kugel vom Radius f legt, dann im Durchstoßpunkt der optischen Achse der Kamera durch diese Kugel (Tangentialpunkt) die Tangentialebene zur Kugel errichtet und im Tangentialpunkt in Richtung wachsender Deklination die $\bar{x}'$-Achse und in Richtung wachsender Rektaszension die $\bar{y}'$-Achse in dieser Tangentialebene abträgt.

$$\left.\begin{aligned} \bar{x}' &= f \tan(q - \bar{D}); \quad \bar{y}' = f \frac{\tan(\alpha - \bar{A}) \cos q}{\cos(q - \bar{D})}; \\ \cot q &= \cot \delta \cos(\alpha - \bar{A}) . \end{aligned}\right\} \tag{124}$$

$\bar{A}$ und $\bar{D}$ sind die Rektaszension und Deklination des Bildhauptpunktes H (Tangentialpunkt).

$\bar{A}$ und $\bar{D}$ erhält man aus einer kleinen Nebenrechnung, indem man einige in der Nähe des Bildhauptpunktes H abgebildete Sterne herausgreift, ihre Koordinaten α, δ einerseits und ihre Bildkoordinaten $\bar{x}$, $\bar{y}$ andererseits einander gegenüberstellt und durch lineare Interpolation die zu $\bar{x} = 0$, $\bar{y} = 0$ gehörigen α, δ-Werte ($= \bar{A}, \bar{D}$) ermittelt.

Die $\bar{x}$, $\bar{y}$-Koordinaten sind die Bildkoordinaten im System der Platte, die sich bei der Abmessung im Komparator ergeben. Sie sind nicht mit den Tangentialkoordinaten zu verwechseln, von denen sie sich vor allem durch eine Kantung unterscheiden (Abb. 19).

Der Übergang vom $\bar{x}^*$, $\bar{y}^*$, $\bar{z}^*$-System zum $\bar{x}'$, $\bar{y}'$, $\bar{z}'$-System erfolgt durch eine Rotation um die $\bar{z}^*$-Achse (das ist auch die $\bar{z}'$-Achse) um den Winkel q im Uhrzeigersinn, Abb. 19.

$$\begin{pmatrix} \bar{x}' \\ \bar{y}' \\ \bar{z}' \end{pmatrix} = \boldsymbol{R}_z(q) \begin{pmatrix} \bar{x}^* \\ \bar{y}^* \\ \bar{z}^* \end{pmatrix} \tag{124a}$$

$$\left.\begin{aligned} \sin q &= \frac{\sin A}{\cos \bar{D}} \cos \varphi' , \\ \cos h \sin A &= -\cos \bar{D} \sin(\Theta - \bar{A}) , \\ \cos h \cos A &= \cos \varphi' \sin \bar{D} - \sin \varphi' \cos \bar{D} \cos(\Theta - \bar{A}) , \\ \sin h &= \sin \varphi' \sin \bar{D} + \cos \varphi' \cos \bar{D} \cos(\Theta - \bar{A}) . \end{aligned}\right\} \tag{124b}$$

h ist hier der Höhenwinkel und A das Azimut der Achse der Kamera und Θ die Sternzeit der Aufnahme. φ' ist die geographische Breite der Station.

Die Werte $\bar{A}$ und $\bar{D}$ müssen nicht mit der gleichen Genauigkeit ermittelt werden, mit der die Sternkoordinaten bekannt sind. Insbesondere kann man bei Kameras mit kleinen Öffnungswinkeln für diese Werte eine relativ mäßige Genauigkeit zulassen. Dagegen wird man bei Kameras mit einem großen Öffnungswinkel von etwa $30° \times 30°$ (BC-4) die Daten $\bar{A}$ und $\bar{D}$ recht zuverlässig bestimmen müssen, wie aus der beifolgenden Tabelle zu entnehmen ist, in der die Deformation des beobachteten Strahlenbündels in Abhängigkeit von den Fehlern der $\bar{A}$- und $\bar{D}$-Werte entsprechend (124) dargestellt ist.

	$\Delta\bar{A}, \Delta\bar{D} =$	10″	20″	40″	60″
	1° × 1°	0″,001	0″,002	0″,003	0″,005
	2 × 2	0,003	0,006	0,012	0,018
Plattenfeld	5 × 5	0,02	0,04	0,08	0,11
	10 × 10	0,08	0,15	0,30	0,46

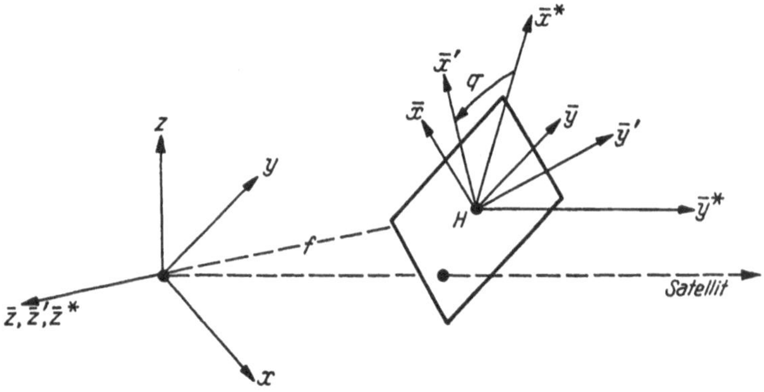

Abb. 19

6.5. Verzeichnung des optischen Systems

Die Bildkoordinaten $\bar{x}$, $\bar{y}$ müssen noch reduziert werden, wegen der Verzeichnung des optischen Systems, durch die der Bildpunkt des Sterns in radialer Richtung um

$$\sum_{i=1}^{n} h_i \, \bar{r}^{2i+1}, \qquad \bar{r}^2 = \bar{x}^2 + \bar{y}^2 \tag{125}$$

verschoben wird.

Die Größen h_i können a priori durch eine Laboruntersuchung bestimmt oder im folgenden als Unbekannte in die Ausgleichung eingeführt werden.

Bei einer Kamera mit einer Öffnung von nur wenigen Grad (etwa 5°) kommt man mit dem ersten Glied dieser Entwicklung (125) für den Verzeichnungsfehler meistens aus. h_1 ist beispielsweise bei einer NAFA-Kamera, wenn man nur ein Bildfeld von 7° × 7° ausmißt, gleich $h_1 = -2{,}5 \cdot 10^{-6}\,\mathrm{mm}^{-2}$.

6.6. Affine Transformationsgleichungen

Geht man von den Sternkoordinaten α, δ nach (123a) aus und berechnet daraus die zugehörigen Tangentialkoordinaten $\bar{x}', \bar{y}'$, dann kann man diese Tangentialkoordinaten und die wegen der Verzeichnung reduzierten Bildkoordinaten $\bar{x}, \bar{y}$ nunmehr nach den Regeln der affinen Transformation, also nach einer Translation, Drehung und Maßstabsveränderung einander gegenüberstellen.

Man kann auch aus den scheinbaren Sternkoordinaten die Tangentialkoordinaten $\bar{x}', \bar{y}'$ berechnen ohne Reduktion wegen Refraktion, man muß dann aber von den Bildkoordinaten $\bar{x}, \bar{y}$ die Einflüsse der Refraktion abziehen (123).

Die Formeln der affinen Transformation lauten

$$v_x = a\,\bar{x}' + b\,\bar{y}' + c - l_x\,, \qquad v_y = d\,\bar{x}' + e\,\bar{y}' + f - l_y \tag{126}$$

mit

$$\left.\begin{aligned} -\,l_x &= -\,(\bar{x}' - \bar{x}) + h_1\,(\bar{x}^2 + \bar{y}^2)\,\bar{x}\,, \\ -\,l_y &= -\,(\bar{y}' - \bar{y}) + h_1\,(\bar{x}^2 + \bar{y}^2)\,\bar{y}\,, \end{aligned}\right\} \tag{127}$$

indem man hier den Verzeichnungskoeffizienten h_1 als eine gegebene Größe betrachtet.

Die 6 Daten a, b, c, d, e, f (Plattenkonstanten) sind die Unbekannten des Problems, die durch eine Ausgleichung der Gleichungen (126), (127) zu bestimmen sind. Bei 6 Unbekannten genügen theoretisch 3 Anhaltssterne. Es empfiehlt sich aber sehr, wenigstens 6 Sterne einzuführen, um genügend Überbestimmungen zu haben.

Bei einer parallaktisch montierten Kamera kann man es einrichten, daß die $\bar{y}'$-Achse parallel der $\bar{y}$-Achse ist. Dann ist der Verkantungswinkel klein. Anderenfalls kann man einen Näherungswert für die Verkantung bestimmen, wie mit (141), (142) bei der photogrammetrischen Transformation später angegeben ist. Nach einer Verkantung der Bildkoordinaten oder der Tangentialkoordinaten um diesen Näherungswert kann man auf der rechten Seite der Gleichungen (126) in den Koeffizienten bei den Plattenkonstanten a, b, d, e den Wert $\bar{x}'$ durch $\bar{x}$ und $\bar{y}'$ durch $\bar{y}$ ersetzen.

Es kann sich auch empfehlen, an den Bildkoordinaten $\bar{x}, \bar{y}$ die Verbesserungen wegen der Verzeichnung $h_1\,(\bar{x}^2 + \bar{y}^2)\,\bar{x}$, $h_1\,(\bar{x}^2 + \bar{y}^2)\,\bar{y}$ anzubringen, wenn h_1 gegeben ist.

Man erhält dann $\bar{x}_k, \bar{y}_k$ und die Transformationsgleichung

$$v_x = a\,\bar{x}_k + b\,\bar{y}_k + c - \bar{x}'$$

und eine analoge für $\bar{y}_k$. Hier ist der Verkantungswinkel beliebig, und die Plattenkonstanten sind keine kleinen Werte.

Für die beiden Komponenten der Translation, für die Drehung und Maßstabänderung sind eigentlich insgesamt nur 4 unbekannte Parameter nötig. Es empfiehlt sich aber trotzdem, alle 6 Unbekannten als voneinander unabhängige Größen zu bestimmen, um solchen Fehlern, die andere Ursachen haben (Restfehler in der Differentialrefraktion, Filmschrumpfung u. a.), zu begegnen.

Die 6 Unbekannten der Gleichung (126) a, b, c, d, e, f werden durch eine Ausgleichung bestimmt. Hierbei können gegebenenfalls auch grobe Fehler, die bei der Identifikation der Sterne begangen worden sind, durch eine nach der Ausgleichung sich zeigende große Restabweichung v_x, v_y aufgedeckt und behoben werden.

6.7. Berechnung der Satellitenposition

Nachdem damit die mathematischen Beziehungen zwischen der $\bar{x}, \bar{y}$- und $\bar{x}', \bar{y}'$-Ebene und damit zwischen den $\bar{x}, \bar{y}$- und α, δ-Koordinaten der Sterne und des Satelliten hergestellt sind, können auch die Unterbrechungen der Satellitenspur, also die Bildkoordinaten des Satelliten $\bar{x}^s, \bar{y}^s$ in die $\bar{x}', \bar{y}'$-Ebene transformiert werden, um daraus die Rektaszension α^s und Deklination δ^s des Satelliten zu erhalten. Setzt man nach der Ausgleichung in (126) (127) die Bildkoordinaten des Satelliten $\bar{x}^s, \bar{y}^s$ ein, und setzt man die Koordinatenverbesserungen des Satelliten gleich Null ($v_x = v_y = 0$), so findet man daraus die Tangentialkoordinaten des Satelliten $\bar{x}'^s, \bar{y}'^s$.

Mit der Inversion (128) der Gleichungen (124)

$$\left.\begin{aligned} q &= \bar{D} + \operatorname{arc\,tan} \frac{\bar{x}'^s}{f}, \\ \tan(\alpha_0^s - \bar{A}) &= \frac{\bar{y}'^s}{f} \cos(q - \bar{D}) \sec q, \\ \tan \delta_0^s &= \tan q \cos(\alpha_0^s - \bar{A}) \end{aligned}\right\} \tag{128}$$

erhält man die Werte für die Rektaszension und Deklination des Satelliten α_0^s, δ_0^s, an denen aber noch Korrektionen wegen der Laufzeit des Lichtes und wegen der Refraktion (Parallaktische Refraktion) angebracht werden müssen. Bei sphärischen Ballonsatelliten tritt noch eine Reduktion auf den geometrischen Mittelpunkt des Zielpunktes auf (Reduktion wegen der Phase).

Die Reduktion für die Position des Satelliten wird in den 3 folgenden Abschnitten behandelt.

Bevor die durch Ausmessung einer Platte erhaltenen Bildkoordinaten des Satelliten $\bar{x}^s, \bar{y}^s$ bzw. $\bar{x}'^s, \bar{y}'^s$ nach (126) (127) und (128) weiter verwendet werden, kann es sich nach den Vorschlägen von Rinner und Wolf empfehlen, sie durch eine Ausgleichung der Bedingung zu unterwerfen, daß sie in der Bildebene auf einer Parabel oder einer geeigneten Kurve höherer Ordnung liegen, nachdem man an den Koordinaten in der Bildebene die Korrektionen wegen der Laufzeit des Lichtes, wegen der Refraktion und wegen der Phase angebracht hat.

Man kann auch zunächst α_0^s, δ_0^s nach (128) berechnen, dann die genannten 3 Korrektionen anbringen, und mit den nach (132a) sich ergebenden Werten α^s, δ^s analog (117a) die topozentrischen Einheitsvektoren zum Satelliten berechnen und diese der Bedingung unterwerfen, daß ihre Verlängerungen die Ellipsenbahn des Satelliten im Raum ohne Querfehler treffen („räumliche Glättung“).

6.8. Laufzeit des Lichtes

Die Korrektion wegen der Laufzeit des Lichtes kann man in zwei verschiedenen Formen berücksichtigen. Entweder man läßt die beobachtete Zeit unverändert und reduziert die Rektaszension und Deklination, oder man verändert die Zeit und läßt α und δ unverändert.

Ein bei der Kamera zur Zeit t_2 eintreffender vom Satelliten kommender Lichtstrahl hat dieses Objekt nämlich um $\frac{s}{c}$ Sekunden früher, zur Zeit t_1, verlassen, wenn s die Entfernung zum Satelliten und c die Lichtgeschwindigkeit ist.

Man muß also zur beobachteten Rektaszension und Deklination die Beträge

$$\Delta\alpha_1^s = \alpha^{\cdot 0} \cdot \frac{s}{c} \quad \text{und} \quad \Delta\delta_1^s = \delta^{\cdot} \cdot \frac{s}{c} \tag{129}$$

hinzufügen, wenn sie sich auf die Zeit t_2 beziehen sollen. Die zeitlichen Ableitungen von α und δ kann man mittels der Aufnahme aus einer Serie von Spurunterbrechungen durch Auswertung der Reihen zugehöriger α, δ- und t-Werte ermitteln.

Man kann sich auch von der Bestimmung dieser $\alpha^{\cdot}$, $\delta^{\cdot}$-Werte freimachen und lediglich die Zeit verändern, indem man von der Zeit, zu der die vom Satelliten kommende Lichtwelle die Station erreicht, die Laufzeit des Lichtes $\frac{s}{c}$ abzieht, ein Betrag, der etwa 2 bis 10 ms erreichen kann.

$$t_1 = t_2 - \frac{s}{c}\,.$$

6.9. Parallaktische Refraktion (Raketenrefraktion)

Nimmt man an, daß die in (124) eingeführten Sternkoordinaten α, δ wegen des Einflusses der astronomischen Refraktion nach (121) reduziert worden sind, also nach (123a) erhalten wurden, und hat man weiter mit (126), (127), (128) die α_0^s, δ_0^s-Werte des Satelliten berechnet, so müssen diese Werte der Rektaszension und Deklination des Satelliten auch vom Einfluß der Refraktion befreit werden, wenn man räumliche Polarkoordinaten für die Berechnung des zum Satelliten weisenden Einheitsvektors entsprechend den Formeln von der Form (117a) erhalten will.

Die Reduktion wegen der Refraktion gestaltet sich bei einem Satelliten etwas anders als bei einem Stern, weil der Lichtstrahl hier nicht die ganze Atmosphäre, sondern nur den Weg vom Satelliten bis zur Station durcheilt. Die Refraktion verringert daher die Zenitdistanz des Satelliten lediglich um den Betrag

$$r^s = r^* - \Delta r\,. \tag{130}$$

Die astronomische Refraktion r^* kann der Gleichung (120) entnommen werden. Die parallaktische Refraktion Δr erreicht nur selten 2″ und hat nach Veis die fast immer genügende Formel

$$\Delta r = k_3 \frac{1}{s} \tan Z \sec Z\,[1 + k_4\,(2 \sec^2 Z + \tan^2 Z)]\,(1 - e^{-0{,}1385 h})\,, \tag{131}$$

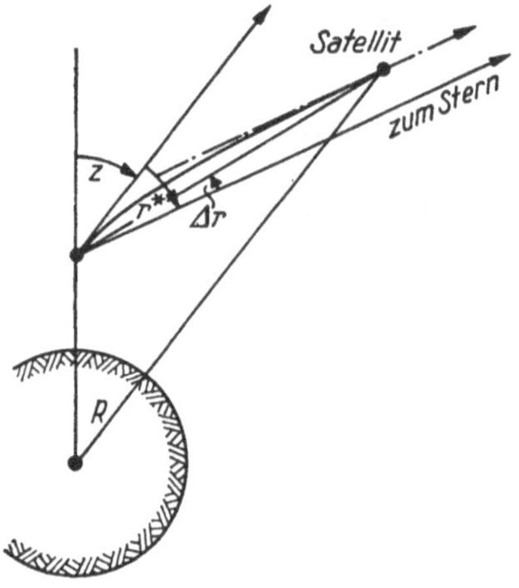

Abb. 20. Astronomische Refraktion r^* und parallaktische Refraktion Δr

wenn s wieder die Entfernung zum Satelliten ist und $k_3 = 435{,}0$ [″km⁻¹], $k_4 = -0{,}00113$ [km⁻¹]. e ist in (131) die Basis der natürlichen Logarithmen, s kann man aus den Bahnelementen des Satelliten und den Stationskoordinaten oder der Höhe h des Satelliten über der Beobachtungsstation und der Zenitdistanz berechnen nach der Formel

$$s = 6370\left[\sqrt{2\,\bar{h} + \bar{h}^2 + \cos^2 Z} - \cos Z\right],$$

$$\bar{h} = \frac{h}{6370}\,.$$

Ist die Höhe des Satelliten nicht kleiner als 1000 km und sind die Zenitdistanzen nicht größer als 45°, so gilt meistens in genügender Annäherung

$$\Delta r \cong \varrho'' \frac{2{,}33}{h} \tan Z\,. \tag{131a}$$

h ist in (131) in km und in (131a) in Metern gemessen.

Ersetzt man in (121) den Wert von r^* durch den von $-r^s$, so erhält man den Reduktionsbetrag der Rektaszension $\Delta\alpha_2^s$ und Deklination $\Delta\delta_2^s$, durch den die Position des Satelliten von der Refraktion befreit wird. Will man diese Reduktion nicht an den α- und δ-Werten des Satelliten, sondern an seinen Tangentialkoordinaten $\bar{x}'$, $\bar{y}'$ anbringen, so kann man auch hier die Formeln (123) benutzen, wenn nur wieder r^* durch $-r^s$ ersetzt wird.

6.10. Reduktion wegen der Phase des Satelliten

Der Punkt, der sich als Position des Satelliten auf der Photoplatte abbildet, kommt von dem das Sonnenlicht reflektierenden Teil der Satellitenoberfläche und nicht vom geometrischen Mittelpunkt des Satelliten. Da der Durchmesser des Ballonsatelliten Echo 1 beispielsweise etwa 30 m beträgt, kann die Exzentrizität des Zielpunktes durchaus mehrere Meter erreichen. Die Phase des Satelliten sollte daher bei Präzisionsbeobachtungen berücksichtigt werden, wenn auch die Ballonsatelliten nach einer gewissen Lebenszeit nicht mehr streng sphärisch sind, wie man aus photometrischen Beobachtungen weiß (Abb. 18).

Ist der beobachtete topozentrische Ortsvektor des Satelliten $\boldsymbol{a}$ im momentanen astronomischen Koordinatensystem x'', y'', z'' gegeben (104), so ist der Radiusvektor der Sonne in diesem System

$$\boldsymbol{r}_\odot = \begin{Bmatrix} \cos\delta_\odot \cos\alpha_\odot \\ \cos\delta_\odot \sin\alpha_\odot \\ \sin\delta_\odot \end{Bmatrix}.$$

Die Koordinaten der Sonne $\alpha_\odot$, $\delta_\odot$ können einem Jahrbuch entnommen werden.

Der auf den Mittelpunkt des Satelliten zentrierte Beobachtungsvektor ist dann

$$\bar{\boldsymbol{a}} = \frac{\boldsymbol{a} + \dfrac{R_s}{s} \dfrac{\boldsymbol{a} - \boldsymbol{r}_\odot}{|\boldsymbol{a} - \boldsymbol{r}_\odot|}}{\left|\boldsymbol{a} + \dfrac{R_s}{s} \dfrac{\boldsymbol{a} - \boldsymbol{r}_\odot}{|\boldsymbol{a} - \boldsymbol{r}_\odot|}\right|}, \tag{132}$$

wenn R_s der Radius des Satelliten und s seine Entfernung von der Beobachtungsstation sind. Will man die Transformation vom Vektor $\boldsymbol{a}$ zum Vektor $\bar{\boldsymbol{a}}$ nicht mittels Gleichung (132) vollziehen, sondern durch kleine Änderungen in der Rektaszension und Deklination, so kommt der Übergang vom Vektor $\boldsymbol{a}$ zum Vektor $\bar{\boldsymbol{a}}$ einer Änderung der Rektaszension und Deklination um $\Delta\alpha_3^s$ und $\Delta\delta_3^s$ gleich. Ist der Unterschied zwischen den normierten Vektoren $\bar{\boldsymbol{a}}$ und $\boldsymbol{a}$ gleich

$$\bar{\boldsymbol{a}} - \boldsymbol{a} = \begin{pmatrix} \delta x_a \\ \delta y_a \\ \delta z_a \end{pmatrix},$$

so gilt

$$\Delta\alpha_3^s = -\frac{1}{\cos\delta \sin\alpha}[\delta x_a + \tan\delta \cos\alpha\, \delta z_a] =$$

$$= \frac{1}{\cos\delta \cos\alpha}[\delta y_a + \tan\delta \sin\alpha\, \delta z_a],$$

$$\Delta\delta_3^s = \frac{1}{\cos\delta}\delta z_a .$$

Für die reduzierten Koordinaten des Satelliten gilt also

$$\left.\begin{aligned} \alpha^s &= \alpha_0^s + \Delta\alpha_1^s + \Delta\alpha_2^s + \Delta\alpha_3^s, \\ \delta^s &= \delta_0^s + \Delta\delta_1^s + \Delta\delta_2^s + \Delta\delta_3^s. \end{aligned}\right\} \tag{132a}$$

6.11. Perspektivische (photogrammetrische) Transformationsformeln

Bei Kameras mit kleiner Öffnung bis zu etwa $10° \times 10°$ kommt man mit den affinen Transformationsformeln (126) meistens aus. Bei einer Kamera mit sehr großem Bildwinkel wird es sich empfehlen, die Abbildungsgleichungen (126) um quadratische Ausdrücke zu erweitern.

$$\left.\begin{aligned} v_x &= a\,\bar{x}' + b\,\bar{y}' + a_{11}\,\bar{x}'^2 + a_{22}\,\bar{y}'^2 + a_{12}\,\bar{x}'\,\bar{y}' + c - l_x\,, \\ v_y &= d\bar{x}' + e\,\bar{y}' + d_{11}\,\bar{x}'^2 + d_{22}\,\bar{y}'^2 + d_{12}\,\bar{x}'\,\bar{y}' + f - l_y\,. \end{aligned}\right\} \qquad (133)$$

Man ist dann auch genötigt, die Verzeichnung durch einen vielgliedrigen Ausdruck (125) und nicht nur durch h_1 allein darzustellen. Bei einem großen Bildwinkel wird man ferner die Rektaszension und Deklination $\bar{A}$ und $\bar{D}$ des Tangentialpunktes sehr genau bestimmen müssen. So entsteht der Wunsch, Korrektionen für diese beiden Werte $\bar{A}$ und $\bar{D}$ gleich im Zuge der Ausgleichung mit zu bestimmen, ein Vorhaben, das im Rahmen der Analyse der Gleichungen (133) im Prinzip durchaus möglich ist, wenn auch nur nach einigen zusätzlichen Überlegungen.

Einer so schematischen Erweiterung der Gleichungen (126) zu den Beziehungen (133) wird entgegengehalten, daß die perspektivischen Beziehungen nicht genügend beachtet würden. In Verfolgung dieser Gedanken wird man zu einer Auswertung der Bilder nach photogrammetrischen Grundsätzen geführt.

Geht man diesen Weg, so berechnet man zunächst aus der nach (123a) reduzierten Rektaszension α und Deklination δ des Sternes dessen räumlichen topozentrischen Einheitsvektor nach (134)

$$\boldsymbol{a} = \begin{pmatrix} x'' = \cos\delta\,\cos\alpha \\ y'' = \cos\delta\,\sin\alpha \\ z'' = \sin\delta \end{pmatrix}, \qquad (134)$$

andererseits hat man den Stern im System der Bildkoordinaten ausgemessen

$$\begin{pmatrix} \bar{x} \\ \bar{y} \\ -f \end{pmatrix}, \qquad (135)$$

wobei f wieder die Brennweite der Kamera ist (Abb. 19). Die Koordinaten des x'', y'', z''-Systems der Gleichung (134) lassen sich durch eine Matrizenmultiplikation und durch Multiplikation mit einem skalaren Faktor k, $k^2 = m^2 + n^2 + q^2$, in die Koordinaten

$$\begin{pmatrix} m \\ n \\ q \end{pmatrix}$$

eines anderen Systems überführen, das mit dem System der Bildkoordinaten $\bar{x}, \bar{y}, -f$ identisch ist, jedenfalls soweit man von der Verzeichnung der Optik, den zufälligen Fehlern und anderen kleinen Korrektionen absieht.

$$\begin{pmatrix} m \\ n \\ q \end{pmatrix} \cong k\,\boldsymbol{L} \begin{pmatrix} x'' \\ y'' \\ z'' \end{pmatrix}. \tag{136}$$

Die Matrix $\boldsymbol{L} = \boldsymbol{L}(\bar{\psi}, \bar{\varphi}, \bar{\Theta})$ bedeutet eine Drehung des x'', y'', z''-Systems um die y''-Achse im Uhrzeigersinn um den Winkel $\bar{\Theta}$, gefolgt von einer entsprechenden Drehung um die neue x''-Achse um den Winkel $\bar{\varphi}$, der sich schließlich die Kantung um die neue z''-Achse um den Winkel $\bar{\psi}$ (rechtsläufig) anschließt. Mit den früher eingeführten Rotationsmatrizen (25), (26), (27) ist

$$\boldsymbol{L} = \boldsymbol{R}_z(-\bar{\psi})\,\boldsymbol{R}_x(-\bar{\varphi})\,\boldsymbol{R}_y(-\bar{\Theta})\,. \tag{137}$$

Die Elemente dieser Matrix sind

$$\begin{aligned}
l_{11} &= \cos\bar{\psi}\cos\bar{\Theta} - \sin\bar{\psi}\sin\bar{\varphi}\sin\bar{\Theta}\,,\\
l_{12} &= -\sin\bar{\psi}\cos\bar{\varphi}\,,\\
l_{13} &= \cos\bar{\psi}\sin\bar{\Theta} + \sin\bar{\psi}\sin\bar{\varphi}\cos\bar{\Theta}\,,\\
l_{21} &= \sin\bar{\psi}\cos\bar{\Theta} + \cos\bar{\psi}\sin\bar{\varphi}\sin\bar{\Theta}\,,\\
l_{22} &= \cos\bar{\psi}\cos\bar{\varphi}\,,\\
l_{23} &= \sin\bar{\psi}\sin\bar{\Theta} - \cos\bar{\psi}\sin\bar{\varphi}\cos\bar{\Theta}\,,\\
l_{31} &= -\sin\bar{\Theta}\cos\bar{\varphi}\,,\\
l_{32} &= \sin\bar{\varphi}\,,\\
l_{33} &= \cos\bar{\varphi}\cos\bar{\Theta}\,.
\end{aligned}$$

Die Parameter $\bar{\psi}, \bar{\varphi}, \bar{\Theta}$ gehören zu den Unbekannten des Problems, von denen man zu Beginn der Berechnung Näherungswerte $\bar{\psi}_0, \bar{\varphi}_0, \bar{\Theta}_0$ kennen muß. $\bar{\varphi}_0$ und $\bar{\Theta}_0$ ergeben sich aus der Bedingung, daß die $\bar{x}, \bar{y}$-Koordinaten des Bildhauptpunktes H gleich Null sein müssen. Nach (136) sind die Näherungskoordinaten des Bildhauptpunktes, ausgedrückt durch die Elemente der Rotationsmatrix $\boldsymbol{L}$ $(m = n = 0,\ k = -q = f)$

$$\left.\begin{aligned}
x''_H &= \sin\bar{\Theta}_0\cos\bar{\varphi}_0\,,\\
y''_H &= -\sin\bar{\varphi}_0\,,\\
z''_H &= -\cos\bar{\Theta}_0\cos\bar{\varphi}_0\,.
\end{aligned}\right\} \tag{138}$$

Im x'', y'', z''-System lassen sich die Näherungskoordinaten von H aus der Rektaszension und Deklination $\bar{A}$ und $\bar{D}$ dieses Punktes ermitteln, nachdem man diese beiden Werte entsprechend den im Anschluß an Gleichung (124) gemachten Hinweisen bestimmt hat (vgl. Abb. 19).

$$\left.\begin{aligned} x''_H &= \cos \bar{D} \cos \bar{A}\,, \\ y''_H &= \cos \bar{D} \sin \bar{A}\,, \\ z''_H &= \sin \bar{D}\,. \end{aligned}\right\} \tag{139}$$

Kennt man den Höhenwinkel h und das Azimut A der Achse der Kamera und die Sternzeit Θ der Aufnahme, so kann man $\bar{A}$ und $\bar{D}$ auch aus den Formeln (124b) errechnen und der Beziehung

$$\sin \bar{D} = \sin \varphi' \sin h + \cos \varphi' \cos h \cos A\,.$$

Aus einem Vergleich von (138) und (139) folgen $\bar{\varphi}_0$ und $\bar{\Theta}_0$ als Funktionen von $\bar{A}$ und $\bar{D}$

$$\left.\begin{aligned} \sin \bar{\varphi}_0 &= -\cos \bar{D} \sin \bar{A}\,, \\ \cos \bar{\varphi}_0 &= \frac{-\sin \bar{D}}{\cos \bar{\Theta}_0}\,, \\ \tan \bar{\Theta}_0 &= -\cot \bar{D} \cos \bar{A}\,. \end{aligned}\right\} \tag{140}$$

Es gilt nun noch, einen Näherungswert für den Verkantungswinkel $\bar{\psi} \cong \bar{\psi}_0$ zu ermitteln.

Durch Multiplikation mit der Matrix $\boldsymbol{L}_1 = \boldsymbol{L}\,(\bar{\psi} = 0, \bar{\varphi}_0, \bar{\Theta}_0)$ werden die x'', y'', z''-Koordinaten in die Werte m_1, n_1, q_1 transformiert. Greift man einen Stern S heraus, der nicht zu nahe am Bildhauptpunkt H liegt, so hat man für ihn in der Bildebene zwei Koordinatenpaare

$$\begin{pmatrix} m_1 \\ n_1 \end{pmatrix} \quad \text{und} \quad \begin{pmatrix} \bar{x} \\ \bar{y} \end{pmatrix} \cong \begin{pmatrix} m \\ n \end{pmatrix},$$

die um den Winkel $\bar{\psi}$ gegeneinander verkantet sind.

Es gilt die Beziehung, Abb. 21,

$$\begin{pmatrix} \bar{x} \\ \bar{y} \end{pmatrix} \cong \begin{pmatrix} \cos \bar{\psi}_0 & -\sin \bar{\psi}_0 \\ +\sin \bar{\psi}_0 & \cos \bar{\psi}_0 \end{pmatrix} \begin{pmatrix} m_1 \\ n_1 \end{pmatrix}, \tag{141}$$

und man erhält die folgende Gleichung für den Näherungswert der Verkantung $\bar{\psi}_0$:

$$\tan \bar{\psi}_0 = -\frac{\bar{x}\, n_1 - \bar{y}\, m_1}{\bar{x}\, m_1 + \bar{y}\, n_1}\,. \tag{142}$$

So folgt die benötigte Näherungsdarstellung der Rotationsmatrix $\boldsymbol{L}$, also $\boldsymbol{L}_0$.

$$\begin{aligned} \boldsymbol{L}_0 &= \boldsymbol{L}\,(\bar{\psi}_0, \bar{\varphi} = 0, \bar{\Theta} = 0) \cdot \boldsymbol{L}\,(\bar{\psi} = 0, \bar{\varphi}_0, \bar{\Theta}_0) = \\ &= \boldsymbol{R}_z\,(-\bar{\psi}_0)\, \boldsymbol{R}_x\,(-\bar{\varphi}_0)\, \boldsymbol{R}_y\,(-\bar{\Theta}_0)\,. \end{aligned}$$

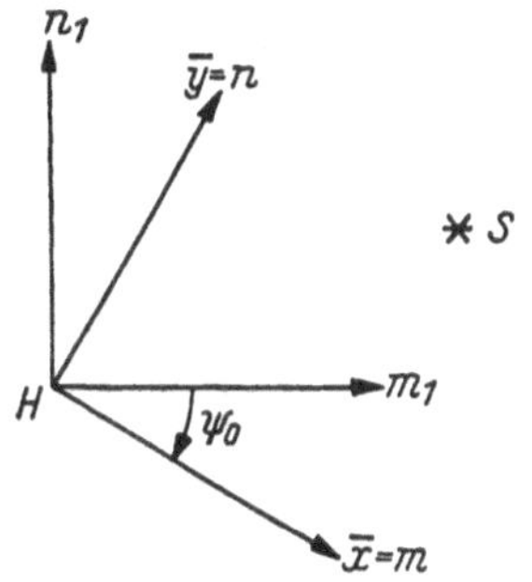

Abb. 21

Nachdem somit ein Näherungswert für die Matrix $\boldsymbol{L}$ bekannt ist, kann man die Gleichungen (135) und (136) miteinander vereinigen. Es ist

$$\begin{pmatrix} \bar{x} \\ \bar{y} \\ -f \end{pmatrix} \cong \begin{pmatrix} m \\ n \\ q \end{pmatrix} \cong k\, \boldsymbol{L}_0 \begin{pmatrix} x'' \\ y'' \\ z'' \end{pmatrix}.$$

Fügt man zu den Bildkoordinaten $\bar{x}, \bar{y}$ noch die Verzeichnung der Optik hinzu, dividiert man die erste und zweite Gleichung durch die dritte, führt man ferner kleine Änderungen in den Koordinaten des Bildhauptpunktes ein $(\Delta\bar{x}_H, \Delta\bar{y}_H)$, so folgt

$$\left.\begin{aligned} \varepsilon_x &= (\bar{x} - \Delta x_H)\left(1 + \sum_i h_i \bar{r}^{2i}\right) + f\frac{m}{q} \equiv F\,, \\ \varepsilon_y &= (\bar{y} - \Delta\bar{y}_H)\left(1 + \sum_i h_i \bar{r}^{2i}\right) + f\frac{n}{q} \equiv G\,. \end{aligned}\right\} \tag{143}$$

Die $\varepsilon_x, \varepsilon_y$ sind zufällige Variable, die der Ausgleichung unterworfen werden.

Schließlich muß noch berücksichtigt werden, daß die Werte von m, n, q in (143) mittels der Matrix $\boldsymbol{L}_0$ aus den Näherungswerten $\bar{\psi}_0, \bar{\varphi}_0, \bar{\Theta}_0$ der Parameter $\bar{\psi}, \bar{\varphi}, \bar{\Theta}$ berechnet werden, so daß noch zu den genauen Werten $\bar{\psi}, \bar{\varphi}, \bar{\Theta}$ übergegangen werden muß. Ferner ist zu bedenken, daß f nicht fehlerfrei gegeben ist, und daß ebenfalls für die h_i-Werte Korrektionen zu bestimmen sind. Sind F_0, G_0 die auf die Näherungswerte dieser Parameter bezogenen Werte der Gleichung (143), so folgt

$$\begin{aligned} \varepsilon_x = F_0 &+ \frac{\partial F}{\partial \bar{x}_H}\Delta\bar{x}_H + \frac{\partial F}{\partial \bar{y}_H}\Delta\bar{y}_H + \frac{\partial F}{\partial f}\Delta f + \frac{\partial F}{\partial \bar{\psi}}\Delta\bar{\psi} + \frac{\partial F}{\partial \bar{\varphi}}\Delta\bar{\varphi} + \\ &+ \frac{\partial F}{\partial \bar{\Theta}}\Delta\bar{\Theta} + \frac{\partial F}{\partial h_1}\Delta h_1 + \frac{\partial F}{\partial h_2}\Delta h_2 + \cdots \end{aligned} \tag{144}$$

Ersetzt man x durch y und F durch G, so ergibt sich der analoge Ausdruck für die $\bar{y}$-Komponente. Die Koeffizienten von (144) berechnen sich im einzelnen wie folgt (wenn man zur Vereinfachung der Schreibweise immer für $\bar{x}$, $\bar{y}$, $\bar{r}$ einfach x, y, r setzt):

$$\left.\begin{aligned}
\frac{\partial F}{\partial x_H} &= -\Big(1 + \sum_i h_i\, r^{2i}\Big) - 2\,x^2 \sum_i i\, h_i\, r^{2(i-1)}\,,\\
\frac{\partial F}{\partial y_H} &= -\,2\,x\,y \sum_i i\, h_i\, r^{2(i-1)}\,,\\
\frac{\partial F}{\partial f} &= +\,\frac{m}{q}\,,\\
\frac{\partial F}{\partial h_1} &= x\,r^2\,,\\
\frac{\partial F}{\partial h_2} &= x\,r^4\,,\\
&\dots
\end{aligned}\right\} \qquad (145)$$

Die analogen Ausdrücke für die Ableitungen der Gleichung G ergeben sich, indem man in (145) F durch G, x durch y, y durch x, m durch n ersetzt.

Die Ableitungen nach den Parametern $\bar{\psi}$, $\bar{\varphi}$, $\bar{\Theta}$ werden hier nicht gegeben, man kann sie in einer elektronischen Rechenmaschine aus den betreffenden Differenzenquotienten der Ausdrücke $\frac{m}{q}$ und $\frac{n}{q}$ erhalten.

Die ausführlichen Formeln finden sich bei Currie, Deker, Schmid.

Es empfiehlt sich nicht, in die Ausgleichung mit $h_1 = 0$ als Näherungswert für den ersten Verzeichnungskoeffizienten einzugehen, sondern mit einem besseren Näherungswert, weil eine eventuell sich später anschließende iterative Wiederholung der Ausgleichung nicht konvergiert, wenn $|2\,h_1 f^2| \geqq 1$ ist, wie Currie beweist. Bei der englischen Schmidt-Kamera ist beispielsweise $f = 0{,}6\ m$, $h_1 = -\,2\ m^{-2}$, also $|2\,h_1 f^2| \cong 1{,}4$.

Eine Ausgleichung nach der Gleichung (144) dürfte auch bei großen Bildwinkeln allen Anforderungen gerecht werden.

Man kann bei diesem photogrammetrischen Verfahren den Refraktionskoeffizienten k_1 der Gleichung (120) im Rahmen der Ausgleichung neu bestimmen.

Man kann auch in der $\bar{x}$-Richtung eine andere Maßstabsverzerrung einführen als in der $\bar{y}$-Richtung, also noch eine affine Transformation einschalten, indem man für die $\bar{x}$-Komponente einen anderen Wert für f zuläßt als in der $\bar{y}$-Komponente (f_x, f_y).

Ebenso kann man die Fehler des Komparators, mit dem die Bilder ausgemessen werden, insbesondere eine mangelnde Orthogonalität seiner Achsen, als Unbekannte in die Ausgleichung einführen; sofern diese Korrektionen nicht schon vorher durch eine spezielle Untersuchung des Komparators bestimmt und an den Bildkoordinaten a priori angebracht worden sind.

Führt man aber die Weiterungen, die mit dem Übergang vom System (126) zum System (144) verbunden sind, bei einer Kamera ein, deren Gesichtsfeld kleiner als etwa $10° \times 10°$ ist, so wird man zu Schwierigkeiten geführt, weil sich die Unbekannten nicht mehr trennen lassen.

Diese Rechnungen selbst werden selbstverständlich mit einer elektronischen Rechenmaschine auszuführen sein. Um objektiv feststellen zu können, wieweit die Ergebnisse der Ausgleichung nach (126) oder (144) wirklich befriedigen, empfiehlt es sich sehr, vom Rechenautomaten die nach der Ausgleichung übrigbleibenden Fehler der Sternkoordinaten in der Bildebene (v_x, v_y) mit ausdrucken zu lassen. Gegebenenfalls ist eine Nachiteration notwendig.

6.12. Geometrische Sichtbarkeitsbedingungen für die Position des Satelliten bei Simultanbeobachtungen an zwei Stationen

Die Durchführung einer Kampagne zur Beobachtung eines oder mehrerer Satelliten an einer Station oder an einer größeren Anzahl von Stationen bedarf eingehender Vorbereitungen, die vor allem bei internationaler Zusammenarbeit mehrere Monate vorher erfolgen müssen.

Bei Simultanbeobachtungen von Ballonsatelliten an mehreren Stationen muß zunächst ein geeigneter Satellit ausgewählt werden. Sind die Beobachtungsstationen um nicht mehr als etwa 1000 bis 1500 km voneinander entfernt, so empfehlen sich die relativ niedrigen Satelliten Echo 1 und Echo 2 mehr als PAGEOS, weil man dann günstigere und nicht zu spitze Schnittwinkel der Beobachtungsvektoren hat. Mit PAGEOS dagegen hat man die Möglichkeit, weite Entfernungen bis zu etwa 6000 Kilometer überbrücken zu können.

Abbildung 22 zeigt, wie sich bei Simultanbeobachtungen die Zenitdistanzen der Satelliten Echo 1, Echo 2, PAGEOS in Abhängigkeit von der gegenseitigen Entfernung beider Stationen verändern, wenn der Satellit sich in der Mitte zwischen den beiden Stationen befindet. Die Berechnung des Diagramms der Abb. 22 erfolgte nach der Formel

$$\cot Z = \frac{1}{\sin \psi} \left[\cos \psi - \frac{R_E}{R_E + h} \right],$$

wenn ψ der sphärische Abstand zwischen der Beobachtungsstation und dem Subsatellitenpunkt ist.

6.13. Simultaneität der Beobachtungen

Soll ein Satellit bei den später zu besprechenden Verfahren der kosmischen Triangulation auf mehreren Stationen gleichzeitig beobachtet werden, so empfiehlt es sich, daß alle Stationen nach Möglichkeit das gleiche Zeitzeichen verwenden, am besten ein in Abständen von einer Sekunde ausgesandtes Dauerzeitzeichen. Dadurch wird man unabhängig von den Differenzen der verschiedenen Zeitzeichensysteme, und man muß lediglich die Laufzeit der Radiowellen für den Weg von der Sendestation bis zur Beobachtungsstation berücksichtigen.

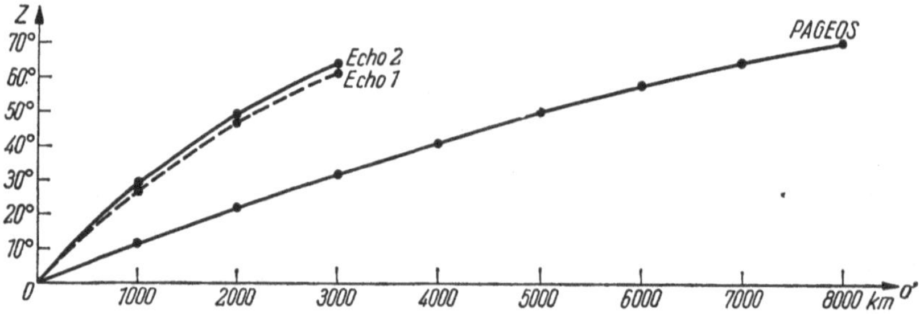

Abb. 22. Zur Simultanbeobachtung von Satelliten, die sich in der Mitte zwischen zwei Beobachtungsstationen befinden.
Z: Zenitdistanz des Satelliten,
σ: Entfernung zwischen den beiden Stationen.
Höhe der Satelliten: Echo 1: 1200 km, Echo 2: 1100 km, PAGEOS: 4200 km

Während der Beobachtung wird die Satellitenspur in der photographischen Platte durch den Verschluß in gleichmäßigen Abständen von beispielsweise 1 s unterbrochen, und die Mittelpunkte dieser Unterbrechungen stellen die Beobachtungspunkte dar. Es ist allerdings praktisch kaum möglich, auf allen beteiligten Stationen eine Synchronisation der Verschlüsse auf 1 ms genau herzustellen, so daß daher an den verschiedenen Stationen die Beobachtungszeiten um Bruchteile der Sekunde voneinander abweichen. Man hat also immer nur quasisimultane Beobachtungen, die nur innerhalb von maximal einer halben Sekunde gleichzeitig erfolgen, wenn die Satellitenspur jede Sekunde unterbrochen wird. Durch lineare oder quadratische Interpolation der Zeit und der Bildkoordinaten $\bar{x}$, $\bar{y}$ des Satelliten oder seiner Rektaszension α und Deklination δ zwischen zwei Spurunterbrechungen kann man immer innerhalb von 1 ms simultane Beobachtungen rechnerisch erhalten.

Man kann auch die zu den Spurunterbrechungen einer Aufnahme gehörigen Werte für die Zeit und die $\bar{x}$, $\bar{y}$- oder α, δ-Koordinaten des Satelliten

$$t_1, t_2, t_3, \ldots, t_n;$$
$$\bar{x}_1, \bar{x}_2, \bar{x}_3, \ldots, \bar{x}_n;$$
$$\bar{y}_1, \bar{y}_2, \bar{y}_3, \ldots, \bar{y}_n;$$
$$\alpha_1, \alpha_2, \alpha_3, \ldots, \alpha_n;$$
$$\delta_1, \delta_2, \delta_3, \ldots, \delta_n$$

in eine Potenzreihe nach der Zeit entwickeln, wenn t_0 die Bezugszeit ist.

$$\bar{x} = \bar{x}^0 + \xi_1 (t - t_0) + \xi_2 (t - t_0)^2 + \cdots.$$

Die Koeffizienten dieser Potenzreihe ergeben sich aus einer Ausgleichung.

Analoge Ausdrücke gelten für $\bar{y}$, α, δ.

Berechnet man aus diesen Potenzreihenentwicklungen für alle an den Simultanbeobachtungen beteiligten Stationen zur gleichen Zeit t die Satellitenkoordinaten, so ist auch auf diesem Wege die Simultaneität erreicht.

Im Rahmen der Ausgleichung zur Bestimmung der Koeffizienten dieser Potenzreihe wird auch über die Bildunruhe des Bildes des Satelliten (Richtungsszintillation) gemittelt, wodurch eine Genauigkeitssteigerung erzielt wird.

6.14. Ephemeridenrechnungen, Bedingungen für die Sichtbarkeit des Satelliten auf einer Station

Um den Satelliten am Himmel überhaupt auffinden zu können, ist es nötig, dem Beobachter genäherte Ephemeriden zur Verfügung zu stellen in Form von topozentrischen Zeitdistanzen Z und Azimuten A und den zugehörigen Zeitmomenten t. Manche Ephemeridenzentren berechnen auch die Entfernung s zum Satelliten. Es genügt meistens, wenn Z und A auf $\pm 1°$ und t auf 0,5 min genau berechnet werden.

Aus genäherten Bahnelementen der Form

$$\left.\begin{aligned} a &= \text{konst.}\,, \\ e &= \text{konst.}\,, \\ \omega &= \omega_0 + \omega_1 (t - t_0)\,, \\ i &= \text{konst.}\,, \\ \Omega &= \Omega_0 + \Omega_1 (t - t_0)\,, \\ M &= M_0 + M_1 (t - t_0) + M_2 (t - t_0)^2\,, \\ \Theta &= \Theta_0 + \Theta_1 (t - t_0) \end{aligned}\right\} \tag{146}$$

errechnet man mit (24) die Position des Satelliten x, y, z zur vorgegebenen Zeit t. Sind X, Y, Z die erdfesten geozentrischen Koordinaten der Station und ist $\boldsymbol{R}_z(\Theta)$ die Rotationsmatrix für die Transformation vom astronomischen x, y, z-System in das System X, Y, Z, dann ist durch die folgende Gleichung

$$\boldsymbol{R}_z(\Theta) \begin{pmatrix} x \\ y \\ z \end{pmatrix} - \begin{pmatrix} X \\ Y \\ Z \end{pmatrix} = s \cdot \boldsymbol{a} \tag{147}$$

der zum Satelliten weisende Vektor $s \cdot \boldsymbol{a}$ im erdfesten System bestimmt, aus dessen Normierung man den Beobachtungsvektor im erdfesten System $\boldsymbol{a}$ erhält. Die Zenitdistanz Z findet man aus dem folgenden Skalarprodukt, wenn man die Richtung zum Zenit genähert durch die Richtung des geozentrischen Radiusvektors ersetzt.

$$\boldsymbol{a} \cdot \frac{1}{R_E} \begin{pmatrix} X \\ Y \\ Z \end{pmatrix} = \cos Z\,.$$

X, Y, Z auf der linken Seite sind hier die geozentrischen Koordinaten der Beobachtungsstation im erdfesten System. Auf der rechten Seite steht der Cosinus der Zenitdistanz.

Man kann auch den Vektor $\boldsymbol{a}$ von dem auf den Äquator bezogenen erdfesten System X, Y, Z in ein ebenfalls an der Erdrotation teilnehmendes rechtwinkliges System transformieren, dessen Grundebene die Horizontalebene (X', Y'-Ebene) der Beobachtungsstation mit der geographischen Breite φ_0' und der Länge λ_0 ist; die Z'-Achse zeigt zum Zenit.

Man gelangt vom X, Y, Z-System zum X', Y', Z'-System, wenn man um die Z-Achse im Gegenuhrzeigersinn um den Winkel λ_0 dreht, was durch Multiplikation mit $\boldsymbol{R}_z(\lambda_0)$ erreicht wird, und indem man anschließend das so erhaltene System um seine neue Y-Achse im Gegenuhrzeigersinn um $90° - \varphi_0'$ dreht. Das bedeutet eine Multiplikation mit $\boldsymbol{R}_y\,(90° - \varphi_0')$. Schließlich wird noch mit $\boldsymbol{R}_z(90°)$ multipliziert, so daß die X'-Achse nach Osten und die Y'-Achse nach Norden zeigt.

$$\begin{pmatrix} X' \\ Y' \\ Z' \end{pmatrix} = \boldsymbol{R}_z(90°)\,\boldsymbol{R}_y\,(90° - \varphi_0')\,\boldsymbol{R}_z(\lambda_0) \begin{pmatrix} X \\ Y \\ Z \end{pmatrix}. \tag{148}$$

Transformiert man mit (148) die durch (147) erhaltenen Koordinaten des Vektors $\boldsymbol{a}$ in das horizontale System, so erhält man als Koordinaten von $\boldsymbol{a}$ die Werte X_a', Y_a', Z_a'. So gilt für das Azimut A und die Zenitdistanz Z

$$X_a' = \sin Z \sin A\,, \qquad Y_a' = \sin Z \cos A\,, \qquad Z_a' = \cos Z\,, \tag{149}$$

wenn das Azimut A von Norden im Uhrzeigersinn gezählt wird. Also

$$\cos Z = Z_a'\,, \qquad \tan A = \frac{X_a'}{Y_a'}\,. \tag{150}$$

Die Entfernung s zum Satelliten ist der absolute Betrag der rechten Seite der Vektorgleichung (147).

Nicht jede Satellitenposition ist aber der Beobachtung zugänglich, daher werden die Ephemeridenrechnungen von drei Bedingungen für die Position des Satelliten beherrscht.

1. Die Zenitdistanz des Satelliten soll wegen der Refraktion nicht größer als Γ_1 sein,

$$\Gamma_1 = 60° \text{ oder } 70°\,, \qquad Z \leqq \Gamma_1\,. \tag{151}$$

2. Die Sonne soll sich wenigstens um den Winkel Γ_2 unter dem Horizont befinden. Häufig setzt man

$$\Gamma_2 = 12°\,, \tag{152}$$

bei lichtstarken Kameras und hellen Satelliten kommt man auch mit $\Gamma_2 = 10°$ aus.

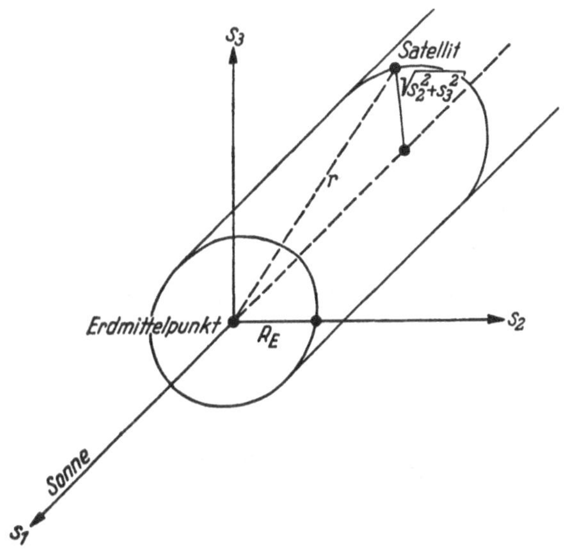

Abb. 23. Zur Bestimmung des Teiles der Satellitenbahn, der sich im Erdschatten befindet

Ist die Kamera parallaktisch montiert, hat sie eine lichtstarke Optik, und beobachtet man Ballonsatelliten, dann kann man auch $\Gamma_2 = 9°$ setzen.

3. Schließlich darf sich der Satellit nicht im Schatten der Erde befinden.

Ist $\boldsymbol{r}$ der Radiusvektor des Satelliten, $\boldsymbol{r}_\odot$ der Einheitsvektor der Richtung zur Sonne und ist R_E der Radius der Erde, so gilt beim Eintritt in den Erdschatten

$$\boldsymbol{r} \cdot \boldsymbol{r}_\odot = -\sqrt{r^2 - R_E^2}\,.$$

Kaula führt bei diesen Untersuchungen ein auf die Ekliptik bezogenes System ein. Ist der Satellit im astronomischen x, y, z-System gegeben, wobei die x-Achse zum Frühlingspunkt zeigt, so wird dieses System um die x-Achse im Gegenuhrzeigersinn um den Winkel ε (ε = Schiefe der Ekliptik) gedreht, und dann wird das System um die sich ergebende z-Achse um die ekliptikale Länge der Sonne $(\omega_\odot + v_\odot) = \lambda_\odot$ im Gegenuhrzeigersinn gedreht, so daß die x-Achse schließlich zur Sonne zeigt und die x, y-Ebene zur Ebene der Ekliptik geworden ist. Die neuen Koordinaten des Satelliten seien s_1, s_2, s_3.

$$\begin{pmatrix} s_1 \\ s_2 \\ s_3 \end{pmatrix} = \boldsymbol{R}_z(\lambda_\odot)\, \boldsymbol{R}_x(\varepsilon) \begin{pmatrix} x \\ y \\ z \end{pmatrix}. \tag{153}$$

$\lambda_\odot$ ergibt sich mit (118a).

Die s_1-Achse zeigt zur Sonne, die s_3-Achse zum Pol der Ekliptik, die s_2-Achse liegt in der Ekliptik, senkrecht zur s_1-Achse.

Setzt man auf der rechten Seite von (153) die x, y, z-Koordinaten des Satelliten ein, dann erhält man die s_1-, s_2- und s_3-Koordinaten des Satelliten und daraus mit (154) den Parameter h^*

$$R_E - \sqrt{s_2^2 + s_3^2} = h^* \,. \tag{154}$$

Es gilt

$$h^* \begin{cases} < 0\text{: außerhalb des Schattens} \\ > 0\text{: im Schatten.} \end{cases} \tag{155}$$

Ferner muß sich der Satellit auf der Schattenseite der Erde befinden

$$s_1 < 0 \,. \tag{156}$$

Die Gleichungen (154), (155) liefern einen Test, ob der Satellit sich im Erdschatten befindet oder nicht. Die Zeit des Eintritts in den Erdschatten direkt zu bestimmen, macht Schwierigkeiten, weil man eine Gleichung 4. Grades aufzulösen hat. Man wird besser die Gleichung (154) für $h^* = 0$ durch Iteration auflösen.

Die Gleichung (153) gibt auch eine Möglichkeit für die Bestimmung der Zenitdistanz der Sonne, die für den Test (152) gebraucht wird. Mit (104), (148), (153) kann man nämlich das Lot im Beobachtungspunkt im System (s_1, s_2, s_3) ausdrücken. Der Winkel zwischen dem Lot und der s_1-Achse ist die Zenitdistanz der Sonne.

Ist

$$\begin{pmatrix} X' \\ Y' \\ Z' \end{pmatrix} = \begin{pmatrix} 0 \\ 0 \\ 1 \end{pmatrix}$$

das Lot im horizontalen System, so sind seine Komponenten in dem auf die Sonne bezogenen System durch folgende Gleichung gegeben, wobei für die Ephemeridenrechnung $\varphi_0 \cong \varphi_0'$ gesetzt wurde.

$$\begin{pmatrix} s_1 \\ s_2 \\ s_3 \end{pmatrix} = \boldsymbol{R}_z(\lambda_\odot)\, \boldsymbol{R}_x(\varepsilon)\, \boldsymbol{R}_z(-\Theta)\, \boldsymbol{R}_z(-\lambda_0)\, \boldsymbol{R}_y(-90^\circ + \varphi_0)\, \boldsymbol{R}_z(-90^\circ) \begin{pmatrix} 0 \\ 0 \\ 1 \end{pmatrix},$$

$$s_1 = \cos Z_\odot$$

und mit (152)

$$s_1 = \cos Z_\odot < \cos(90^\circ + \Gamma_2) = -\sin \Gamma_2 \,. \tag{157}$$

Die Zenitdistanz der Sonne ergibt sich auch nach der folgenden trigonometrischen Formel

$$\cos Z_\odot = \sin \delta_\odot \sin \varphi_0 + \cos \delta_\odot \cos \varphi_0 \cos t_\odot \,,$$

wobei $t_\odot$ der Stundenwinkel der Sonne ist.

Für die Berechnung der Ephemeriden gibt es mehrere Möglichkeiten, entsprechend dem vorgefaßten Beobachtungsprogramm und entsprechend den zur Verfügung stehenden Rechenhilfsmitteln.

Es empfiehlt sich kaum, etwa für die Zeitspanne von einem Jahr beispielsweise alle zwei Minuten die Zenitdistanzen Z und die Azimute A für den Satelliten nach (150) zu berechnen und nur solche Werte Z, A von der Maschine ausgeben zu lassen, für die die drei Tests (151), (152), (155), (156) erfüllt sind, weil dieser Weg recht unökonomisch ist.

Es empfiehlt sich, die für die Beobachtung des Satelliten auf der betreffenden Station in Frage kommenden Teile der Satellitenbahn genauer zu lokalisieren, um unnötige Rechnungen zu vermeiden.

Man bestimmt zu diesem Zweck zunächst die Zeit t', zu der die Drehbewegung der Erde die Beobachtungsstation $Q(\varphi_0, \lambda_0)$ genau in die Bahnebene des Satelliten geschwenkt hat. Aus Abb. 24 entnimmt man hierfür die Bedingungsgleichung

$$\Omega + l = \Theta + \lambda_0$$

$$\sin l = \tan \varphi_0 \cot i \, ,$$

und mit (146) erhält man t' aus der Beziehung

$$(\Theta_1 - \Omega_1)(t' - t_0) = l - \lambda_0 - \Theta_0 + \Omega_0 \, . \qquad (158)$$

Voraussetzung für (158) ist, daß $i \geqq \varphi_0$, andernfalls kann man hier für die Rechnung auch eine kleinere Referenzbreite wählen.

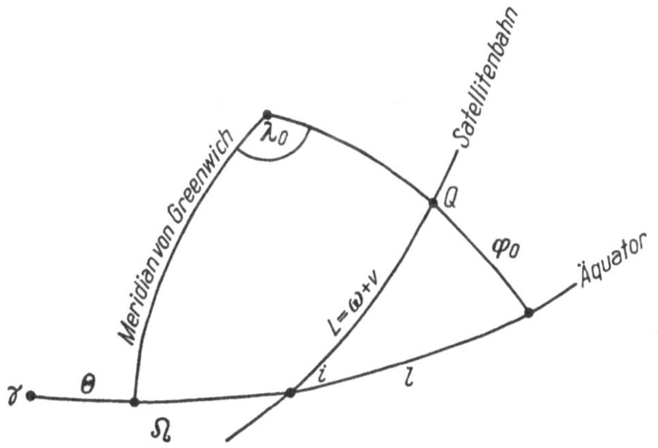

Abb. 24

Freilich wird der Satellit nicht genau zur Zeit t' durch den Zenit der Station Q laufen, sondern sich irgendwo in der Bahn befinden, maximal im Abstand $\frac{1}{2} T$ vom Beobachtungspunkt, wenn T die Periode des Umlaufs des Satelliten ist. Damit hat man den für die Beobachtung in Frage kommenden Teil der Satellitenbahn schon auf einen Bogen Π, der die zeitliche Länge T hat, eingeengt. Es kommen für die Beobachtung aber auch die zu Π benachbarten Bögen mit der jeweiligen zeitlichen Länge T in Frage. Man kann das durch den Bogen Π gegebene Intervall für die Position des Satelliten noch weiter auf wenige Minuten einengen, indem man den Ausführungen von PACHELSKI folgt.

Ist in (146) die Bezugszeit t_0 die Zeit eines Durchgangs durch das Perigäum und ist N die nächst kleinere ganze Zahl von

$$\frac{t' - t_0}{T},$$

so geht der Satellit zur Zeit

$$t'' = t_0 + N \cdot T$$

mit den hier zugelassenen Annäherungen wieder durch das Perigäum.

Es gilt nun, die Zeit $t = t'''$ des Durchganges durch den Breitenkreis $\varphi = \varphi_0$ der Beobachtungsstation zu bestimmen. Der Sinus des Arguments der Breite L ist dann vorgegeben mit

$$\sin L = \frac{\sin \varphi_0}{\sin i}.$$

Die wahre Anomalie v beim Durchgang des Satelliten durch den Parallelkreis mit der Breite $\varphi = \varphi_0$ bestimmt sich in guter Annäherung nach folgender Gleichung

$$v = L - \omega = L - \omega_0 - \omega_1 (t'' - t_0) . \tag{158a}$$

Aus v kann man mit (21) die exzentrische Anomalie E und mit der KEPLERschen Gleichung (20) die mittlere Anomalie M bestimmen. Damit kann man $\Delta t''$ berechnen

$$\Delta t'' = \frac{M}{n}$$

und die Zeit

$$t''' = t'' + \Delta t'' \tag{159}$$

bestimmen, zu der der Satellit durch den (Referenz) Breitenkreis $\varphi = \varphi_0$ geht.

Gegebenenfalls muß man in (158a) den Wert von t'' durch t''' ersetzen und auf dem Wege der Nachiteration einen besseren Wert für t''' ermitteln.

Führt man $t = t'''$ in Gleichung (146) ein, so erhält man mit (24) und den Koordinaten X, Y, Z der Beobachtungsstation die gesuchten Ephemeridenwerte Z, A, s für diesen Zeitpunkt aus (147), (150), vorausgesetzt, daß die Tests (151), (152), (155), (156) erfüllt werden. Werden diese Tests nicht erfüllt, dann kann man um konstante Zeitspannen von beispielsweise 2 Minuten in beiden Richtungen fortschreiten, bis man zu einem Punkt gekommen ist, der die genannten drei Tests befriedigt. Dabei kann man auch die Zeit des Eintritts (Austritts) in den Erdschatten erhalten.

Manche Ephemeridendienste berechnen Z, A und t für den Moment, in dem der Satellit das Minimum der Zenitdistanzen für die betreffende Beobachtungsstation durchläuft, also für den Kulminationspunkt des Satelliten.

Diese Berechnungen geschehen auf folgendem Wege.

Im Punkte Q' gehe der Satellit zur Zeit $t = t'''$ durch den Breitenkreis der Beobachtungsstation Q (Abb. 25).

Setzt man in (158) $t' \to t'''$, so erhält man auf der rechten Seite dieser Gleichung den Wert von $l - \lambda_0' - \Theta_0 + \Omega_0$ und daraus die Länge λ_0' des Punktes Q'. Im rechtwinkligen sphärischen Dreieck Q, Q', Q'' der Abb. 25 ist damit der Bogen QQ' bekannt, und der Winkel ξ läßt sich aus der Neigung i und der Breite φ_0 berechnen. Folglich ist dieses Dreieck bestimmt, und der Abstand des Kulminationspunktes Q'' vom Punkt Q', also v'', kann ermittelt werden. Aus v'' erhält man die Zeitdifferenz, die man zu t''' addieren muß, um die gesuchte Zeit des Durchgangs des Satelliten durch den Punkt Q'' zu erhalten. Damit hat man auch Z und A für diesen Zeitmoment bestimmt. Es empfiehlt sich, Z und A auch für den zwei Minuten früher oder später vom Satelliten durchlaufenen Punkt zu berechnen und auszudrucken, weil der Beobachter dann eine bessere Vorstellung vom Verlauf der Bahn am Himmel bekommt.

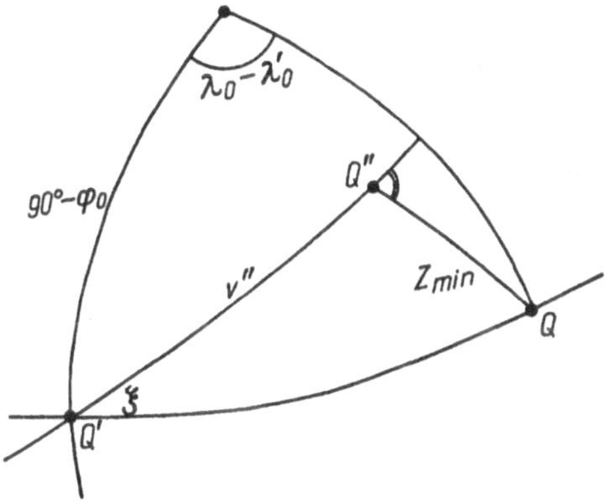

Abb. 25

Will man für ein ganzes Jahr eine Übersicht haben, in welchen Zeiträumen ein bestimmter Satellit auf einer bestimmten Station sichtbar ist, um dementsprechend die weiteren Vorbereitungen für die Beobachtungen treffen zu können, so empfiehlt es sich, eine graphische Darstellung dieser Situation herzustellen (Abb. 26; dieses Diagramm wurde aus der Literatur entnommen).

Man trägt auf Millimeterpapier ein Achsenkreuz auf. Die Abszisse (t-Achse) durchläuft etwa 12 Monate. Die Ordinate (τ-Achse) gibt die Ortszeit an; es empfiehlt sich, parallel dazu auch eine Skala für die Stunden in Weltzeit anzugeben. Zunächst werden für das ganze Jahr die Zeitpunkte des Sonnenauf-

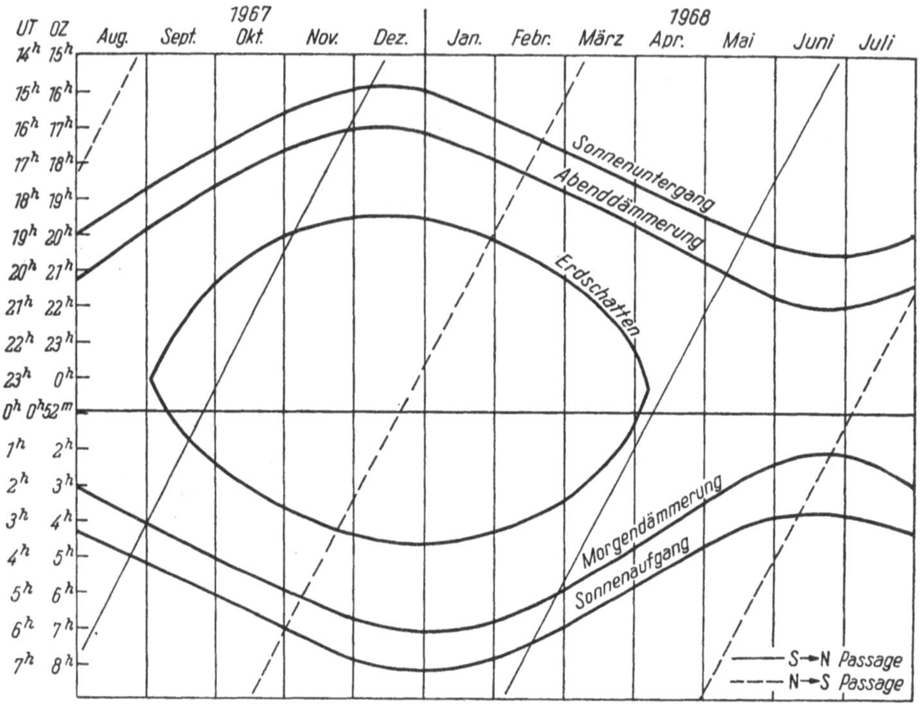

Abb. 26. Sichtbarkeit des Satelliten Echo 2 in Potsdam vom August 1967 bis Juli 1968

ganges und des Sonnenunterganges durch Kurven dargestellt. Der Stundenwinkel der Sonne berechnet sich nach folgender Formel:

$$\cos t = \frac{\sin h - \sin \varphi_0 \sin \delta_\odot}{\cos \varphi_0 \cos \delta_\odot}, \tag{160}$$

h = Höhenwinkel,
φ_0 = geographische Breite der Beobachtungsstation,
$\delta_\odot$ = Deklination der Sonne,
t = Stundenwinkel der Sonne.

Setzt man $h = -51'$ ($35'$ = Refraktion, $16'$ = Sonnenradius), dann ergeben sich die mittleren Ortszeiten für den Sonnenauf- bzw. -untergang t_A, t_U, wie folgt:

$$t_A = 12^{\mathrm{h}} - t - E\,, \qquad t_U = 12^{\mathrm{h}} + t - E\,, \tag{161}$$

wobei E die Zeitgleichung ist. Die notwendigen Daten für E, $\delta_\odot$ können aus einem Astronomischen Jahrbuch entnommen werden.

Die Zeit der Abend- bzw. Morgendämmerung, nach der (bzw. vor der) der Satellit im allgemeinen beobachtet werden kann, berechnet sich analog, wenn man $h = -10°$ oder $-12°$ oder $-9°$ setzt, in Abhängigkeit von der Leistungsfähigkeit der Kamera und der Helligkeit des Satelliten. Sie ist nicht gleich der bürgerlichen (6°) und der astronomischen (16° bis 18°) Dämmerung.

Damit kann man punktweise die Kurven für den Sonnenaufgang und -untergang und die für die Abend- und Morgendämmerung einzeichnen.

Ferner wird in das Diagramm eine Kurve eingetragen, die zwischen den Linien für die Morgen- und Abenddämmerung verläuft, und die genähert den Eintritt des Satelliten in den Erdschatten darstellt. Man berechnet diese Kurve folgendermaßen: Nimmt man an, der Satellit gehe genau durch den Zenit der beobachteten Station und er trete gleichzeitig dabei in den Erdschatten ein, so errechnet sich der Winkel $\varkappa$, um den sich die Sonne unter dem Horizont befindet, nach

$$\cos \varkappa = \frac{R_E}{r},$$

wobei r der Radiusvektor des Satelliten ist. Setzt man

$$h_\odot = -(\varkappa + 51')$$

und ermittelt man den zugehörigen Stundenwinkel der Sonne t, indem man in (160) h durch $h_\odot$ ersetzt, so findet man schließlich mit (161) die gesuchten Zeiten für den Eintritt bzw. Austritt in den (aus dem) Erdschatten in Ortszeit. Damit hat man die Möglichkeit, auch diese Kurve punktweise zu konstruieren.

Zur Ermittlung der Geradenschar in Abb. 26 berechnet man mit (158) für irgendeinen Tag den Zeitpunkt, an dem die Beobachtungsstation auf Grund der Rotationsbewegung der Erde in der Bahnebene des Satelliten liegt, ohne Rücksicht auf den Stand der Sonne, also ohne Rücksicht auf die Bedingungen (152) und (155), (156) zu nehmen.

Diesen nur approximativ zu bestimmenden Zeitpunkt trägt man in das Koordinatensystem der Abb. 26 ein. Würde man die Durchgangszeit des Satelliten für diese Station auch für andere Monate berechnen, so würde es sich zeigen, daß diese Punkte auf einer Schar von Geraden liegen, die einander parallel verlaufen. Man kann sich diese weiteren Rechnungen zur Ermittlung von Punkten dieser Geradenschar ersparen, indem man den Neigungswinkel ν bestimmt, den diese Geraden mit der t-Achse bilden. ν ergibt sich durch folgende Überlegungen:

Nimmt man an, die Bahnebene des Satelliten sei fest im Raum und die Station liege zur Zeit t_1 in dieser Bahnebene, während gleichzeitig auch die Sonne sich im Meridian der Station befindet, so werden nach Ablauf eines Sonnentages die Station und die Sonne zueinander die gleiche Lage haben, die Bahn des Satelliten dagegen wird um $\Delta t_1 = +3$ min 57 s (Sonnentag minus Sterntag) in Richtung Westen zurückliegen wegen der ekliptikalen Bewegung der Sonne von West nach Ost. Darüber hinaus verschiebt sich die Satellitenbahn nach einem Tag noch um einen weiteren Effekt in Richtung Westen, der seine Ursache in der Störung des aufsteigenden Knotens der Satellitenbahn durch die Abplattung der Erde hat. Die Abnahme der Länge der Knotenlinie erreicht pro Tag den folgenden in Zeitminuten gemessenen Wert

$$\Delta t_2 = + \frac{3}{2} \frac{1440}{2\pi} J_2 \left(\frac{R_E}{p}\right)^2 n \cos i \,,$$

wenn n die Winkelgeschwindigkeit des Satelliten ist (in d^{-1}). Wenn sich also die Lage der Station relativ zur Satellitenbahn pro Tag um $\Delta t_1 + \Delta t_2$ ändert, so wird die Sichtbarkeit des Satelliten die Periode

$$T_s = \frac{1440}{\Delta t_1 + \Delta t_2}$$

haben, wenn die Δt_i in min/Tag und T_s nach Tagen gezählt werden. Die Werte $\Delta t_1 + \Delta t_2$ sind in den Ephemeriden des Smithsonian Astrophysical Observatory zu finden (prime sweep interval $= -(\Delta t_1 + \Delta t_2)$).

Dem Neigungswinkel ν der besprochenen Geradenschar in dem Diagramm entspricht also auf der t-Achse ein Abschnitt von der Länge der Periode T_s, wenn man in Richtung der τ-Achse eine Änderung von 24 Stunden hat.

Trägt man auf diese Weise in das Diagramm die Geradenschar ein, die gewissermaßen die Abbildung der Satellitenbahn in der τ, t-Ebene darstellt, so ist der Satellit auf der betreffenden Station immer in den Zeiträumen sichtbar, in denen diese Geraden zwischen der Kurve der Abenddämmerung und der Schattenkurve und zwischen der Kurve der Morgendämmerung und der Schattenkurve verlaufen.

Es empfiehlt sich also, mit diesem Diagramm die Sichtbarkeit des Satelliten für ein ganzes Jahr in grober Näherung darzustellen, um dementsprechend die weitere Arbeit einrichten zu können. Wenige Wochen vor Beginn der aus dem Diagramm ermittelten Beobachtungsperiode wird man mit den jeweils neuesten Bahnelementen die Ephemeride des Satelliten, nämlich die Werte Z, A, s, für den Beobachtungszeitraum mit den früher besprochenen Verfahren nach den Gleichungen (146) bis (159) auf einer elektronischen Rechenmaschine bestimmen.

6.15. Literatur

[1] Arnold, K., Schoeps, D.: Die Bestimmung des Azimutes Potsdam—Bukarest aus Beobachtungen des Satelliten Echo I. Veröff. d. Geodät. Inst. Potsdam, Nr. 29 (1965).
[2] Deker, H.: Die Anwendung der Photogrammetrie in der Satellitengeodäsie. Dtsch. Geodät. Komm., München, Reihe C, Nr. 111 (1967).
[3] Graaff de, W., Jager de, C.: The Optical Tracking of Satellites. COSPAR Information Bull., Paris, No. 25 (1965).
[4] Groves, G. V.: Dynamics of Rockets and Satellites. North-Holland Publishing Company Amsterdam, 1965.
[5] Kaula, W. M.: Theory of Satellite Geodesy. Blaisdell Publishing Company, 1966.
[6] König, A.: Reduktion photographischer Himmelsaufnahmen, in: Handbuch der Astrophysik, Bd. 1, Springer-Verlag, Berlin 1933.

[7] Laurila, S. H., Heiskanen, W. A.: Symposium on Geodesy in the Space Age. The Ohio State University, Columbus, Ohio, Publ. Nr. 15 (1961).
[8] Lundquist, C. A., Veis, G.: Geodetic Parameters for a 1966 Smithsonian Institution Standard Earth, Vol. 1., SAO Special Report No. 200 (1966).
[9] Pachelski, W.: Computation of Ephemerides of the Artificial Earth Satellite by Means of the Electronic Digital Computer „Ural-2". Obserwacje Sztucznych Satelitow Ziemi Nr. 2, Polska Akademia Nauk, Warszawa 1963.
[10] Réseau géodésique européen par observation de Satellites. Symposium de Paris. Centre National d'Etudes Spatiales, Institut Géographique National, 1964.
[11] Rolff, J.: The Optical Beacon of the GEOS-A Satellite. Bull. Centr. Bur. for Satellite Geodesy, SAO, Nr. 1 (1966).
[12] SAO Star Catalog. Positions and Proper Motions of 258,997 Stars for the Epoch and Equinox of 1950,0. Smithsonian Institution, Washington 1966.
[13] Schmidt, H.: Eine allgemeine analytische Lösung für die Aufgabe der Photogrammetrie. Bildmessung u. Luftbildwesen, H. 4 (1958).
[14] Steinbach, M.: Einige optische Systeme für die Beobachtung künstlicher Erdsatelliten. Jenaer Rdsch., **6** (1963).
[15] Veis, G.: Geodetic Uses of Artificial Satellites. Smithsonian Contributions to Astrophysics, **3** (1960) No. 9.
[16] Veis, G.: Precise Aspects of Terrestrial and Celestial Reference Frames. SAO Special Report No. 123 (1963).

7. Bestimmung der Bahnelemente

7.1. Ermittlung von ersten Näherungswerten für die Bahnelemente

Die Bahnelemente der Satelliten werden in der Geodäsie für die verschiedensten Zwecke mit sehr unterschiedlicher Genauigkeit benötigt. Für die Ephemeridenrechnungen genügt schon eine sehr mäßige Genauigkeit ($0\overset{\circ}{,}01$, bis $0\overset{\circ}{,}1$ als Fehler in den Bahnelementen), während die höchste Genauigkeit gefordert wird, wenn nach der Bahnmethode aus den Oskulationsbahnelementen das Gravitationsfeld der Erde bestimmt werden soll.

Man kann bei allen Verfahren zur Bestimmung von Bahnelementen immer davon ausgehen, daß mehr oder weniger gute Näherungswerte für die Bahnelemente a priori bereits vorliegen. Diese können durch eine Ausgleichung von Satellitenbeobachtungen weiter verbessert werden, je nach der Qualität und Anzahl der in diese Ausgleichung eingeführten Satellitenbeobachtungen.

Grobe Näherungswerte für die Bahnelemente stehen im allgemeinen schon mit dem Start des Satelliten zur Verfügung. Beispielsweise werden vom Astronomischen Rat bei der Akademie der Wissenschaften der UdSSR die genäherten Bahnelemente auf $0\overset{\circ}{,}01$ genau im sogenannten SATOR-Code (Tabelle 5) angegeben und verteilt. Diese Mitteilungen enthalten auch Angaben über die Drehbewegung der Knoten- und Apsidenlinie des Satelliten.

Auch vom Smithsonian Astrophysical Observatory werden genäherte Bahnelemente bekanntgegeben.

Weil somit Näherungselemente für die Satelliten immer gegeben sind, tritt kaum die in der Astronomie intensiv behandelte Aufgabe auf, die 6 unbekannten Bahnelemente aus 6 beobachteten Parametern oder 3 beobachteten Richtungsvektoren zu bestimmen, sei es nun nach LAPLACE, nach GAUSS oder nach einem anderen Verfahren, das für die Berechnung der Bahnen der Planeten entwickelt worden ist.

Tabelle 5: SATOR-Telegramm
(nach COSPAR Inform. Bull. Nr. 24)

60 091	81 900	58 55 Z	47 20
00 064	21 830	17 128	14 64
10 051	00 027	00 932	46 824
34 048			

Ein SATOR-Telegramm besteht aus 13 Fünfer-Gruppen von Zahlen.

1. Gruppe: Bezeichnung des Satelliten
2. und 3. Gruppe: Datum der Beobachtung: $0^h\,58^m$, 55
   19. August Zeitsystem UT (durch das Zeichen Z kenntlich gemacht)

4. Gruppe: $i = 47{,}^\circ 20$
5. Gruppe: ☊ $- \Theta = 0{,}^\circ 64$ Westliche geographische Länge (Greenwich) des aufsteigenden Knotens
6. Gruppe: $\Delta t_1 + \Delta t_2 = -18^{\mathrm{m}}, 30$ (prime sweep interval nach Seite 118) die erste Ziffer steht für das Vorzeichen: $1 = +$, $2 = -$
7. Gruppe: $\omega = 171{,}^\circ 28$
8. Gruppe: Drehung der Apsidenlinie pro Umlauf $+0{,}^\circ 464$ ($1 = +$, $2 = -$)
9. Gruppe: Anomalistische Periode 110, 051 min
10. Gruppe: Änderung der Anomalistischen Periode pro Umlauf: 0,00027 min
11. Gruppe: $e = 0{,}00932$
12. Gruppe: 4682,4 geozentrischer Radiusvektor des Perigäums in Statuten Meilen (1,6 km) bzw. in Kilometern
13. Gruppe: ☊ $= 340{,}^\circ 48$: Länge des aufsteigenden Knotens gezählt vom Frühlingspunkt

7.2. Fehlergleichungen bei Richtungsmessungen zum Satelliten

Die grundlegende Beziehung zwischen dem beobachteten topozentrischen Einheitsvektor des Satelliten $\boldsymbol{a}$, der momentanen Position des Satelliten $\boldsymbol{x}''$ und der Lage der Beobachtungsstation $\boldsymbol{u}$ wird mit (104) gebildet durch

$$\boldsymbol{a} = \frac{\boldsymbol{x}'' - \boldsymbol{R}_z(-\Theta)\,\boldsymbol{S}^{-1}\boldsymbol{u}}{|\boldsymbol{x}'' - \boldsymbol{R}_z(-\Theta)\,\boldsymbol{S}^{-1}\boldsymbol{u}|} \tag{162}$$

oder in räumlichen Polarkoordinaten

$$\boldsymbol{a} = \begin{Bmatrix} \cos\delta & \cos\alpha \\ \cos\delta & \sin\alpha \\ \sin\delta & \end{Bmatrix} = \begin{pmatrix} x_a \\ y_a \\ z_a \end{pmatrix}. \tag{163}$$

Als räumliches Koordinatensystem wurde hier das momentane astronomische x'', y'', z''-System eingeführt. Die x'', y''-Ebene ist die momentane Äquatorebene, die x''-Achse zeigt zum momentanen Frühlingspunkt.

α und δ in Gleichung (163) sind damit die topozentrische Rektaszension und Deklination des Satelliten für das Datum der Beobachtung, wie man durch Vergleich von (162) und (163) erhält.

Zur Vereinfachung der Schreibweise soll in diesem Kapitel der das spezielle Koordinatensystem charakterisierende $''$-Index fortgelassen werden.

Die Koordinaten der Beobachtungsstation im erdfesten System, bezogen auf den mittleren Pol, sind

$$\boldsymbol{u} = \begin{pmatrix} X \\ Y \\ Z \end{pmatrix} = R \begin{pmatrix} \cos\varphi & \cos\lambda \\ \cos\varphi & \sin\lambda \\ \sin\varphi & \end{pmatrix}, \tag{164}$$

R: Entfernung der Beobachtungsstation vom Schwerpunkt der Erde,
φ: Geozentrische Breite,
λ: Geographische Länge.

Die Rotationsmatrix wird mit (25) durch die Greenwicher Sternzeit Θ ausgedrückt:

$$\boldsymbol{R}_z(\Theta) = \begin{pmatrix} \cos\Theta & \sin\Theta & 0 \\ -\sin\Theta & \cos\Theta & 0 \\ 0 & 0 & 1 \end{pmatrix}. \tag{165}$$

Die Koordinaten des Satelliten ergeben sich mit (24) aus den Bahnelementen nach der Gleichung

$$\begin{pmatrix} x \\ y \\ z \end{pmatrix} = r \begin{pmatrix} \cos(v+\omega)\cos\Omega - \sin(v+\omega)\sin\Omega\cos i \\ \cos(v+\omega)\sin\Omega + \sin(v+\omega)\cos\Omega\cos i \\ \sin(v+\omega)\sin i \end{pmatrix}, \tag{166}$$

$$r = \frac{a(1-e^2)}{1+e\cos v},$$

$$\tan\frac{v}{2} = \sqrt{\frac{1+e}{1-e}}\tan\frac{E}{2},$$

$$n(t-t_0) = M = E - e\sin E\,.$$

Nach diesen Entwicklungen hat man mit den Beziehungen (162), (163) die beobachteten Daten α, δ, also die zufälligen Variablen, durch die Unbekannten des Problems, nämlich durch die 6 Schmiegungsbahnelemente a, e, ω, i, Ω, M und die Stationskoordinaten X, Y, Z ausgedrückt.

Die beobachtete Rektaszension und Deklination α, δ ergeben sich aus (162), (163) mit

$$\alpha = \arctan\frac{y_a}{x_a}, \tag{167}$$

$$\delta = \arctan\frac{z_a}{\sqrt{x_a^2+y_a^2}}\,.$$

Beide Gleichungen (167) gelten auch für den nicht normierten Vektor $\boldsymbol{a}$.

Die 6 Bahnelemente sind nicht konstant, sondern mit der Zeit veränderlich. Faßt man alle wesentlichen Störungen, die die Bahnelemente verändern, zusammen, so gilt beispielsweise für die Länge des aufsteigenden Knotens

$$\Omega = \Omega_0 + \Delta\Omega'' + \delta\Omega_{\mathrm{SGZ}} + \delta\Omega_{\mathrm{LGZ}} + \delta\Omega_{\mathrm{KG2}} + \delta\Omega_{\mathrm{PA}} + \delta\Omega_{\mathrm{SA}} + \\ + \delta\Omega_{\mathrm{RS}} + \delta\Omega_{\mathrm{MS}} + \delta\Omega_{\mathrm{GR}} + \Omega_1(t-t_0) + \Omega_2(t-t_0)^2 + \cdots \tag{168}$$

Die einzelnen Glieder der Gleichung (168) haben folgende Bedeutung:

Ω_0 ist eine Konstante.

$\Delta\Omega''$ ist der durch die dritte der Gleichungen (114) gegebene Ausdruck. Durch ihn wird berücksichtigt, daß das x'', y'', z''-System kein Inertialsystem ist. Wählt man ein Inertialsystem, so entfällt dieses Glied.

$\delta\Omega_{\mathrm{SGZ}}$ ist die durch die zonalen Kugelfunktionen hervorgerufene säkulare, linear mit der Zeit fortschreitende Störung. Man erhält sie, indem man in den

Gleichungen (66) von MERSON die von ω freien Teile über die Zeit integriert, also mit der Zeit multipliziert, vgl. Gl. (70) bis (72). Gegebenenfalls sind hier auch die säkularen Anteile der Störungen zweiter Ordnung (J_2^2) zu ergänzen (73). Man kann auch auf die Entwicklungen (56) zurückgreifen, indem man dort setzt

$$l - 2p = 0\ ; \quad l - 2p + q = 0\ ; \quad m = 0\ .$$

$\delta \Omega_{LGZ}$ ist die durch die zonalen Kugelfunktionen hervorgerufene langperiodische Störung. Sie ergibt sich, wenn man in den Formeln von MERSON (66) die vom Argument des Perigäums ω abhängigen Glieder herausgreift und über die Zeit entsprechend (70) bis (72) integriert. Gegebenenfalls sind die analogen Glieder in der Störung zweiter Ordnung (J_2^2) nach (73) hinzuzunehmen. Ist T_ω die Periode des Umlaufs der Apsidenlinie, so haben diese langperiodischen Störungen die Periode T_ω, $\frac{1}{2} T_\omega$, $\frac{1}{3} T_\omega$, ... Greift man auf die Entwicklungen (56) zurück, so muß man substituieren

$$l - 2p + q = 0\ ; \quad m = 0\ .$$

Wie man mit (71) erkennt, ist

$$\delta \Omega_{SGZ} + \delta \Omega_{LGZ} = \Delta \Omega\ ,$$
$$\delta e_{SGZ} + \delta e_{LGZ} = \Delta e\ .$$
$$\ldots \qquad \ldots$$

$\delta \Omega_{KG2}$ ist die durch die zonale Kugelfunktion 2. Ordnung hervorgerufene kurzperiodische Störung. Man entnimmt sie aus den Formeln von KOZAI (75).

$\delta \Omega_{PA}$ ist die periodische Störung durch die Bremswirkung der Atmosphäre. Die kurzperiodischen Glieder wurden von SEHNAL und MILLS theoretisch untersucht.

$\delta \Omega_{SA}$ ist die säkulare Störung durch die Bremswirkung der Atmosphäre. Wenn nicht die höchste Genauigkeit gefordert wird, genügt es meistens, diesen Ausdruck in eine nach der Zeit fortschreitende Potenzreihe zu entwickeln.

$$\delta \Omega_{SA} \cong \sum_i \varkappa_i t^i\ .$$

Durch diesen Effekt wird ohnehin vor allem die mittlere Anomalie M gestört. Bei dem Ausdruck für M, δM_{SA}, wird man zwei oder drei Glieder $i = 1$, $i = 2$, $i = 3$ setzen müssen.

Wird dagegen die höchste Genauigkeit angestrebt, was notwendig ist, wenn das Gravitationsfeld nach der Bahnmethode, Kapitel 9, bestimmt werden soll, und handelt es sich nicht um einen speziellen geodätischen Satelliten, der durch die Reibung an der Atmosphäre nur sehr wenig gestört wird, dann kommt man nicht mehr mit einer nach der Zeit t fortschreitenden Potenzreihe für die Darstellung der Reibungswirkung der Atmosphäre aus. Es empfiehlt sich dann, die durch die Bremswirkung der Atmosphäre hervorgerufene säkulare $\delta \Omega_{SA}$ und die periodische $\delta \Omega_{PA}$ Störung zusammenzufassen und $\delta \Omega_{SA} + \delta \Omega_{PA}$

dadurch zu bestimmen, daß man die Dichte durch den Ausdruck (99) mit den Weiterungen nach JACCHIA ersetzt und dementsprechend die Störungsrechnung mit (96) (45) als numerische oder analytische Integration durchführt.

$\delta \Omega_{RS}$ ist der nach (101) zu berechnende Einfluß des Strahlungsdrucks der Sonne.

$\delta \Omega_{MS}$ ist die durch die Gravitationswirkung von Sonne und Mond hervorgerufene Störung, die mit (86) und (87) berechnet wird.

$\delta \Omega_{GR}$ ist der restliche Einfluß des Gravitationsfeldes der Erde.

Ist $\delta \Omega_G$ die volle durch das Gravitationsfeld hervorgerufene Störung, säkulare, langperiodische und kurzperiodische Störungen zusammengenommen, dann gilt

$$\delta \Omega_{GR} = \delta \Omega_G - \delta \Omega_{SGZ} - \delta \Omega_{LGZ} - \delta \Omega_{KG2} \,.$$

$\delta \Omega_{GR}$ enthält also vor allem die kurzperiodischen Störungen durch die zonalen, tesseralen und sektoriellen Kugelfunktionen. Ihr Einfluß auf die Satellitenposition ist im allgemeinen kaum mehr als 150 m.

Ω_1, Ω_2: Die Hinzunahme dieser Potenzreihenentwicklung nach der Zeit in Gleichung (168) ist theoretisch wohl nicht zwingend notwendig, wenn die übrigen Glieder auf der rechten Seite von (168) genügend genau bekannt sind. Eine zuverlässige Bestimmung mancher Reduktionsglieder, z. B. der Störung durch die Reibung an der Atmosphäre, auf wenige Meter genau ist aber schwierig. Daher kann diese Potenzreihe säkulare und langperiodische Restfehler der übrigen Reduktionen aufnehmen. $\Omega_1, \Omega_2, \ldots$ sind Unbekannte, die gegebenenfalls durch die Ausgleichung zu bestimmen sind.

In manchen Fällen genügt es, die Bahnelemente nur auf ein paar hundert Meter genau zu kennen. Man hat dann den Vorteil, die kurz- und langperiodischen Glieder und andere, relativ kleine Größen vernachlässigen zu dürfen. So wird man zu mittleren Bahnelementen geführt.

Bei der Berechnung mittlerer Bahnelemente kann man mit folgendem Ansatz in die Ausgleichung eingehen, indem hier beispielsweise der Ausdruck für die Länge des aufsteigenden Knotens gebracht werden soll, für die anderen Bahnelemente gelten analoge Ausdrücke.

$$\Omega = \Omega_0 - \frac{3}{2} J_2 n \left(\frac{R_E}{p}\right)^2 \cdot \cos i \cdot (t - t_0) + \\ + \sum_{w=1} \Omega_w (t - t_0)^w + \delta \Omega_{KG2} \,. \tag{169}$$

Die Unbekannten der Gleichung (169) sind die Werte von $\Omega_0, \Omega_1, \Omega_2, \ldots$ Das zweite Glied auf der rechten Seite der Gleichung (169) ist die säkulare Störung durch die zonale Kugelfunktion 2. Ordnung. Es empfiehlt sich, in (169) die kurzperiodische Störung durch die Kugelfunktion 2. Ordnung $\delta \Omega_{KG2}$ zu berücksichtigen, weil diese Störung relativ groß ist.

Sollen die so erhaltenen mittleren Bahnelemente tabellenmäßig angegeben werden, so empfiehlt es sich, nicht die nach (169) erhaltene Länge des aufsteigenden Knotens Ω auszudrucken, sondern stattdessen $\Omega - \delta\,\Omega_{KG2}$ anzugeben, weil dieser Ausdruck mehr geglättet ist. $\delta\,\Omega_{KG2}$ ist ein kurzperiodischer Ausdruck und leicht nach den erwähnten Formeln von KOZAI zu berechnen.

Es empfiehlt sich, bei höheren Genauigkeitsansprüchen den Ausdruck (169) noch zu erweitern und alle durch die bereits bekannten zonalen Kugelfunktionen $J_2, J_3, \ldots, J_{14}$ hervorgerufenen säkularen und langperiodischen Störungen a priori in Rechnung zu stellen.

$$\Omega' = \Omega_0' + \delta\,\Omega_{SGZ} + \delta\,\Omega_{LGZ} + \delta\,\Omega_{KG2} + \sum_{w=1} \Omega_w' (t - t_0)^w \,. \tag{170}$$

Die Unbekannten sind hier wieder

$$\Omega_0', \Omega_1', \Omega_2', \ldots$$

Bei dem Ausdruck für die mittlere Anomalie M gelten einige Besonderheiten.

Hat man z. B. den Ansatz

$$M = M_0 + M_1 (t - t_0) + M_2 (t - t_0)^2 + \cdots,$$

so gilt

$$M^{\cdot} = M_1 + 2\,M_2 (t - t_0) + \cdots = \bar{n}\,,$$

wenn $\bar{n}$ die mittlere Winkelgeschwindigkeit (anomalistische Periode) des Satelliten ist; mit ihr errechnet sich ein Näherungswert für die große Halbachse a nach (74). Bei der mittleren Anomalie tritt ferner noch der Ausdruck (44) hinzu.

Bei der Berechnung approximativer Bahnelemente nach (169) oder (170) kann man mit nur 5 Bahnelementen e, ω, i, Ω, M auskommen und die große Halbachse a aus M bestimmen, indem man den Ausdruck für M nach der Zeit ableitet, daraus n erhält und weiter mit (74) den Wert von a ermittelt.

Das modifizierte dritte KEPLERsche Gesetz (74) gilt auch bei strengerer Betrachtungsweise, wenn man für $\bar{n}$ und a solche Daten $\bar{n}^*$, a^* setzt, bei denen man durch Mittelung über einen Bereich von einigen Umläufen die kurzperiodischen Störungen eliminiert hat.

$$a^* = \left(\frac{k\,M}{\bar{n}^{*2}}\right)^{1/3} \left[1 + \frac{1}{2}\,J_2\,\frac{R_E^2}{p^2}\,\sqrt{1 - e^2}\left(-1 + \frac{3}{2}\sin^2 i\right)\right]. \tag{171}$$

Diese mittleren Bahnelemente $a^*, \bar{n}^*$ wird man genauer bestimmen können als die betreffenden Oskulationselemente.

Schließlich müssen die nach (168) oder (169) oder (170) erhaltenen Bahnelemente in die Gleichung (166) eingesetzt werden, um die Position des Satelliten zu berechnen und diese nach (162) in Beziehung zum beobachteten Vektor $\boldsymbol{a}$ zu setzen.

Für die sich anschließende Ausgleichung ist es notwendig, die Gleichung (162) durch eine TAYLOR-Entwicklung linear zu machen in den Parametern α, δ; X, Y, Z; $a, e, \omega, i, \Omega, M$. Es empfiehlt sich, die betreffenden Differentialquotienten nicht durch analytische Differentiation, sondern numerisch als Differenzenquotienten in der elektronischen Rechenmaschine zu berechnen.

Man geht dabei von den Gleichungen (167) aus. Durch diese werden α und δ durch die Koordinaten der Beobachtungsstation und die Bahnelemente ausgedrückt. Man wird also die Gleichungen (167) für Näherungswerte der Unbekannten X, Y, Z und der Bahnelemente berechnen, wobei die unbekannten Koeffizienten in den Entwicklungen für die Bahnelemente (168) oder (169) oder (170) zunächst gleich Null gesetzt werden. Dann verändert man nacheinander X, Y, Z um Beträge von der Größenordnung ihrer Fehler, und man verfährt ebenso mit den Unbekannten in den Entwicklungen (168) oder (169) oder (170). Dann berechnet man die betreffenden Differenzenquotienten, setzt sie den Differentialquotienten gleich und erhält so die Koeffizienten

$$\frac{\partial\alpha}{\partial X}, \frac{\partial\alpha}{\partial Y}, \frac{\partial\alpha}{\partial Z}; \frac{\partial\alpha}{\partial a_w}, \frac{\partial\alpha}{\partial e_w}, \frac{\partial\alpha}{\partial \omega_w}, \frac{\partial\alpha}{\partial i_w}, \frac{\partial\alpha}{\partial \Omega_w}, \frac{\partial\alpha}{\partial M_w}. \tag{172}$$

Hier wird beispielsweise angenommen, daß für die Bahnelemente $a, e, \omega, i, \Omega, M$ ähnliche Entwicklungen gelten wie in Gleichung (169) für die Länge des aufsteigenden Knotens. Geht man von den Entwicklungen (168) bzw. (170) aus, so ist bei der Berechnung der Differentialquotienten analog zu verfahren.

Mit diesen Koeffizienten (172) ergeben sich die Fehlergleichungen

$$v_\alpha = \left(\arctan \frac{y_a}{x_a} - \alpha\right)_0 + \frac{\partial\alpha}{\partial X}\Delta X + \frac{\partial\alpha}{\partial Y}\Delta Y + \frac{\partial\alpha}{\partial Z}\Delta Z + \\ + \sum_w \frac{\partial\alpha}{\partial a_w} a_w + \sum_w \frac{\partial\alpha}{\partial e_w} e_w + \cdots \tag{173}$$

und ein analoger Ausdruck für v_δ. Bei praktischen Anwendungen multipliziert man die Gleichung (173) zweckmäßigerweise noch mit $\cos\delta$.

Das Absolutglied und die Koeffizienten auf der rechten Seite der Gleichung (173) gelten für die a priori eingeführten Näherungswerte der Unbekannten. Die Ausgleichung nach der Methode der kleinsten Quadrate ergibt die Unbekannten der Gleichung (173). Oft empfiehlt es sich, die Ausgleichung mit verbesserten Näherungswerten iterativ zu wiederholen.

Explizite analytische Ausdrücke für die Abhängigkeit der Rektaszension und Deklination von kleinen Änderungen in den x, y, z-Koordinaten des Satelliten und in seinen Bahnelementen hat SOCHILINA angegeben. Sie erhielt folgende Formel

$$s\begin{pmatrix}\cos\delta\cdot\Delta\alpha\\ \Delta\delta\end{pmatrix} = \boldsymbol{F}\begin{pmatrix}\Delta x\\ \Delta y\\ \Delta z\end{pmatrix},$$

$$\begin{pmatrix}\Delta x\\ \Delta y\\ \Delta z\end{pmatrix} = \boldsymbol{G}\begin{bmatrix}\Delta\Omega\\ \Delta i\\ \Delta M\\ \Delta\omega\\ \Delta\varphi^*\\ \Delta n\end{bmatrix},$$

s = Entfernung von der Station zum Satelliten.

$$\boldsymbol{F} = \begin{pmatrix} -\sin(\alpha - \Omega), & \cos(\alpha - \Omega), & 0 \\ -\cos(\alpha - \Omega)\sin\delta, & -\sin(\alpha - \Omega)\sin\delta, & \cos\delta \end{pmatrix},$$

$$\boldsymbol{G} = \begin{pmatrix} -y, & 0, & \frac{\dot{x}}{n}, & -r\sin L, & A_x, & \frac{\dot{x}}{n}(t - t_0) - \frac{2}{3n}x \\ x, & -z, & \frac{\dot{y}}{n}, & r\cos i\cos L, & A_y, & \frac{\dot{y}}{n}(t - t_0) - \frac{2}{3n}y \\ 0, & y, & \frac{\dot{z}}{n}, & r\sin i\cos L, & A_z, & \frac{\dot{z}}{n}(t - t_0) - \frac{2}{3n}z \end{pmatrix}.$$

In diesen Formeln gilt ferner

$$x = r\cdot\cos L,$$

$$y = r\cdot\cos i\sin L,$$

$$z = r\cdot\sin i\sin L,$$

und

$$\frac{\dot{x}}{n} = -\frac{a}{\cos\varphi^*}[\sin L + \sin\varphi^*\sin\omega],$$

$$\frac{\dot{y}}{n} = \frac{a\cos i}{\cos\varphi^*}[\cos L + \sin\varphi^*\cos\omega],$$

$$\frac{\dot{z}}{n} = \frac{a\sin i}{\cos\varphi^*}[\cos L + \sin\varphi^*\cos\omega],$$

ferner ist:

$$A_x = -a[\sin L\sin E + \cos\varphi^*\cos\omega],$$

$$A_y = a\cos i[\cos L\sin E - \cos\varphi^*\sin\omega],$$

$$A_z = a\sin i[\cos L\sin E - \cos\varphi^*\sin\omega].$$

Die topozentrischen Rektaszensionen und Deklinationen des Satelliten errechnen sich nach folgenden Formeln:

$$x - X' = s\cdot\cos(\alpha - \Omega)\cos\delta,$$

$$y - Y' = s\cdot\sin(\alpha - \Omega)\cos\delta,$$

$$z - Z' = s\cdot\sin\delta.$$

Die Koordinaten der Beobachtungsstation errechnen sich nach

$$X' = R\cos\varphi\cos(\Theta_\lambda - \Omega),$$

$$Y' = R\cos\varphi\sin(\Theta_\lambda - \Omega),$$

$$Z' = R\sin\varphi.$$

φ^* ist der Winkel der Exzentrizität, $e = \sin\varphi^*$, n ist die Winkelgeschwindigkeit, L ist das Argument der Breite und $\Theta_\lambda = \Theta + \lambda$ ist die Ortssternzeit.

Bei kleinen Exzentrizitäten e kann es sich empfehlen, statt M, ω, e die folgenden Parameter einzuführen: $M + \omega$, $e \cdot \sin\omega$, $e \cdot \cos\omega$.

Sochilina erhielt mit diesen Formeln für den Satelliten 1958 δ_1 die folgenden Polynomentwicklungen für dessen Bahnelemente:

$$\begin{aligned}
\Omega &= (173{,}^\circ421 \pm 0{,}^\circ030) - (2{,}^\circ6964 \pm 0{,}^\circ0015)(t - t_0) - \\
&\quad - 0{,}^\circ1461 \cdot 10^{-2}(t - t_0)^2 - 0{,}^\circ467 \cdot 10^{-5}(t - t_0)^3 , \\
i &= (65{,}^\circ144 \pm 0{,}^\circ002) - 0{,}^\circ125 \cdot 10^{-2}(t - t_0) , \\
\omega &= (30{,}^\circ346 \pm 0{,}^\circ082) - 0{,}^\circ3868(t - t_0) - 0{,}^\circ168 \cdot 10^{-3}(t - t_0)^2 , \\
\varphi^* &= (5{,}^\circ450 \pm 0{,}^\circ039) - 0{,}^\circ01507(t - t_0) - 0{,}^\circ1029 \cdot 10^{-3}(t - t_0)^2 , \\
n &= 5044{,}18 \pm 0{,}^\circ01 \qquad \text{für} \qquad t = t_0 .
\end{aligned}$$

Die Ausgangszeit t_0 ist 1958; Juli; 31,0. Die Restabweichungen erreichen etwa 1′ bis 3′.

7.3. Fehlergleichungen bei Entfernungs- und Doppler-Messungen

Im vorstehenden wurde geschildert, wie man aus Richtungsbeobachtungen zum Satelliten dessen Bahnelemente ermitteln kann.

Im folgenden sollen auch die Fehlergleichungen behandelt werden, die in die Ausgleichung einzuführen sind, wenn Entfernungsmessungen zum Satelliten mittels Laser oder SECOR vorliegen, oder wenn Doppler-Beobachtungen ausgeführt wurden.

Bei Streckenmessungen zum Satelliten gilt die Formel

$$s = \sqrt{(x_S'' - x_Q'')^2 + (y_S'' - y_Q'')^2 + (z_S'' - z_Q'')^2} . \tag{174}$$

Die Koordinaten des Satelliten x_S'', y_S'', z_S'' im momentanen astronomischen System errechnen sich mit (166) aus den Oskulationsbahnelementen.

Die Koordinaten x_Q'', y_Q'', z_Q'' der Beobachtungsstation im Raum ergeben sich mit (104) aus den erdfesten auf den mittleren Pol bezogenen Koordinaten X, Y, Z nach

$$\begin{pmatrix} x_Q'' \\ y_Q'' \\ z_Q'' \end{pmatrix} = \boldsymbol{R}_z(-\Theta)\, \boldsymbol{S}^{-1} \begin{pmatrix} X \\ Y \\ Z \end{pmatrix} . \tag{175}$$

Die aus (174) folgende Verbesserungsgleichung lautet

$$\begin{aligned}
v_s = {} & \left[\sqrt{(x_S'' - x_Q'')^2 + (y_S'' - y_Q'')^2 + (z_S'' - z_Q'')^2} - s\right]_0 + \frac{\partial s}{\partial X}\,\Delta X + \\
& + \frac{\partial s}{\partial Y}\,\Delta Y + \frac{\partial s}{\partial Z}\,\Delta Z + \sum_w \frac{\partial s}{\partial a_w}\,a_w + \sum_w \frac{\partial s}{\partial e_w}\,e_w + \cdots ,
\end{aligned} \tag{176}$$

wenn man wieder von Bahnelementen der Form (169) ausgeht. Die in der Gleichung (176) auftretenden Ableitungen nach den Parametern $X, Y, Z, a, e, \ldots$ berechnet man wieder zweckmäßigerweise in der elektronischen Rechenmaschine numerisch als Differenzenquotienten.

Bei den DOPPLER-Beobachtungen bestimmt man nach Gleichung (102) die zeitliche Änderung der Entfernung s zum Satelliten. Diese läßt sich durch einen aus (174) abgeleiteten Differenzenquotienten darstellen

$$s^{\cdot} = \frac{\partial s}{\partial t} = \frac{s(t + \Delta t) - s(t)}{\Delta t}.$$

Bestimmt man s für verschiedene benachbarte Zeitmomente, so ändern sich zwischen diesen Zeitmomenten nicht nur die Koordinaten der Satellitenposition auf Grund der Änderungen von $a, e, \omega, i, \Omega, M$, es ändern sich auch die nach (175) ermittelten Koordinaten x_Q'', y_Q'', z_Q'' der Beobachtungsstation, weil auch die Sternzeit Θ fortschreitet. Die in der Fehlergleichung der DOPPLER-Beobachtungen benötigten Ableitungen der beobachteten Größen $s^{\cdot}$ nach den Unbekannten $X, Y, Z, a_w, e_w, \ldots$ kann man analog wie bei den Richtungs- und Streckenmessungen aus Differenzenquotienten berechnen.

$$v_{\Delta f} = \left(-\frac{f}{c}\, s^{\cdot} - \Delta f\right)_0 - \frac{f}{c}\left[\frac{\partial s^{\cdot}}{\partial X}\,\Delta X + \frac{\partial s^{\cdot}}{\partial Y}\,\Delta Y + \frac{\partial s^{\cdot}}{\partial Z}\,\Delta Z + \right.$$
$$\left. + \sum_w \frac{\partial s^{\cdot}}{\partial a_w}\, a_w + \sum_w \frac{\partial s^{\cdot}}{\partial e_w}\, e_w\right] + \cdots \tag{177}$$

7.4. Literatur

[1] GAPOSCHKIN, E. M.: Differential Orbit Improvement (DOI-3). SAO, Special Report No. 161 (1964).

[2] MERSON, R. H.: The Motion of a Satellite in an Axi-symmetric Gravitational Field. Geophys. J. 4 (1961).

[3] MERSON, R. H.: The Dynamic Model of Prop, a Computer Program for the Refinement of the Orbital Parameters of an Earth Satellite. Royal Aircraft Establishment, Technical Report No. 66255 (1966).

[4] ROY, M.: Dynamics of Satellites. Springer-Verlag 1963.

[5] SEHNAL, L., MILLS, S. B.: The Short-Period Drag Perturbation of the Orbits of Artificial Satellites. SAO, Special Report No. 223 (1966).

8. Geometrische Satellitengeodäsie
(Stellartriangulation nach Väisälä, kosmische Triangulation)

8.1. Simultanbeobachtungen auf zwei Stationen

8.1.1. *Grundlegende mathematische Beziehungen, Fehlergleichungen, Ausgleichung*

Simultanbeobachtungen von Satelliten haben sich als ein sehr geeignetes Mittel erwiesen, Entfernungen von mehreren tausend Kilometern mit einem Schritt geodätisch zu überbrücken. Man ist hier frei von den Unsicherheiten in den durch Beobachtung ermittelten Bahnelementen. Besonders die photographischen Beobachtungen der Ballonsatelliten und der von den geodätischen Satelliten ausgestrahlten Lichtblitze haben sich hierbei vorzüglich bewährt, können diese Beobachtungen doch mit relativ unkomplizierten Kameras ausgeführt werden, und hat man doch auf diesem Wege bereits Genauigkeiten von 1:100000 bis 1:500000 erreicht.

Schon Väisälä hat vor etwa 20 Jahren gezeigt, wie man den Richtungsvektor zwischen zwei Stationen P_1 und P_2 bestimmen kann, wenn man an diesen Stationen zwei kosmische Objekte simultan beobachtet.

Zeigen nämlich zur Zeit t_1 der Beobachtungsvektor $\boldsymbol{a}_1$ von der Station P_1 zum Satelliten S_1 und der Beobachtungsvektor $\boldsymbol{b}_1$ von der Station P_2 zur gleichen Position des Satelliten, so wird durch die Vektoren $\boldsymbol{a}_1$ und $\boldsymbol{b}_1$ eine Ebene aufgespannt, die den die beiden Stationen P_1 und P_2 verbindenden Einheitsvektor $\boldsymbol{g}$ enthält. Die Vielfalt solcher Ebenen bildet ein räumliches Ebenenbüschel mit dem Vektor $\boldsymbol{g}$ als Träger. Damit ist der Vektor $\boldsymbol{g}$ bestimmt.

Väisälä entwickelte seine Methode ursprünglich für die Beobachtung von Lichtblitzen, die von Raketen ausgestrahlt werden oder von einer Einrichtung, die durch Ballone emporgetragen wird, die sehr große Höhen erreichen können (möglichst 20 km).

Väisälä wandte diese Methode erstmalig 1959 bei der Beobachtung von Blitzen an, die von Ballonen für den Aufstieg von Radiosonden in geeigneten Höhen ausgestrahlt wurden. In dieser ursprünglichen Form hat sich das Verfahren kaum durchgesetzt, nicht zuletzt wegen meteorologischer Schwierigkeiten (Höhenwind).

Dieser Gedanke von Väisälä hat aber Eingang in die Satellitengeodäsie gefunden. Sein Verfahren wird in jüngster Zeit sehr intensiv bei der Beobachtung von Satelliten für geodätische Zwecke angewandt.

Ist

$$\boldsymbol{a}_1 = \frac{\overrightarrow{P_1S_1}}{|\overrightarrow{P_1S_1}|}\,; \qquad \boldsymbol{b}_1 = \frac{\overrightarrow{P_2S_1}}{|\overrightarrow{P_2S_1}|}\,, \tag{178}$$

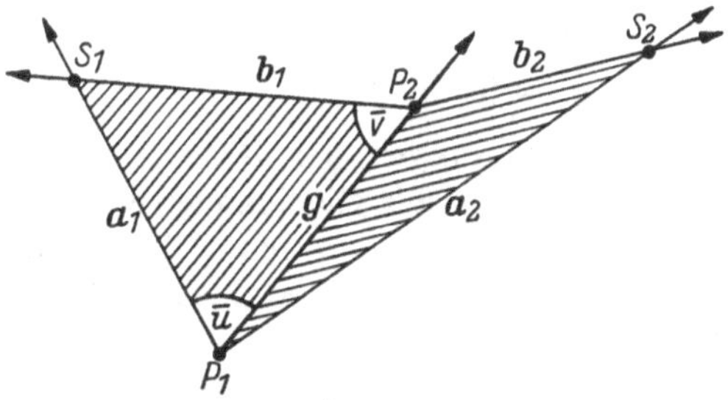

Abb. 27. Väisälä-Methode. Simultanbeobachtungen an 2 Stationen

so ist das Vektorprodukt

$$\boldsymbol{n}_1 = \frac{\boldsymbol{a}_1 \times \boldsymbol{b}_1}{|\boldsymbol{a}_1 \times \boldsymbol{b}_1|} \tag{179}$$

der Normaleneinheitsvektor der Ebene $P_1S_1P_2$. Ist ferner

$$\boldsymbol{g} = \frac{\overrightarrow{P_1P_2}}{|\overrightarrow{P_1P_2}|} \tag{180}$$

der gesuchte Einheitsvektor zwischen den Stationen, so erhält man ihn aus dem Vektorprodukt der Normalen $\boldsymbol{n}_1$ und $\boldsymbol{n}_2$ zweier Ebenen

$$\boldsymbol{g} = \frac{\boldsymbol{n}_1 \times \boldsymbol{n}_2}{|\boldsymbol{n}_1 \times \boldsymbol{n}_2|}. \tag{181}$$

Es empfiehlt sich selbstverständlich, nicht nur zwei Paare von simultanen Beobachtungen einzuführen, sondern noch weitere Paare hinzuzunehmen, um durch eine Ausgleichung ein genaueres Ergebnis zu finden.

Um die bei der Lösung dieser Aufgabe anfallende Fehlergleichung zu erhalten, nach der die Ausgleichung durchzuführen ist, geht man von der Beziehung

$$s_a\, \boldsymbol{a} - s_b\, \boldsymbol{b} - g \cdot \boldsymbol{g} = 0$$

aus. s_a, s_b sind die Entfernungen vom Punkt P_1 bzw. P_2 zum Satelliten, g die Länge der Strecke $\overline{P_1P_2}$. Differenziert man diese Gleichung nach den Unbekannten s_a, s_b, $g \cdot \boldsymbol{g}$ und nach den Beobachtungsvektoren $\boldsymbol{a}$, $\boldsymbol{b}$ und multipliziert man dann skalar mit dem beobachteten Normalenvektor $\boldsymbol{n}$, so ergibt sich die Fehlergleichung

$$s_a\, \boldsymbol{n} \cdot \Delta \boldsymbol{a} - s_b\, \boldsymbol{n}\, \Delta \boldsymbol{b} - g \cdot \boldsymbol{n}\, \Delta \boldsymbol{g} - g_m\, \boldsymbol{n} \cdot \boldsymbol{g}_m = 0\,, \tag{182}$$

wenn $g_m \cdot \boldsymbol{g}_m$ der die Näherungspositionen von P_1 und P_2 verbindende Vektor ist.

Gleichung (182) kann man nach Rinner und Milbert auch aus dem Spatprodukt

$$|\boldsymbol{a}, \boldsymbol{b}, \boldsymbol{g}| = 0$$

durch Differentiation ableiten. Man erhält

$$|\Delta \boldsymbol{a}, \boldsymbol{b}, \boldsymbol{g}| + |\boldsymbol{a}, \Delta \boldsymbol{b}, \boldsymbol{g}| + |\boldsymbol{a}, \boldsymbol{b}, \Delta \boldsymbol{g}| = 0\,.$$

In Gleichung (182) müssen die Änderungen der Beobachtungsvektoren $\Delta \boldsymbol{a}$ und $\Delta \boldsymbol{b}$ durch die Differentialquotienten der voneinander unabhängigen beobachteten Werte $\alpha_a, \delta_a, \alpha_b, \delta_b$ ihrer Rektaszension und Deklination ausgedrückt werden. Drückt man alle Vektoren im erdfesten X, Y, Z-System aus, so folgt, wenn von der Polbewegung abgesehen wird,

$$\boldsymbol{a} = \begin{pmatrix} \cos \delta_a \;\cos (\alpha_a - \Theta_a) \\ \cos \delta_a \;\sin (\alpha_a - \Theta_a) \\ \sin \delta_a \end{pmatrix}$$

und eine analoge Gleichung für $\boldsymbol{b}$. Der Vektor zwischen den Beobachtungsstationen P_1, P_2 ist

$$g\,\boldsymbol{g} = g \begin{Bmatrix} \cos \varphi_g & \cos \lambda_g \\ \cos \varphi_g & \sin \lambda_g \\ \sin \varphi_g & \end{Bmatrix} = g \begin{pmatrix} X_g \\ Y_g \\ Z_g \end{pmatrix}. \tag{183}$$

Damit erhält man die Verbesserungsgleichung für Simultanbeobachtungen, die an zwei Stationen ausgeführt worden sind.

$$c_{\delta a}\, v_{\delta a} + c_{\alpha a}\, v_{\alpha a} + c_{\delta b}\, v_{\delta b} + c_{\alpha b}\, v_{\alpha b} \times$$

$$\times \begin{Bmatrix} + c_\varphi\, \Delta\varphi_g + c_\lambda\, \Delta\lambda_g \\ + c_x\, \Delta X_g + c_y\, \Delta Y_g + c_z\, \Delta Z_g \end{Bmatrix} - g_m \boldsymbol{n}\, \boldsymbol{g}_m = 0 \qquad \begin{matrix} (184) \\ (185) \end{matrix}$$

$$\left.\begin{aligned} c_{\delta a} &= s_a \boldsymbol{n} \frac{\partial \boldsymbol{a}}{\partial \delta_a}, & c_{\alpha a} &= s_a \boldsymbol{n} \frac{\partial \boldsymbol{a}}{\partial \alpha_a}, \\ c_{\delta b} &= -\, s_b \boldsymbol{n} \frac{\partial \boldsymbol{b}}{\partial \delta_b}, & c_{\alpha b} &= -\, s_b \boldsymbol{n} \frac{\partial \boldsymbol{b}}{\partial \alpha_b}, \\ c_\varphi &= -\, g_m \boldsymbol{n} \frac{\partial \boldsymbol{g}_m}{\partial \varphi_g}, & c_\lambda &= -\, g_m \boldsymbol{n} \frac{\partial \boldsymbol{g}_m}{\partial \lambda_g}, \\ c_x &= -\, g_m X_n\,, & c_y &= -\, g_m Y_n\,, \quad c_z = -\, g_m Z_n\,. \end{aligned}\right\} \tag{186}$$

Hier bedeutet der tiefgesetzte Index n bei X_n, Y_n, Z_n, daß die rechtwinkligen Koordinaten des Einheitsvektors $\boldsymbol{n}$ im erdfesten System zu nehmen sind. Der tiefgesetzte Index m zeigt an, daß es sich um einen Näherungswert handelt. $X_n, \ldots, X_g$ sind Komponenten von Einheitsvektoren.

Die Differentialquotienten (186) ergeben sich unschwer aus den vorstehend angegebenen Vektoren $\boldsymbol{a}$, $\boldsymbol{b}$, $\boldsymbol{g}$.

Die Fehlergleichung (184) ist zu verwenden, wenn der Vektor $\boldsymbol{g}$ durch seine Polarkoordinaten φ_g, λ_g ausgedrückt werden soll. Will man mit (185) rechtwinklige Koordinaten X_g, Y_g, Z_g von $\boldsymbol{g}$ einführen, so muß man berücksichtigen, daß $\boldsymbol{g}$ ein Einheitsvektor ist. Es tritt dann noch die Bedingung

$$X_g\, \Delta X_g + Y_g\, \Delta Y_g + Z_g\, \Delta Z_g = 0 \tag{187}$$

hinzu.

Die Entfernung g zwischen den beiden Stationen P_1 und P_2 läßt sich nach diesem allein auf simultanen Richtungsbeobachtungen beruhenden Verfahren selbstverständlich nicht bestimmen, nur die räumliche Richtung des Vektors $\boldsymbol{g}$ kann ermittelt werden.

Damit sind alle Entwicklungen gegeben, um die Fehlergleichungen (184), (185) berechnen und in die Ausgleichung einführen zu können.

Nimmt man die Ausgleichung streng, so wird man feststellen, daß die zufälligen Variablen $v_{\delta\alpha}$, $v_{\alpha a}$ ebenso wie die betreffenden auf den Vektor $\boldsymbol{b}$ bezogenen Verbesserungen miteinander korreliert sind, insbesondere wenn nicht Lichtblitze des Satelliten, sondern Spurunterbrechungen im Komparator ausgemessen werden. Man wird dann senkrecht zur Satellitenspur eine höhere Genauigkeit erhalten als in Richtung der Satellitenbewegung. Die Fehlerellipse wird in Richtung der Satellitenspur ihre große Achse und senkrecht dazu die um etwa 1:2 oder 2:3 kürzere kleine Achse haben.

Projiziert man die Differentiale der Rektaszension und Deklination in die Bildebene, so werden die in die Ausgleichung einzuführenden Verbesserungen der Rektaszension und Deklination sich auf 2 orthogonale Richtungen in der Bildebene beziehen. Diese bilden einen Winkel Π mit der Satellitenspur.

Die zufälligen Fehler der Ausmessung längs der Satellitenspur (v_l) und senkrecht dazu (v_q) sind im Sinne der mathematischen Statistik voneinander unabhängig. Diese Größen sind daher als unabhängige Variable in die Ausgleichung einzuführen.

Ist Π der Positionswinkel, den die Satellitenspur am Himmel mit dem Stundenkreis ($\alpha =$ konst.) macht, so hat man (bei kleinem Bildfeld) die Substitutionen

$$\left.\begin{aligned} v_\alpha &= -\frac{1}{f\cos\delta}(v_l \sin\Pi + v_q \cos\Pi)\,, \\ v_\delta &= \frac{1}{f}(v_l \cos\Pi - v_q \sin\Pi)\,, \end{aligned}\right\} \tag{188}$$

$$\left.\begin{aligned} v_l &= -f\cos\delta\sin\Pi\cdot v_\alpha + f\cos\Pi\, v_\delta\,, \\ v_q &= -f\cos\delta\cos\Pi\cdot v_\alpha - f\sin\Pi\, v_\delta\,, \end{aligned}\right\} \tag{189}$$

wobei f die Brennweite ist.

Führt man mit (188) die unabhängigen Verbesserungen v_l und v_q in die Verbesserungsgleichung (184), (185) ein, so wird man einer strengen Auffassung gerecht.

In vielen Anwendungen kann man aber die mit diesen Korrelationen verbundenen Besonderheiten vernachlässigen, und man kann direkt von Gleichung (184), (185) ausgehen. Haben $\cos\delta\cdot v_\alpha$ und v_δ etwa die gleiche Standardabweichung, so kann man die in den ersten vier Gliedern der Gleichung (184), (185) enthaltenen 4 zufälligen Variablen zusammenfassen zu einer einzigen äquivalenten zufälligen Variablen v, und man erhält aus (184), (185) die Verbesserungsgleichung

$$v + c_\varphi\,\Delta\varphi_g + c_\lambda\,\Delta\lambda_g - g_m\,\boldsymbol{n}\,\boldsymbol{g}_m = 0 \tag{190}$$

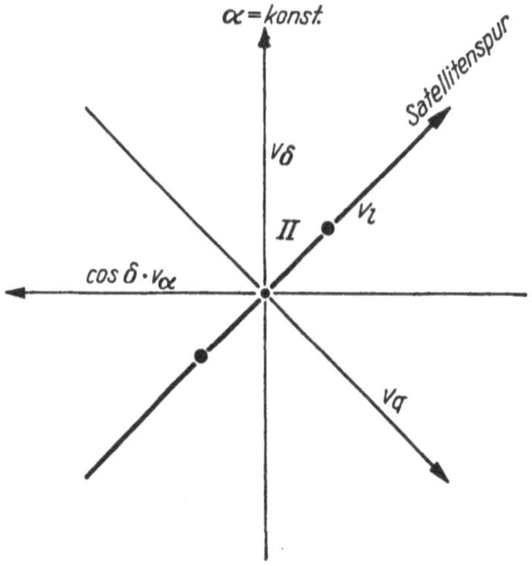

Abb. 28

oder

$$v + c_x \Delta X_g + c_y \Delta Y_g + c_z \Delta Z_g - g_m \boldsymbol{n} \boldsymbol{g}_m = 0 \tag{191}$$

mit dem Gewicht

$$p = \frac{\sin^2(\bar{u} + \bar{v})}{\sin^2 \bar{u} + \sin^2 \bar{v}} = \frac{g_m^2}{s_a^2 + s_b^2}, \tag{192}$$

wenn $\bar{u}$ und $\bar{v}$ die in Abb. 27 zu findenden Winkel sind.

Auch hier ist die Bedingung (187) zu berücksichtigen.

In welcher Weise eine einzelne durch ein simultanes Paar von Beobachtungen gebildete Ebene zur Bestimmung des Vektors $\boldsymbol{g}$ beiträgt, kann an Hand einer graphischen Darstellung leicht veranschaulicht werden (Abb. 29).

Projiziert man nämlich die Ebene P_1SP_2 auf die zum Vektor $\boldsymbol{g}$ senkrechte Ebene ε, die durch den Punkt P_2 verläuft, dann hat man in der Spur Sp beider Ebenen einen geometrischen Ort für die Lage des Punktes P_2 in der Ebene ε. Ist P_2^0 der Näherungspunkt von P_2, so ist die Strecke $P_2^0P_2^{0\prime}$ das Absolutglied der Fehlergleichungen (184), (185), (190), (191). Aus einer Vielzahl von Spuren Sp in der Ebene ε kann man die Lage des Punktes P_2 relativ zu P_2^0 ermitteln. Die Normalen der Ebenen P_1SP_2 werden erfahrungsgemäß meistens etwa horizontal verlaufen, d. h., diese Ebenen werden sich nach der Erfahrung nicht sehr stark von Vertikalebenen unterscheiden. Dann verlaufen auch die Spuren Sp in der Ebene ε etwa senkrecht, und man erkennt leicht, daß das Azimut von g im allgemeinen genauer erhalten wird als seine Zenitdistanz. Konstruiert man in der Ebene ε die Fehlerellipse des Punktes P_2, so wird die große Halbachse erfahrungsgemäß meistens nur eine Zenitdistanz von 10° bis 30° haben, und sie wird oft zwei- bis dreimal so lang sein wie die kleine Halbachse.

Aus der Ausgleichung erhält man die Änderungen der Parameter φ_g und λ_g des Vektors $\boldsymbol{g}$.

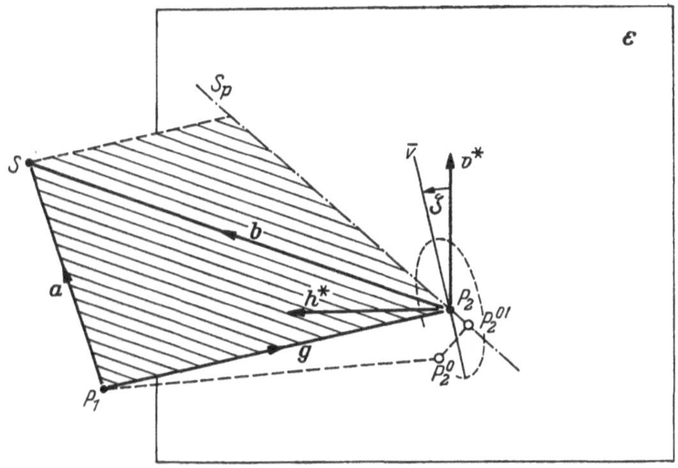

Abb. 29. Vertikalprojektion der Ebene P_1SP_2 in die Ebene ε. Diese verläuft durch den Punkt P_2 und senkrecht zu dem die beiden Stationen P_1 und P_2 verbindenden Vektor $\boldsymbol{g}$

Es entsteht die Aufgabe, diese auf ein äquatoriales System bezogenen Daten φ_g, λ_g in horizontale und vertikale Komponenten Δv^*, Δh^* zu transformieren (Abb. 29).

Ist A das im Punkt P_1 gemessene horizontale Azimut des Vektors $\boldsymbol{g}$ und dreht man das horizontale X', Y', Z'-System (148) um die Z'-Achse um den Winkel $90° - A$ im Gegenuhrzeigersinn, so daß die X'-Achse zum Punkt P_2 zeigt, dann gilt für die Koordinaten in diesem neuen g, h^*, v^*-System

$$\begin{pmatrix} g \\ h^* \\ v^* \end{pmatrix} = \boldsymbol{R}_z(180° - A)\,\boldsymbol{R}_y(90° - \varphi_0')\,\boldsymbol{R}_z(\lambda_0) \begin{pmatrix} X_g \\ Y_g \\ Z_g \end{pmatrix} = \boldsymbol{Q}^* \begin{pmatrix} X_g \\ Y_g \\ Z_g \end{pmatrix}. \tag{193}$$

φ_0', λ_0 sind hier die geographischen Koordinaten des Punktes P_1. X_g, Y_g, Z_g sind die Komponenten des Vektors $\boldsymbol{g}$ nach (183). Mittels der Gleichungen (183), (193) kann man leicht durch Betrachtung von Differenzenquotienten oder Differentialquotienten ermitteln, welchen Einfluß die Änderungen der Parameter φ_g und λ_g des Vektors $\boldsymbol{g}$ auf seine horizontale und vertikale Komponente h^* und v^* nehmen. Ebenso lassen sich mit (193) die betreffenden Fehlerkomponenten ermitteln und $\Delta\varphi_g$, $\Delta\lambda_g$ durch die Differentiale von h^*, v^* ersetzen.

8.1.2. *Fehlertheorie*

Für eine Beurteilung der Genauigkeit des Richtungsvektors $\boldsymbol{g}$, die nach diesem Verfahren aus Simultanbeobachtungen an zwei Stationen erhalten werden kann, ist es nützlich, eine Übersicht über die Größe der Gewichte p

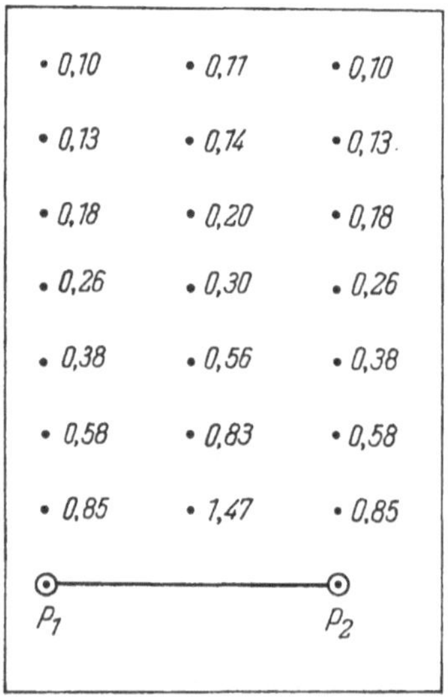

Abb. 30. Räumliche Verteilung der Gewichte bei der VÄISÄLÄ-Methode in Abhängigkeit von der Lage des Satelliten relativ zu den beiden Stationen P_1 und P_2

nach Gleichung (192) in Abhängigkeit von der Höhe des Satelliten und seiner Lage relativ zu den Punkten P_1 und P_2 zu haben (Abb. 30).

Man hat an schematischen Modellen den mittleren Fehler der horizontalen und vertikalen Komponente, σ_{h*} und σ_{v*}, des Vektors $\boldsymbol{g}$ in Abhängigkeit von der Genauigkeit der einzelnen Richtungsbeobachtung σ, der Höhe des Satelliten h, der Länge der Strecke $\overline{P_1P_2} = g$ und der Anzahl der simultanen Beobachtungspaare (Anzahl der Satellitenpositionen) n^* bestimmt. Bei gewissen Voraussetzungen über die symmetrische Verteilung der Vektoren $\boldsymbol{a}$ und $\boldsymbol{b}$ im Raum erhielt LAMBECK approximativ

$$\sigma_{h*}^2 = \sigma_{v*}^2 = \frac{\sigma^2}{(0{,}19\, g/h - 0{,}08)\, n^*}.$$

Hat unter den beobachteten Ebenen P_1SP_2 die Ebene mit der größten (kleinsten) Zenitdistanz der Fallinien Z (= Höhenwinkel der Ebenennormale) den Wert $Z = Z_{max}$ (Z_{min}), dann sollten die Satelliten beidseitig des Vektors $\boldsymbol{g}$ so beobachtet werden, daß die Zenitdistanzen dieser Ebenen symmetrisch zwischen Z_{max} und Z_{min} liegen. Durchläuft Z_{max} die Reihe 80°, 70°, 60°, 50°, 45°, dann muß Z_{min} die Werte 22°, 26°, 32°, 40°, 45° durchlaufen, wenn $\sigma_{v*} = \sigma_{h*}$ sein soll.

In der Praxis läßt sich diese Bedingung nur schwerlich einhalten. Die Sichtbarkeit der Satelliten hängt nämlich von vielen Faktoren ab, so daß man die Satelliten beobachten muß, wie sie zu erreichen sind. Beobachtungen, die nicht in die symmetrische Verteilung im Raum passen, sollte man deswegen nicht streichen; denn die Genauigkeit der Resultate würde darunter meistens leiden.

Zu ähnlichen Ergebnissen kommt Rinner mit der Beziehung

$$\sigma_{h*}^2 = \sigma_{v*}^2 = \frac{2}{n*} \sigma^2 ,$$

indem er annimmt, daß jeweils zwei zusammengehörige simultane Beobachtungsstrahlen sich rechtwinklig schneiden.

Man erkennt leicht, daß solche Beobachtungen besonders wirksam sind, bei denen der Satellit sich mittig zwischen den beiden Stationen in möglichst geringer Höhe befindet.

Spezialfall, $\sigma_{h*} \gg \sigma_{v*}$

Im allgemeinen ist es sicher vorteilhaft, die beobachteten Ebenen P_1SP_2 so anzuordnen, daß die horizontale Komponente des Vektors $\boldsymbol{g}$ etwa mit der gleichen Genauigkeit erhalten wird wie die vertikale. In einem speziellen Fall kann man aber die Genauigkeit des Azimutes von $\boldsymbol{g}$ wesentlich steigern, wenn eine Satellitenbahn ausgewählt wird, die relativ zu den beiden Beobachtungsstationen eine ganz bestimmte Lage hat.

Dazu seien zunächst etwas allgemeinere Ausführungen gemacht.

Die Bestimmung einer einzelnen räumlichen Position eines Satelliten durch Ausmessung seiner Spurunterbrechung in der photographischen Platte oder durch Ausmessung eines von ihm ausgestrahlten Lichtblitzes wird schwerlich genauer als auf $\pm 1''$ bis $\pm 2''$ möglich sein. Schon allein die Richtungsszintillation (Bildunruhe) setzt diese Grenze, ebenso wie in den meisten Fällen die Fehler der Zeitmessung.

Andererseits ist es aber in der photographischen Astrometrie möglich, in einen Haufen von Sternen mit bekannten Himmelspositionen weitere Sterne mit einer Genauigkeit von $\pm 0\overset{''}{.}1$ einzuschalten, ohne daß größere prinzipielle Schwierigkeiten entstehen. Grundsätzlich ist es sogar möglich, die Genauigkeit noch weiter zu steigern und nahezu $\pm 0\overset{''}{.}05$ zu erreichen, wenn der Aufwand nur genügend hoch getrieben wird. In der Astrometrie kann man nämlich immer die Kamera der Bewegung der Sterne sehr genau und relativ lange nachführen, so daß diese punktförmig abgebildet werden. Man kann also über eine längere Zeit belichten, so daß der Effekt der Szintillation (Bildunruhe) sich weitgehend herausmittelt. Man kann darüber hinaus in der Astrometrie in dichter Reihenfolge Wiederholungsaufnahmen machen, die zu einer weiteren Steigerung der Genauigkeit führen.

Alle diese bei astrometrischen Aufnahmen gültigen Vorteile hat man bei Satellitenaufnahmen nicht. Darum ist es so schwierig, bei der Satellitenbeobachtung die Genauigkeit von $\pm 0\overset{''}{.}2$ oder $1:10^6$ zu erhalten; denn die Satelliten befinden sich in rascher Bewegung relativ zu den Sternen. Man kann wohl punktförmige Abbildungen des Satelliten erhalten, indem man GEOS-Lichtblitze beobachtet, oder indem man bei Spurunterbrechungen durch einen rotierenden Sektorverschluß diesen in der Mitte mit einem Schlitz versieht. In allen diesen Fällen ist man aber genötigt, über eine größere Anzahl von Blitzen zu mitteln, um den Einfluß der Szintillation (Bildunruhe) auf weniger als $\pm 1''$ herabzudrücken. Darüber hinaus wirkt in Richtung der Satellitenbewegung der Zeitfehler, 1 ms entspricht etwa $1''$. Eine Erhöhung der Richtungsgenauigkeit auf besser als $\pm 1''$ muß einhergehen mit einer Erhöhung der äußeren Zeitmeßgenauigkeit über 1 ms hinaus, ein Ziel, das auch bei den besten Verschlüssen nur mit ganz erheblichem Aufwand erreicht werden kann. Auch die Unsicherheiten in der Laufzeit der Radiowellen, die die Zeitzeichen übertragen, können eine Fehlerquelle sein.

Ferner benötigt man für eine einwandfreie Reduktion der Platten wenigstens 6 Sterne, deren Position möglichst genauer als $\pm 0\overset{''}{.}5$ gegeben ist. Man kommt also nicht allein mit Fundamentalsternen aus, weil diese nicht genügend dicht verteilt sind, sondern man muß auch auf schwächere Sterne zurückgreifen, die nicht so genau wie die Fundamentalsterne vermessen sind.

Die Schwierigkeiten, genügend genaue Sternkoordinaten zur Verfügung zu haben, sind allerdings in letzter Zeit überwunden worden durch die Herausgabe des neuen Smithsonian Star Catalog (1966) und durch den neuen AGK 3 Katalog. Der letztere hat eine Genauigkeit von etwa $\pm 0\overset{''}{.}13$. Auch ist im AGK 3 die Eigenbewegung der Sterne auf etwa $\pm 0\overset{''}{.}007$/Jahr bekannt.

Es soll daher eine Variante der Stellartriangulation geschildert werden, bei der man sich in stärkerem Maße freimachen kann von den Einflüssen der Bildunruhe, von der Ungenauigkeit in der Zeitbestimmung und von den Fehlern bei der Ausmessung der Satellitenspur in tangentialer Richtung.

Dieser Spezialfall der VÄISÄLÄ-Methode hat zur wesentlichen Bedingung, daß die Subsatellitenkurve mit der Verbindungslinie der beiden Beobachtungsstationen nur einen kleinen Winkel von nicht mehr als $\chi = 20°$ oder $\chi = 30°$ einschließt und daß der Satellit beim Durchgang durch beide Stationen ihrem Zenit ziemlich nahekommt. Der Satellit soll sich also möglichst in der Vertikalebene der beiden Beobachtungsstationen bewegen. Durch diese geometrische Anordnung der Beobachtungen erreicht man eine Verminderung um den Faktor $\sin \chi$ bei dem Einfluß, den der Zeitfehler und der Ausmeßfehler am Komparator parallel zur Satellitenspur auf die horizontale Komponente des zu bestimmenden Vektors $\boldsymbol{g}$ nehmen.

Die Genauigkeit des Azimutes des Vektors $\boldsymbol{g}$ wird daher vor allem durch die Ausmeßgenauigkeit senkrecht zur Satellitenspur bestimmt. Es empfiehlt sich daher, die Platte im Komparator so zu orientieren, daß die Satellitenspur parallel zu den Doppelfäden des Fadenkreuzes läuft. Dieses Fadenkreuz kann man dann in tangentieller Richtung sehr genau auf die Satellitenspur einstellen, und zwar nicht nur an zwei benachbarten Spurunterbrechungen, sondern an etwa 10 äquidistanten zwischen ihnen gelegenen Punkten. Mittelt man über alle diese Messungen, dann erhält man, gegebenenfalls mit kleinen Reduktionen, die Bildkoordinaten des Mittelpunktes dieses Spurstückes, und die Komponente senkrecht zur Satellitenspur wird wesentlich genauer sein als die tangentielle. Auch die Bildunruhe wird in erheblichem Umfang reduziert sein. Rechnet man bei 10 Meßstellen mit dem Faktor $0{,}3 \cong 1/\sqrt{10}$, so kann man aus einem Spurstück vielleicht schon eine Richtungsgenauigkeit von $\pm 0''.5$ erhoffen. Mittelt man über alle Spurstücke einer Aufnahme und hat man 10 bis 20 simultane Aufnahmen zur Verfügung, so dürfte man das Azimut zwischen den Stationen P_1, P_2 auf $0''.2$ erhalten können.

Es handelt sich also um ein Verfahren, mit dem man die absolute azimutale Orientierung eines Dreiecknetzes im Raum sehr genau erreichen kann; denn die klassischen Verfahren sind durch die unvollkommene Kenntnis der Lotabweichungen verfälscht und gestatten nur eine relative Orientierung der Triangulationen.

Zur Veranschaulichung der Wirksamkeit des Fehlers längs und quer zur Satellitenspur v_l, v_q bei dieser speziellen Methode seien noch zwei Darstellungen gezeigt.

In Abb. 31 findet man eine Schar von 3 Subsatellitenkurven des eine Polbahn durchfliegenden Ballonsatelliten Echo 2. Man erkennt dort ferner zwei Beobachtungsstationen P_1, P_2, die etwa auf dem gleichen Meridian liegen und etwa 1300 km voneinander entfernt sind.

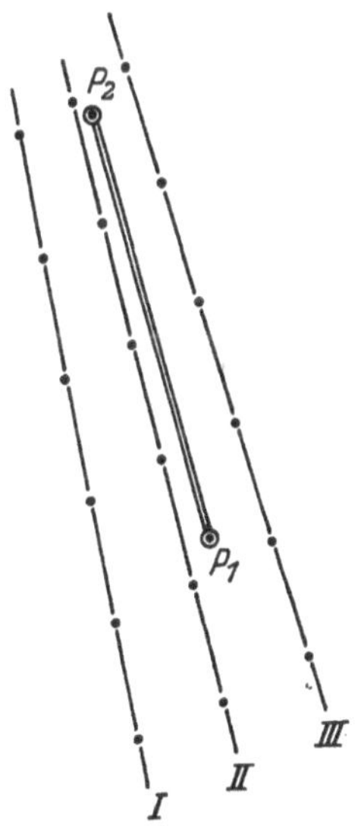

Abb. 31. Zwei etwa auf dem gleichen Meridian gelegene Beobachtungsstationen mit drei Subsatellitenkurven des Ballonsatelliten Echo 2

I		II		III	
k_l	k_q	k_l	k_q	k_l	k_q
0,19	0,99	0,04	1,02	0,09	1,00
0,14	0,99	0,03	0,98	0,05	1,00
0,10	0,99	0,07	1,02	0,01	0,99
0,24	0,96	0,04	0,99	0,08	0,99
0,33	0,93	0,01	0,99	0,01	1,00
0,14	1,03	0,08	1,00	0,04	1,00

Abb. 32. Die Koeffizienten k_l und k_q

Abb. 32 zeigt die zugehörigen Faktoren k_l, k_q, mit denen die Fehler längs und quer zur Satellitenspur bei der Bestimmung des Azimutes zu multiplizieren sind. Man überzeugt sich leicht, daß die Längsfehler einen viel geringeren Einfluß haben.

8.1.3. *Praktische Anwendungen der Väisälä-Methode*

Die Methode von Väisälä mit Simultanbeobachtungen auf zwei Stationen ist in der Beobachtung und analytischen Auswertung relativ einfach durchzuführen und ist daher intensiv genutzt worden.

So wurden die 15 von den USA über die ganze Welt verteilten Baker-Nunn-Stationen auf diesem Wege miteinander verbunden. Abb. 33 zeigt das Netz dieser Stationen mit den zwischen den Stationen beobachteten Einheitsvektoren $\boldsymbol{g}$. 6 benachbarte Beobachtungen wurden jeweils durch Mittelung zu einer Beobachtung mit einer Genauigkeit von $\pm 1''$ bis $\pm 2''$ zusammengefaßt. Aus solchen Beobachtungen wurden 1660 simultane Paare gebildet.

Bei Seitenlängen g von 1500 km bis 7500 km wurden vor allem hoch fliegende Satelliten (Midas 4, 630301, 630304) beobachtet. Für die einzelnen räumlichen Richtungen $\boldsymbol{g}$ zwischen den Stationen erhielt man eine relative Genauigkeit von 1:100000 bis 1:300000.

Ferner hat man im Bereich des Golfes von Mexiko durch Beobachtung eines Blitzlichtsatelliten Richtungsvektoren zwischen 6 Beobachtungsstationen bestimmt. Die Beobachtungen erwiesen sich als recht genau, weil eine Kamera mit langer Brennweite (PC 1000) eingesetzt wurde und weil durch die Verwendung der Blitze die Simultaneität sehr zuverlässig gesichert war, ohne daß sich Fehler in der Zeitnahme hätten auswirken können. Der Fehler der die Stationen verbindenden Richtungen ergab sich zu etwa $\pm 0\overset{''}{.}7$, die horizontale Komponente war mit $\pm 0\overset{''}{.}5$ im Mittel etwas genauer.

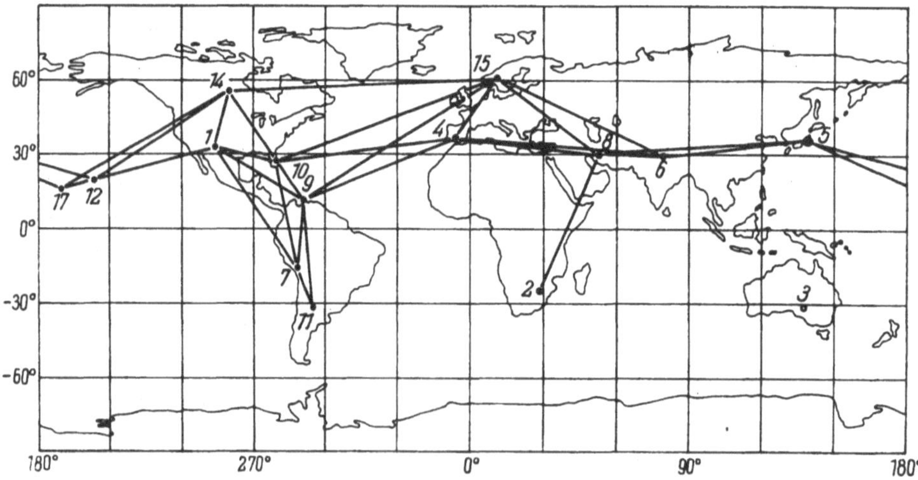

Abb. 33. Die geographische Lage der Baker-Nunn-Stationen und das Netz der Linien, deren räumliche Einheitsvektoren aus Satellitenbeobachtungen bestimmt worden sind
(Mit freundlicher Genehmigung durch das Smithsonian Institution, Astrophysical Observatory, Cambridge, Mass.)

Milbert bestimmte in einem aus den Stationen Bukarest, Nikolajew, Poznan und Riga gebildeten Netz die gegenseitigen Richtungen aus Beobachtungen von Echo 1 mittels der NAFA-Kamera.

Am Geodätischen Institut in Potsdam wurde der Richtungsvektor Potsdam—Bukarest aus 4 gemeinsamen Bildpaaren bestimmt. Jedes Bild hatte mehrere Spurunterbrechungen. Die Ausgleichung ergab für die horizontale Komponente einen mittleren Fehler von $\pm 1''.6$, dem entspricht über die Distanz von 1300 km ein Querfehler von etwa 10 m oder ein relativer Fehler von 1:130000. In Bukarest war eine NAFA-Kamera im Einsatz, in Potsdam eine selbstgebaute Kamera ähnlicher Leistungsfähigkeit.

Popovici entwickelte für die Auswertung solcher Simultanbeobachtungen eine besondere Methode, bei der der Simultaneitätskreis eingeführt wird. Er bestimmte mit seiner Gleichung die Richtungen in dem Dreieck Poznan, Riga, Bukarest und auch andere Richtungen aus Beobachtungen von Echo 1.

Sind α_1, δ_1 bzw. α_2, δ_2 die beobachteten, simultanen Rektaszensionen und Deklinationen des Satelliten auf den beiden Stationen P_1 und P_2 und sind α_g, δ_g die analogen Werte für den gesuchten Richtungsvektor zwischen den Stationen P_1 und P_2, dann lautet die mittels des Simultaneitätskreises abgeleitete Beziehung

$$\tan \delta_1 \sin (\alpha_g - \alpha_2) + \tan \delta_2 \sin (\alpha_1 - \alpha_g) + \tan \delta_g \sin (\alpha_2 - \alpha_1) = 0 .$$

8.1.4. *Räumliche Netzausgleichung für die Einheitsvektoren zwischen den Stationen*

Werden nach dem Verfahren von Väisälä, wie es im vorstehenden Kapitel beschrieben worden ist, drei räumliche Vektoren $\boldsymbol{g}_1, \boldsymbol{g}_2, \boldsymbol{g}_3$ bestimmt, die sich zu einem Dreieck zusammenschließen, so tritt eine Zusatzbedingung auf, weil alle drei Vektoren in einer Ebene liegen müssen. Man kann diese Bedingung dadurch zum Ausdruck bringen, daß das Volumen des aus den drei Vektoren gebildeten Parallelepipeds verschwinden muß.

$$D = \begin{vmatrix} X_{g_1} & Y_{g_1} & Z_{g_1} \\ X_{g_2} & Y_{g_2} & Z_{g_2} \\ X_{g_3} & Y_{g_3} & Z_{g_3} \end{vmatrix} = 0 . \qquad (194)$$

Diese Bedingung muß auch in die Ausgleichung eingeführt werden.

Man wird also zunächst die einzelnen Vektoren $\boldsymbol{g}_1, \boldsymbol{g}_2, \boldsymbol{g}_3$ für sich durch Ausgleichung der Beziehungen (184), (185) oder (190), (191) nebst ihren mittleren Fehlern bestimmen, um anschließend unter Berücksichtigung der Bedingung (194) die Netzausgleichung im Dreieck $P_1P_2P_3$ vorzunehmen.

Dabei soll zunächst vorausgesetzt werden, daß die aus den Beobachtungen gewonnenen Ebenen $P_i S_{iqk} P_q$ ($k = 1, 2, \ldots, n_{iq}$) alle voneinander unabhängig sind, daß also keine Beobachtungen vorliegen, die an allen drei Stationen simultan erhalten wurden, und daß folglich keine Beobachtung, die zur Bestimmung eines der Vektoren $\boldsymbol{g}_i$ verwendet wurde, auch zur Bestimmung eines der anderen Vektoren Verwendung fand.

Die so durch Ausgleichung der Fehlergleichungen (184), (185) oder (190), (191) erhaltenen Vektoren $\boldsymbol{g}_1, \boldsymbol{g}_2, \boldsymbol{g}_3$ sind dann nicht miteinander korreliert und können folglich als voneinander unabhängige Größen in die Netzausgleichung eingeführt werden. Die drei Komponenten $X_{g_i}, Y_{g_i}, Z_{g_i}$ des Vektors $\boldsymbol{g}_i$ dagegen sind durch die vorhergegangene Ausgleichung miteinander korreliert, eine Eigenschaft, die zu berücksichtigen ist.

Man kann die Netzausgleichung im wesentlichen auf drei verschiedenen Wegen ausführen.

1. Beim ersten Verfahren geht man davon aus, daß die Elemente der Determinante (194) zufällige Variable sind, die innerhalb der Zeilen, nicht aber zwischen den Zeilen miteinander korreliert sind. Macht man Gleichung (194) linear in den Verbesserungen dieser zufälligen Variablen, so folgt

$$v_{X_{g_1}} \Delta_{11} + v_{Y_{g_1}} \Delta_{12} + \cdots + v_{Z_{g_3}} \Delta_{33} + D_0 = 0 \,. \tag{195}$$

Hier ist noch die Bedingung (187) zu berücksichtigen.

D_0 ist eine Determinante, die nach (194) aus den Komponenten der drei Vektoren $\boldsymbol{g}_1, \boldsymbol{g}_2, \boldsymbol{g}_3$ bestimmt wird. Diese Vektoren ergeben sich nach (185), (191) aus den zuvor ausgeführten Ausgleichungen der Simultanbeobachtungen auf jeweils zwei benachbarten Stationen, Δ_{ik} sind die betreffenden Unterdeterminanten.

Gleichung (195) ist nach der Theorie der korrelierten Beobachtungen auszugleichen. Diese Ausgleichungsmethoden sind aber nur selten in einem Rechenautomaten programmiert.

2. Geht man den zweiten Weg, so muß man die Verbesserungen

$$v_{X_{g_i}}, \; v_{Y_{g_i}}, \; v_{Z_{g_i}}$$

durch voneinander unabhängige Variable ersetzen. Dafür bieten sich die Fehler in der Richtung der großen und kleinen Halbachse der Fehlerellipse in der ε-Ebene (Abb. 29) an.

Man benötigt dabei die Zenitdistanz ζ der großen Halbachse dieser Fehlerellipse.

Es empfiehlt sich daher für den Fall, daß eine Netzausgleichung anzuschließen ist, von vornherein die horizontale und vertikale Komponente von $\boldsymbol{g}$ in der ε-Ebene entsprechend (193) und Abb. 29 als Unbekannte in den Gleichungen (184), (185) bzw. (190), (191) zu substituieren. Die Substitutionsgleichung gewinnt man z. B. durch Inversion von (193). Wenn $\bar{q}^*_{ik}$ die Elemente der Matrix $(\boldsymbol{Q}^*)^{-1}$ sind, so gilt

$$\left.\begin{aligned} \begin{pmatrix} X_g \\ Y_g \\ Z_g \end{pmatrix} &= (\boldsymbol{Q}^*)^{-1} \begin{pmatrix} g \\ h^* \\ v^* \end{pmatrix}, \\ \Delta X_g &= \bar{q}^*_{12}\, h^* + \bar{q}^*_{13}\, v^*\,, \\ \Delta Y_g &= \bar{q}^*_{22}\, h^* + \bar{q}^*_{23}\, v^*\,, \\ \Delta Z_g &= \bar{q}^*_{32}\, h^* + \bar{q}^*_{33}\, v^*\,, \\ g &\equiv 1\,, \\ \Delta g &= 0\,. \end{aligned}\right\} \tag{196}$$

Substituiert man (196) in (185) oder (191), so hat man diese Fehlergleichungen in h^* und v^*, der horizontalen und vertikalen Komponente, ausgedrückt.

Diese Komponenten kann man dann durch die Ausgleichung der Beobachtungen auf zwei benachbarten Stationen bestimmen, und im Anschluß an die Ausgleichung erhält man die Fehlerverteilung in der ε-Ebene und damit auch die Zenitdistanz ζ der großen Halbachse der Fehlerellipse.

Dreht man nun das g, h^*, v^*-System um die g-Achse um den Winkel ζ im Uhrzeigersinn, so daß das System $g, \bar{h}, \bar{v}$ erhält (Abb. 29), dann sind die Fehler in der Richtung der $\bar{h}$- und $\bar{v}$-Achse nicht miteinander korreliert, wenn sie auch unterschiedliche quadratische Mittelwerte haben.

$$\begin{pmatrix} g \\ \bar{h} \\ \bar{v} \end{pmatrix} = \boldsymbol{R}_x(-\zeta) \begin{pmatrix} g \\ h^* \\ v^* \end{pmatrix} = \boldsymbol{P}^* \begin{pmatrix} X_g \\ Y_g \\ Z_g \end{pmatrix}. \tag{197}$$

Man wird daher die X_g, Y_g, Z_g-Komponenten oder die h^*, v^* Komponenten des nach der Ausgleichung erhaltenen Vektors $\boldsymbol{g}$ durch $\bar{h}, \bar{v}$ substituieren ($g = 1$) und diese Substitution in (195) einführen, um diese Gleichung nach den nicht miteinander korrelierten Variablen $\bar{h}, \bar{v}$ zu entwickeln.

$$\begin{pmatrix} \Delta X_g \\ \Delta Y_g \\ \Delta Z_g \end{pmatrix} = (\boldsymbol{P}^*)^{-1} \begin{pmatrix} 0 \\ \bar{h} \\ \bar{v} \end{pmatrix}.$$

Es ergibt sich, wenn $\bar{p}^*_{ik}$ die Elemente der Matrix $(\boldsymbol{P}^*)^{-1}$ sind,

$$\bar{h}_1 \sum_i \bar{p}^*_{i2}\, \Delta_{1i} + \bar{v}_1 \sum_i \bar{p}^*_{i3}\, \Delta_{1i} + \cdots + \bar{v}_3 \sum_i \bar{p}^*_{i3}\, \Delta_{3i} - D_0 = 0\,. \tag{198}$$

Damit wurde Gleichung (195) in den nichtkorrelierten Variablen $\bar{h}, \bar{v}$ dargestellt. Die Gewichte der $\bar{h}_i$, $\bar{v}_i$ sind umgekehrt proportional den Quadraten der kleinen bzw. der großen Halbachsen der Fehlerellipsen.

Jedes Dreieck ergibt eine Bedingungsgleichung der Form (198).

3. Beim dritten Weg der Netzausgleichung nimmt man zunächst für die Länge einer der Dreiecksseiten, z. B. g_1, einen Näherungswert fest an, was keine Einschränkung bedeutet, ist doch der Maßstab noch frei. Dies wird durch eine Bedingung der Form (187) erreicht. Man führt ferner für die Dreieckspunkte P_2 und P_3 räumliche Näherungskoordinaten X^*, Y^*, Z^* relativ zum Punkt P_1 ein.

$$X_i^* = X_i - X_1 ,$$

$$Y_i^* = Y_i - Y_1 ,$$

$$Z_i^* = Z_i - Z_1 ,$$

$$i = 2, 3 .$$

Damit gilt für den Teil der Gleichungen (185) bzw. (191), der die Unbekannten enthält, der folgende Ausdruck:

$$- X_n \Delta X_2^* - Y_n \Delta Y_2^* - Z_n \Delta Z_2^* \tag{199}$$

(X^*, Y^*, Z^* beziehen sich nicht auf den Einheitsvektor), wenn man beispielsweise den vom Punkt P_1 zum Punkt P_2 weisenden Vektor $\boldsymbol{g}_1$ betrachtet. Für die anderen Vektoren $\boldsymbol{g}_2$ und $\boldsymbol{g}_3$ ergeben sich ähnliche Ausdrücke. Beim Vektor $\boldsymbol{g}_2$ treten die Koordinatenverbesserungen der beiden Punkte P_2 und P_3 auf, beim Vektor $\boldsymbol{g}_3$ nur die von P_3.

Stellt man nun beispielsweise für den Vektor $\boldsymbol{g}_1$ Fehlergleichungen der Form (185) bzw. (191) auf, und substituiert man dann in diesen Fehlergleichungen die linearen Entwicklungen mit den Unbekannten durch den Ausdruck (199), und errechnet man aus diesen Fehlergleichungen die zugehörigen Normalgleichungen, dann hat die erste Zeile dieser Normalgleichungen die folgende Form

$$[X_n X_n] \Delta X_2^* + [X_n Y_n] \Delta Y_2^* + [X_n Z_n] \Delta Z_2^* + \cdots$$

Analog verfährt man bei der Berechnung der Vektoren $\boldsymbol{g}_2$ und $\boldsymbol{g}_3$.

Dann addiert man die 3 Teilmatrizen der Normalgleichungen und die zugehörigen Absolutglieder und bekommt eine 6×6 Matrix für die Berechnung der Koordinaten der Punkte P_2 und P_3 relativ zum Punkt P_1 (Additionssatz der Normalgleichungen).

Weil $g_1 =$ konst. ist, muß man nach (187) mit der Gleichung

$$X_2^* \Delta X_2^* + Y_2^* \Delta Y_2^* + Z_2^* \Delta Z_2^* = 0$$

eine dieser drei Koordinaten eliminieren. Man hat also nur noch 5 Unbekannte in der Schlußausgleichung.

Dies ist also der Weg, den man einschlagen würde, wenn man die einzelnen Vektoren für sich gar nicht ausgleichen will, sondern von vornherein darauf abzielt, nur das Ergebnis der Netzausgleichung zu erhalten.

Der letzte Weg ist besonders flexibel und nicht auf Netze beschränkt, die nur aus Dreiecken bestehen.

Bei dieser Methode, aus Simultanbeobachtungen auf jeweils zwei Stationen die zugehörigen Richtungsvektoren zu bestimmen, die dann zu einem räumlichen Netz von Vektoren zusammengesetzt werden können, werden ausschließlich Richtungsbeobachtungen eingeführt. Der Maßstab muß auf anderem Wege aus Streckenmessungen abgeleitet werden nach Verfahren, die später geschildert werden. Bei einer Netzausgleichung mit (190) (191) sind die Gewichte nach (192) durch die jeweiligen Werte von g_m^2 zu dividieren.

8.2. Simultanbeobachtungen auf drei und mehr Stationen

8.2.1. *Grundsätzliches*

Liegen Simultanbeobachtungen an 3 oder mehr Stationen vor, so ist es grundsätzlich möglich, die gleichen Auswerteverfahren anzuwenden wie im Falle von Simultanbeobachtungen auf nur 2 Stationen.

In Abb. 34 kann man beispielsweise den Richtungsvektor P_1P_2 aus den Ebenen $P_1S_1P_2$, $P_1S_2P_2$, $P_1S_3P_2$ bestimmen entsprechend den im letzten Kapitel beschriebenen Verfahren, weil nur auf 2 Stationen Simultanbeobachtungen vorliegen. Wenn dagegen Simultanbeobachtungen auf drei Stationen ausgeführt wurden, wie bei den Satellitenpositionen S_4, S_5 und S_6, so hat man einerseits natürlich die Möglichkeit, auch die Ebenen $P_1S_4P_2$, $P_1S_5P_2$ und $P_1S_6P_2$ mit in die Berechnung des Einheitsvektors P_1P_2 einzubeziehen.

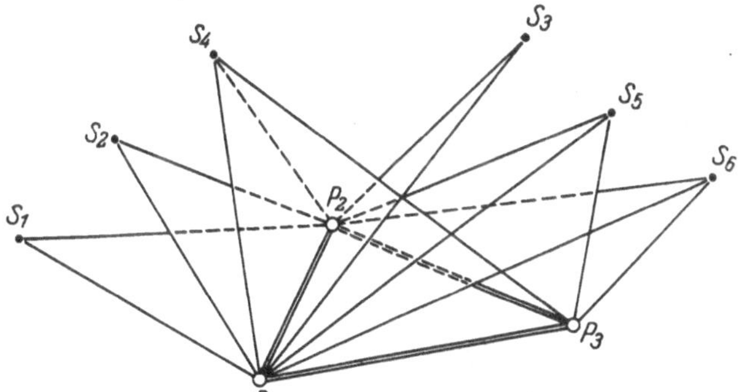

Abb. 34. Elementarfigur zur kosmischen Triangulation

Berechnet man dann weiter den Einheitsvektor zwischen den Stationen P_1 und P_3, so kann man sich auch weiterhin der für Simultanbeobachtungen auf 2 Stationen gültigen Verfahren bedienen, indem man mit den Ebenen $P_1S_4P_3$, $P_1S_5P_3$, $P_1S_6P_3$ operiert und diese Ebenen als unabhängig von den Ebenen $P_1S_4P_2$, $P_1S_5P_2$, $P_1S_6P_2$ betrachtet.

Man vernachlässigt dabei die Bedingung, daß nach der Ausgleichung die Vektorentripel P_1S_4, P_2S_4, P_3S_4; P_1S_5, P_2S_5, P_3S_5; ... sich jeweils in einem Punkt, nämlich in den Punkten S_4 bzw. S_5 schneiden müssen. Ferner sind beispielsweise die beiden Ebenen $P_1S_4P_2$ und $P_1S_4P_3$ nicht voneinander unabhängig, weil sie den gleichen Beobachtungsvektor, der von der Station P_1 zum Satelliten S_4 zeigt, enthalten.

Eine Vernachlässigung dieser Bedingungen, denen die Beobachtungen gehorchen sollten, führt zu einer Verminderung der Genauigkeit der nach der Ausgleichung erhaltenen Ergebnisse und sollte deshalb vermieden werden.

Die Ausgleichung von Simultanbeobachtungen auf 3 und mehr Stationen erfolgt daher zweckmäßigerweise nach anderen Grundsätzen als die von Simultanbeobachtungen auf nur 2 Stationen.

Bei Simultanbeobachtungen an 3, 4 oder 5 Stationen betrachtet man dreiseitige, vierseitige, fünfseitige Pyramiden, an deren Spitze sich der Satellit befindet, während bei Simultanbeobachtungen an zwei Stationen Ebenen und Ebenenbüschel betrachtet werden.

Bei der Punktbestimmung mit Simultanbeobachtungen auf drei und mehr Stationen gelten auch für die Fortpflanzung der Beobachtungsfehler auf die Koordinaten der gesuchten Punkte andere Gesetze als bei Simultanbeobachtungen an zwei Stationen. Daher sollen beide Verfahren getrennt betrachtet werden.

Wertet man das System der Abb. 34 aus, so wird man zunächst räumliche Näherungskoordinaten für die Stationen P_1, P_2, P_3 einführen, um dann eine Ausgleichung vermittelnder Beobachtungen (Koordinatenausgleichung) vorzunehmen. Zur Maßstabsbestimmung wird ein Näherungswert z. B. für die Strecke P_1P_2 eingeführt. Die Methode von Väisälä gibt zunächst mittels der drei Ebenen $P_1S_iP_2$ $(i = 1, 2, 3)$ drei Gleichungen für den Einheitsvektor zwischen den Stationen P_1 und P_2.

Nachdem damit der Vektor P_1P_2 nach Länge und Richtung bekannt ist, kennt man die Lage der Punkte P_2 relativ zum Punkt P_1.

Aus den dreifachen Simultanbeobachtungen von S_4 kann man zunächst durch einen räumlichen Vorwärtseinschnitt über P_1 und P_2 die Lage des Satelliten S_4 im Raume bestimmen, indem man in den bekannten Punkten P_1 und P_2 die jeweils zum Satelliten S_4 zeigenden Beobachtungsvektoren abträgt.

Hierbei tritt bereits eine Überbestimmung auf, weil beide Vektoren nicht windschief zueinander verlaufen dürfen. Jeder Vektor hat ja 2 beobachtete Parameter (α, δ); im ganzen wurden 4 Beobachtungen für die Bestimmung der drei räumlichen Koordinaten von S_4 ausgeführt. Trägt man dann in S_4 den in P_3 beobachteten Einheitsvektor P_3S_4 ab, so hat man einen geometrischen Ort für die räumliche Lage des Punktes P_3. Verfährt man analog mit den beiden anderen Pyramiden, die S_5 und S_6 als Spitze haben, so ergibt sich der Punkt P_3 im Schnittpunkt der drei Einheitsvektoren S_4P_3, S_5P_3, S_6P_3.

In der Praxis wird man die Bestimmung der Lage des Punktes P_2 relativ zum Punkt P_1 nicht trennen von der Bestimmung der Lage des Punktes P_3 relativ zu den beiden Punkten P_1 und P_2. Man wird vielmehr die Lage der Punkte P_2 und P_3 relativ zum Punkt P_1 in einem Guß aus den Richtungsvektoren nach den Satellitenpositionen $S_1, S_2, \ldots, S_6$ bestimmen durch Ausgleichung der Fehlergleichungen der kosmischen Triangulation. Lediglich die Länge $\overline{P_1P_2}$ wird man als gegeben einführen.

8.2.2. *Die Fehlergleichungen der kosmischen Triangulation*

Zur Darstellung der Fehlergleichungen sollen die kartesischen Koordinaten der Beobachtungsstationen auf der Erdoberfläche

$$\begin{pmatrix} X_Q \\ Y_Q \\ Z_Q \end{pmatrix} = r_Q \begin{pmatrix} \cos\varphi_Q & \cos\lambda_Q \\ \cos\varphi_Q & \sin\lambda_Q \\ \sin\varphi_Q & \end{pmatrix},$$

die Koordinaten der Positionen des Satelliten

$$\begin{pmatrix} X_S \\ Y_S \\ Z_S \end{pmatrix} = r_S \begin{pmatrix} \cos\varphi_S & \cos\lambda_S \\ \cos\varphi_S & \sin\lambda_S \\ \sin\varphi_S & \end{pmatrix}$$

und die des Beobachtungsvektors

$$\boldsymbol{a} = \begin{pmatrix} X_a \\ Y_a \\ Z_a \end{pmatrix} = \begin{pmatrix} \cos\varphi_a & \cos\lambda_a \\ \cos\varphi_a & \sin\lambda_a \\ \sin\varphi_a & \end{pmatrix}$$

in dem erdfesten X, Y, Z-System angegeben werden, wobei wieder von der Polbewegung abgesehen wird.

Den Beobachtungsvektor $\boldsymbol{a}$, also den dritten Vektor, erhält man, wenn man den ersten Vektor vom zweiten abzieht und den so erhaltenen Differenzvektor normiert; wobei von den zufälligen Beobachtungsfehlern abgesehen wird.

Werden sowohl die Position des Satelliten als auch die der Beobachtungsstation in rechtwinkligen erdfesten Koordinaten angegeben, so sind die Fehlergleichungen

$$\begin{aligned} s \cdot v_{\varphi a} = {} & \sin\varphi_a \cos\lambda_a \,\Delta X_Q + \sin\varphi_a \sin\lambda_a \,\Delta Y_Q - \\ & - \cos\varphi_a \,\Delta Z_Q - \sin\varphi_a \cos\lambda_a \,\Delta X_S - \\ & - \sin\varphi_a \sin\lambda_a \,\Delta Y_S + \cos\varphi_a \,\Delta Z_S - l_\varphi\,, \end{aligned} \tag{200}$$

$$\begin{aligned} s \cdot \cos\varphi_a \cdot v_{\lambda a} = {} & \sin\lambda_a \,\Delta X_Q - \cos\lambda_a \,\Delta Y_Q - \sin\lambda_a \,\Delta X_S + \\ & + \cos\lambda_a \,\Delta Y_S - l_\lambda\,. \end{aligned} \tag{201}$$

s ist die Entfernung zum Satelliten.

$$l_\varphi = s\,(\varphi_a - \varphi_a^0)\,,$$

$$l_\lambda = s \cos\varphi_a\,(\lambda_a - \lambda_a^0)\,.$$

φ_a^0, λ_a^0 ergeben sich aus den Näherungskoordinaten der Satellitenposition und der Beobachtungsstation. φ_a, λ_a sind die beobachteten Werte.

Hier sind die Satellitenbeobachtungsstationen nach allen drei Koordinaten veränderlich. Man kommt zu einer anderen Variante der Gleichungen (200), (201), wenn man den geozentrischen Radiusvektor der Beobachtungsstationen r_Q als a priori gegeben einführt. r_Q setzt sich aus drei Teilen additiv zusammen

$$r_Q = r_{Q1} + r_{Q2} + r_{Q3} \, .$$

r_{Q1} ist der geozentrische Radiusvektor des Erdellipsoids in dem betreffenden Punkt. r_{Q2} ist die Geoidhöhe, eine Größe, die mit einem astronomischen Nivellement oder astronomisch-gravimetrischen Nivellement, also mit geometrischen Methoden, bestimmt werden kann. r_{Q3} ist die Höhe über dem Meere.

Für r_{Q1} kann man auch den Radiusvektor des aus Satellitenbeobachtungen sehr genau bestimmten mittleren Erdellipsoids ($f = 1:298{,}255$; $R_E = 6378142$ m) einführen. In diesem Fall ist r_{Q2} auch gleich den aus Schwereanomalien mittels der STOKESschen Formel zu bestimmenden Geoidundulationen.

Heute kennt man die große Halbachse des mittleren Erdellipsoids auf etwa ± 6 m genau und die Differenz der großen und der kleinen Halbachse auf etwa $\pm 0{,}3$ m. Die Differenzen der Geoidhöhen kennt man bei gut entwickelten geodätischen Systemen über 1000 bis 2000 km Entfernung auf etwa ± 2 m genau, während über solche Entfernungen die Differenzen der Geoidundulationen im allgemeinen nur auf etwa ± 5 m bis ± 10 m ermittelt werden können.

Folglich wird man bei einer kosmischen Triangulation, die einen Kontinent von etwa 2000 km Ausdehnung bedeckt, die Unterschiede der geozentrischen Radiusvektoren der Beobachtungsstationen — und nur ihre Unterschiede interessieren in diesem Zusammenhang — gegebenenfalls als a priori gegebene Größen einführen können, wenn man sie aus einem mathematisch genau bekannten Referenzellipsoid und den zugehörigen Geoidhöhen genügend genau ermittelt.

Die Differenz der Geoidundulationen dagegen dürfte für diesen Zweck im allgemeinen nicht mit der nötigen Genauigkeit zu erhalten sein.

Die Fehlergleichungen dieser zweiten Variante sind

$$\begin{aligned} s \cdot v_{\varphi a} = {} & - \sin \varphi_a \cos \lambda_a \, \Delta X_S - \sin \varphi_a \sin \lambda_a \, \Delta Y_S + \cos \varphi_a \, \Delta Z_S - \\ & - r_Q [\sin \varphi_Q \sin \varphi_a \cos (\lambda_a - \lambda_Q) + \cos \varphi_Q \cos \varphi_a] \, \Delta \varphi_Q + \\ & + r_Q \cos \varphi_Q \sin \varphi_a \sin (\lambda_a - \lambda_Q) \, \Delta \lambda_Q - l_\varphi \, , \end{aligned} \qquad (202)$$

$$\begin{aligned} s \cdot \cos \varphi_a \, v_{\lambda a} = {} & - \sin \lambda_a \, \Delta X_S + \cos \lambda_a \, \Delta Y_S - \\ & - r_Q \sin \varphi_Q \sin (\lambda_a - \lambda_Q) \, \Delta \varphi_Q - \\ & - r_Q \cos \varphi_Q \cos (\lambda_a - \lambda_Q) \, \Delta \lambda_Q - l_\lambda \, . \end{aligned} \qquad (203)$$

8.2.3. *Fehlertheorie*

Bei der kosmischen Triangulation gelten andere Fehlerfortpflanzungsgesetze als bei der VÄISÄLÄ-Methode. Bei der VÄISÄLÄ-Methode war es günstig, wenn der Satellit sich möglichst tief, soweit dies wegen der Refraktion zu vertreten war, mittig zwischen den beiden Stationen befand, so daß also beim Vorwärtseinschnitt zum Satelliten hin die beiden bestimmenden Strahlen einen großen Schnittwinkel beim Satelliten miteinander bildeten. Auch bei der kosmischen Triangulation darf der Schnittwinkel der zum Satelliten weisenden Beobachtungsstrahlen nicht zu klein sein. Während aber bei der Väisälä-Methode auch Schnittwinkel von nahezu 180° durchaus günstig sein können, darf bei der kosmischen Triangulation der Schnittwinkel den Werten 180° und 0° nicht zu nahe kommen. Bei der kosmischen Triangulation sollten die Schnittwinkel zwischen 40° und 140° liegen, etwa 90° ist am günstigsten.

Der Strahl, der den zu bestimmenden Neupunkt mit dem Satelliten verbindet, sollte bei der kosmischen Triangulation keinen zu spitzen Winkel mit der Horizontalebene des Neupunktes bilden, er sollte also keine zu große Zenitdistanz haben, wenn r_Q im Neupunkt gegeben ist (202), (203).

Wird der Neupunkt auf der Erdoberfläche nach den Gleichungen (200), (201) bestimmt, dann sollten die im Neupunkt beobachteten Strahlen möglichst Schnittwinkel zwischen 40° und 140° miteinander bilden.

Allgemein kann man sagen, daß bei Simultanbeobachtungen an drei und mehr Stationen die Höhe des Satelliten etwa den gegenseitigen Entfernungen der Beobachtungsstationen gleich sein sollte und daß der Subsatellitenpunkt etwa mittig zwischen den Stationen liegen sollte, an denen die simultanen Beobachtungen ausgeführt werden, und daß die Zenitdistanzen nicht wesentlich größer als 40° bis 50° sein sollten.

Zu dieser Einsicht gelangt man durch eine kleine Fehlerbetrachtung, deren Ergebnisse in Abb. 35 und 36 wiedergegeben sind.

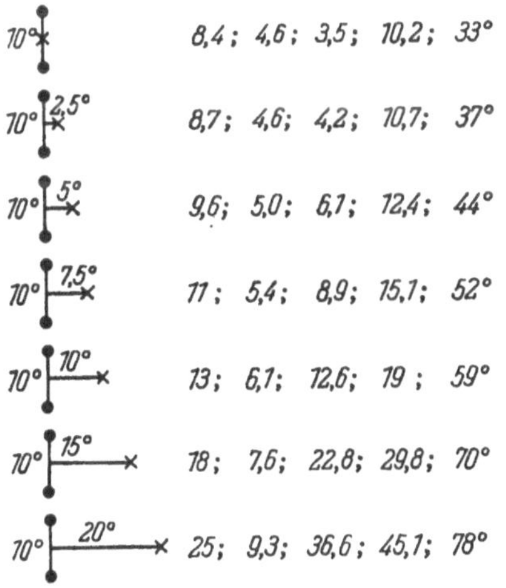

Abb. 35. Zur Genauigkeit der Punktbestimmung mittels eines räumlichen Vorwärtseinschnittes

Abb. 35 liegen Simultanbeobachtungen des Satelliten an 2 Festpunkten, die sich in 10° Entfernung (~1000 km) befinden, zugrunde. Der Satellit befindet sich in 1000 km Höhe über der Erde, die Subsatellitenkurve fällt genähert mit der Mittelsenkrechten der Verbindungslinie der beiden Fixpunkte zusammen. Der Abstand des Subsatellitenpunktes von der Verbindungslinie der beiden Fixpunkte beträgt nacheinander 0°; 2°5; 5°; 7°5; 10°; 15°; 20°. Die erhaltenen Punktgenauigkeiten sind Abb. 35 zu entnehmen. Es wurde bei der Richtungsmessung zum Satelliten immer ein Fehler von $\pm 1''$ zugrunde gelegt.

Hinter den Grundrißdarstellungen zu den einzelnen Beispielen in Abb. 35 sind die verschiedenen Daten des mittleren Fehlers in Metern angegeben. Die erste Zahl ist der mittlere Fehler in der Position des Satelliten in radialer Richtung m_r, die zweite die Fehlerkomponente parallel zur Verbindungslinie der beiden Festpunkte, m_q, und die dritte die dazu senkrechte Komponente m_l, die vierte ist der sogenannte mittlere Punktfehler M,

$$M^2 = m_r^2 + m_q^2 + m_l^2 ,$$

und schließlich ist die fünfte Zahl die Zenitdistanz bei der Beobachtung des Satelliten.

In Abb. 36 sind die Ergebnisse von Untersuchungen dargestellt, bei denen die Genauigkeit in der horizontalen Lage eines durch Simultanbeobachtungen bestimmten Neupunktes untersucht wurde. Der Neupunkt sei von der Verbindungslinie der Fixpunkte immer doppelt so weit entfernt wie der Subsatellitenpunkt. Es handelt sich also um ein einfaches Beispiel aus der kos mischen Triangulation. Der geozentrische Radiusvektor des Neupunktes wird als bekannt angenommen, so daß nur die horizontalen Koordinaten des Neupunktes bestimmt werden.

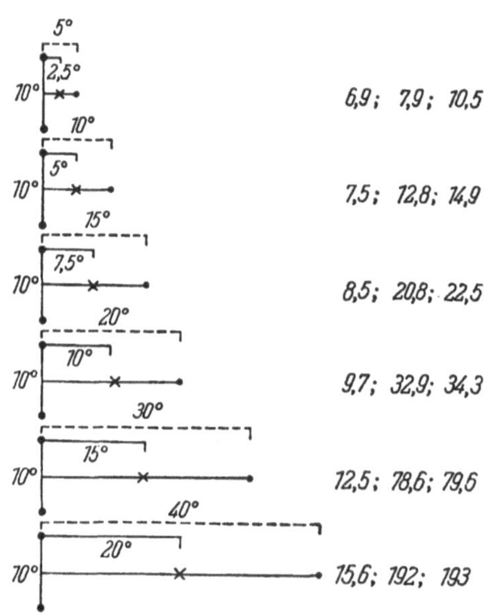

Abb. 36. Zur Genauigkeit der Punktbestimmung bei einer Elementarfigur der kosmischen Triangulation

In Abb. 36 sind die Bestimmungsfiguren im Grundriß nebst den mittleren Fehlern in Metern dargestellt. Die erste Zahl ist der mittlere Fehler in der Position des Neupunktes in Richtung parallel zu der Verbindungslinie der beiden Fixpunkte, m_q, die zweite die Fehlerkomponente senkrecht dazu, also in der Längsrichtung m_l, die dritte schließlich ist der sogenannte mittlere Punktfehler $m_q^2 + m_l^2$.

8.2.4. *Ein Sonderfall der kosmischen Triangulation*

Bestimmt man die räumliche Lage eines Satelliten durch einen räumlichen Vorwärtseinschnitt von zwei gegebenen Punkten aus, so hat man, wie erwähnt, eine Überbestimmung, weil 4 Beobachtungselementen nur 3 Unbekannte gegenüberstehen. Verzichtet man also auf ein Beobachtungselement, so kann man mit den restlichen 3 beobachteten Größen immer noch eindeutig die Lage des Satelliten bestimmen.

Man habe beispielsweise auf der einen der beiden Stationen den Richtungsvektor durch α, δ und die zugehörige Zeit genau bestimmt, während man auf der anderen Station lediglich α und δ kennt und die dazugehörige Zeit nur sehr ungenau auf 1 s oder 0,1 s genau bekannt ist. Auch dann läßt sich die Position des Satelliten im Raum ermitteln.

Man kann dann auf der ersten Station wieder den beobachteten Einheitsvektor $\boldsymbol{a}_1$ als ersten geometrischen Ort des Satelliten abtragen. Auf der anderen Station hat man dagegen zwei Spurunterbrechungen auf der Platte erhalten, während die Zeit relativ ungenau bekannt ist. Man kann die zu den beiden Spurunterbrechungen gehörigen Beobachtungsvektoren ermitteln und die von diesen beiden Vektoren aufgespannte Ebene in ihrer räumlichen Lage bestimmen. Im Schnittpunkt dieser Ebene mit dem Beobachtungsvektor $\boldsymbol{a}_1$ der ersten Station befindet sich der Satellit.

Die praktische Anwendung dieses Verfahrens wird man aber nur auf Ausnahmefälle beschränken.

8.2.5. *Elimination der Satellitenkoordinaten*

Bei der Ausgleichung der Fehlergleichungen (200), (201), (202), (203) erhält man Normalgleichungen, die auch die Positionen des Satelliten als Unbekannte enthalten. Diese Positionen sind im Rahmen dieses Problems im allgemeinen nicht gesucht. Sie sollten möglichst früh eliminiert werden, handelt es sich doch meistens um Ballonsatelliten mit stark gestörter Bahn, die lediglich als leuchtende Meßmarken dienen, ohne daß ihre Bahn analysiert würde.

Die Koeffizienten in den Normalgleichungen haben die folgende Form, wenn $\Delta \boldsymbol{u}_S$ der Spaltvektor der Satellitenpositionen und $\Delta \boldsymbol{u}_Q$ der der Beobachtungsstationen im erdfesten System (X, Y, Z) sind, und wenn man von den freien Gliedern absieht.

$$\left.\begin{array}{l} \boldsymbol{A} \cdot \Delta \boldsymbol{u}_S + \boldsymbol{C} \cdot \Delta \boldsymbol{u}_Q \,, \\ \boldsymbol{C} \cdot \Delta \boldsymbol{u}_S + \boldsymbol{B} \cdot \Delta \boldsymbol{u}_Q \,. \end{array}\right\} \qquad (204)$$

Multipliziert man in der ersten Zeile mit $-\boldsymbol{C}\,\boldsymbol{A}^{-1}$ und addiert zur zweiten Gleichung, so folgt

$$[\boldsymbol{B} - \boldsymbol{C}\,\boldsymbol{A}^{-1}\,\boldsymbol{C}]\,\Delta \boldsymbol{u}_Q \,, \qquad (205)$$

und die Satellitenpositionen sind eliminiert. Treten in der Praxis mehrere Satellitenpositionen auf, so kann man sie alle nach diesem Verfahren schrittweise eliminieren.

8.2.6. *Kombinierte Systeme mit Simultanbeobachtungen an zwei, drei und mehr Stationen*

In der Praxis wird man sich bei Systemen der geometrischen Satellitengeodäsie nicht nur auf Simultanbeobachtungen an ausschließlich 2 oder ausschließlich 3 Stationen beschränken. Man wird alle günstig gelegenen Simultanbeobachtungen mitnehmen, ganz gleich, an wieviel Stationen sie erhalten worden sind, um ein möglichst genaues Ergebnis zu bekommen. Es werden also sowohl Simultanbeobachtungen von 2 als auch von 3 und mehr Stationen gemeinsam in einem Netz auftreten. Es werden daher Fehlergleichungen der verschiedenen Formen (184), (185), (187), (190), (191), (200), (201), (202), (203) in einem System gemeinsam vorhanden sein.

Die Anzahl der Simultanbeobachtungen an zwei Stationen dürfte aber über die an 3 und mehr Stationen dominieren, jedenfalls im europäischen Bereich, weil die Wolkenbedeckung des Himmels Simultanbeobachtungen an mehreren Stationen sehr erschwert.

Den Fall der Simultanbeobachtungen auf 2 Stationen kann man selbstverständlich auch nach den Gleichungen (200), (201) oder (202), (203) auswerten und nicht nur nach den Gleichungen (184), (185), (190), (191), bei denen die Satellitenposition bereits eliminiert ist; denn die Elimination der Satellitenposition nach (204), (205) ist mit einer elektronischen Rechenmaschine unkompliziert auszuführen.

Wertet man alle Simultanbeobachtungen, ganz gleich ob sie auf 2, 3 oder mehr Stationen erhalten worden sind, einheitlich nach den Gleichungen der kosmischen Triangulation (200), (201) oder (202), (203) aus, dann hat man den Vorteil, für alle Beobachtungen in dem Programm für die elektronischen Rechnungen Fehlergleichungen der gleichen Struktur einführen zu können, ein Gewinn, der nicht zu unterschätzen ist.

Die Simultaneität der Beobachtungen an den beteiligten Stationen kann durch eine einfache Beobachtungstechnik erzielt werden, z. B. dadurch, daß alle Stationen einen bestimmten Satelliten von der 10. bis zur 20. Sekunde beobachten, die jeder Minute oder nur jeder geradzahligen Minute folgt. Die Satellitenspur wird dann bei den vollen Sekunden durch den Verschluß unterbrochen.

8.2.7. *Praktische Anwendungen*

Das Verfahren der Simultanbeobachtungen an 3 und mehr Stationen (kosmische Triangulation) wurde bereits mehrfach angewandt. Französische Wissenschaftler haben die beiden in Algerien gelegenen Stationen Hammaguir ($\varphi = 31°$, $\lambda = 3°$ W) und Ouargla ($\varphi = 32°$, $\lambda = 6°$ O) mit den in Frankreich gelegenen Stationen Lacanau (bei Bordeaux), Agde ($\varphi = 43°$, $\lambda = 3°$ O) und Oletta (auf Korsika) nach den Methoden der kosmischen Triangulation durch Beobachtungen von Echo 1 verbunden. Etwa 60 Satellitenpositionen wurden photographisch festgehalten. Die Anzahl der auf den einzelnen Stationen erzielten Beobachtungen sind in Hamaguir: 15, Ou.: 40, L.: 25, A.: 35 und Ol.: 40. Es wurden nicht nur Simultanbeobachtungen an 2 Stationen, sondern auch zahlreiche Beobachtungen simultan an 3 und 4 Stationen gewonnen. Die Resultate zeigten eine Genauigkeit von etwa 1:150000.

Durch Beobachtung von Echo 1 mittels der NAFA-Kamera hat man in den sozialistischen Ländern vor einigen Jahren zwei Netze nach der kosmischen Triangulation für Versuchszwecke bestimmt. Das eine System liegt in Europa und umfaßt die Stationen Riga, Rjasan, Charkow, Nikolajew, Bukarest, Lwow, Poznan, Prag und Potsdam. Das zweite sowjetische System liegt im Fernen Osten und enthält Stationen auf Kamtschatka und Sachalin. Es enthält die vier Punkte Blagowestschensk, Juschno-Sachalinsk, Petropawlowsk-Kamtschatski und Rasdolnoje.

In den USA wurden durch Beobachtungen von Lichtblitzen des ANNA-Satelliten mehrere Stationen miteinander verbunden.

Alle diese Experimente zeigen, daß man die Genauigkeit 1:100000 und besser erreichen kann, wenn man eine gute Kamera einsetzt. Die Zukunft wird zeigen, ob man schließlich die erstrebte Genauigkeit 1:1000000 erreichen kann.

8.3. Auswertung von Streckenmessungen zum Satelliten. Trilateration, Trisphäration

8.3.1. *Fehlergleichungen*

Die vorstehend geschilderten Verfahren der geometrischen Punktbestimmung mit Satelliten benutzten ausschließlich Richtungsbeobachtungen. Zur Maßstabsbestimmung und zur weiteren Stützung der Netze ist die Einführung von Streckenmessungen zum Satelliten zweckmäßig.

Die Streckenmessung zum Satelliten kann mit Laser und mit SECOR ausgeführt werden.

Führt man für die Beobachtungsstation und für den Satelliten räumliche rechtwinklige kartesische Koordinaten in dem erdfesten System ein, dann hat die Fehlergleichung der Streckenmessung zwischen diesen beiden Punkten die folgende Form:

$$\begin{aligned} v_s = &- \cos\varphi_a \cos\lambda_a \, \Delta X_Q - \cos\varphi_a \sin\lambda_a \, \Delta Y_Q - \sin\varphi_a \, \Delta Z_Q + \\ &+ \cos\varphi_a \cos\lambda_a \, \Delta X_S + \cos\varphi_a \sin\lambda_a \, \Delta Y_S + \sin\varphi_a \, \Delta Z_S - l_s , \\ l_s = &\; s - s^0 . \end{aligned} \tag{206}$$

s ist die beobachtete Streckenlänge, s^0 ist die aus Näherungskoordinaten berechnete Streckenlänge.

Wählt man dagegen für die Beobachtungsstation räumliche Polarkoordinaten und nimmt die Länge r_Q des geozentrischen Radiusvektors der Station als gegeben an, dann hat diese Fehlergleichung die folgende Gestalt:

$$\begin{aligned} v_s = &\cos\varphi_a \cos\lambda_a \, \Delta X_S + \cos\varphi_a \sin\lambda_a \, \Delta Y_S + \sin\varphi_a \, \Delta Z_S + \\ &+ r_Q \left[\cos\varphi_a \sin\varphi_Q \cos(\lambda_a - \lambda_Q) - \sin\varphi_a \cos\varphi_Q\right] \Delta\varphi_Q - \\ &- r_Q \cos\varphi_a \cos\varphi_Q \sin(\lambda_a - \lambda_Q) \, \Delta\lambda_Q - l_s . \end{aligned} \tag{207}$$

8.3.2. *Trisphäration (Räumlicher Bogenschnitt, Dreikugelschnitt)*

Aus einer einzelnen Entfernungsmessung zum Satelliten kann man noch nicht dessen Position bestimmen, geschweige denn die Lage eines Neupunktes auf der Erde. Arbeitet man nur mit Streckenmessungen, so braucht man wenigstens drei gut verteilte und der Lage nach gegebene Stationen, an denen Streckenmessungen ausgeführt werden.

Eine Streckenmessung bestimmt immer eine Kugel um den Beobachtungspunkt als geometrischen Ort für die Lage des Satelliten. Als Schnittpunkt dreier solcher Kugeln ist die Lage des Satelliten im Raum festgelegt (Trisphäration). Man muß drei solche Satellitenpositionen, die gut im Raum verteilt sind, bestimmen und diese drei Positionen simultan vom Neupunkt aus beobachten, um allein aus Streckenmessungen die Lage des Neupunktes im Raum zu erhalten.

Die gegenseitigen Entfernungen der drei Festpunkte müssen etwa so groß sein wie die Höhe des Satelliten, weil sonst ungünstige Schnittwinkel zwischen den bestimmenden Kugeln auftreten und damit ungünstige Gesetze für die Fehlerfortpflanzung wirksam werden.

Der Neupunkt sollte ferner nicht sehr weit von den Festpunkten entfernt sein, weil man auch dann ungünstige Gesetze bei der Fehlerfortpflanzung hat. Die Entfernung des Neupunktes von den Festpunkten sollte etwa von der gleichen Größenordnung sein wie die Entfernung der Festpunkte untereinander.

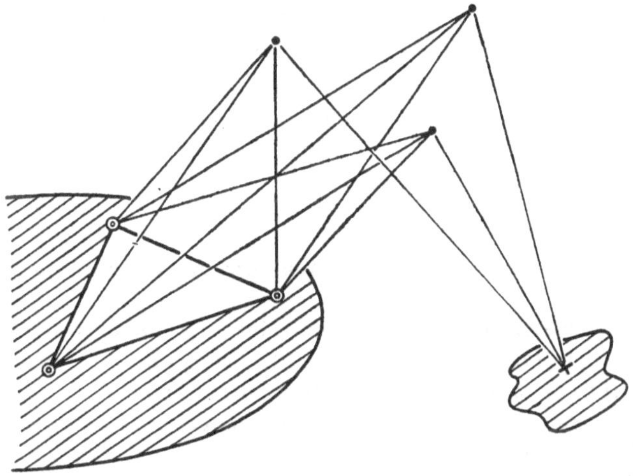

Abb. 37. Elementarfigur zur Bestimmung der Lage eines geodätischen Punktes × mittels Streckenmessung nach Satelliten (Räumlicher Bogenschnitt, Dreikugelschnitt)

Für Punktbestimmungen allein durch Streckenmessungen empfiehlt sich das SECOR-Verfahren. Laser-Streckenmessungen sind durch Wolken behindert, so daß sie sich mehr für einzelne Streckenmessungen zur Maßstabsbestimmung der Netze empfehlen. Allein aus Laser-Messungen die Lage von Neupunkten zu bestimmen (Trisphäration), dürfte schon wegen der Bewölkung zu erheblichen Schwierigkeiten führen.

Dieses SECOR-Verfahren wurde in den USA verschiedentlich angewandt, und die Ergebnisse waren recht gut. Bei einem Beispiel hatte man drei Festpunkte, die etwa 1000 bis 1500 km voneinander entfernt waren (Las Cruces, Colorado Springs, Austen). Eine vierte etwa 1000 km von den Festpunkten entfernt liegende Station (Stillwater) wurde mit SECOR neu bestimmt, und das Ergebnis differierte von der Triangulation nur um 6 m.

Später hat man im Westpazifik im Bereich der japanischen Inseln dieses SECOR-Verfahren erneut angewandt und die Lage einer Insel koordinatenmäßig auf ± 2 bis ± 3 m genau bestimmt; auch die Höhe ergab sich mit dieser Genauigkeit. Diese Ergebnisse erhielt man aus 19 unabhängigen Einzelbearbeitungen, zwei von ihnen mußten verworfen werden. Jede Einzelbearbeitung enthielt viele Beobachtungen, ihre Anzahl variierte zwischen 12 und 218. Bei einer Lösung wurden sogar 1000 Beobachtungen eingeführt.

Selbstverständlich müssen bei den Streckenmessungen mit SECOR Verbesserungen für die Refraktion durch die Troposphäre und Ionosphäre angebracht werden.

Bei einem dritten SECOR-Experiment hat man einen von den Festpunkten relativ weit entfernten (1500 km) Neupunkt bestimmt. Weil die Geometrie der Bestimmungsfigur ungünstig war, hat man versucht, die Positionen des

Satelliten mit SECOR im Bereich der Festpunkte zu ermitteln, um sie dann mit Hilfe von Bahnelementen in den Bereich des Neupunktes zu übertragen und um dann weiter mit Hilfe von SECOR die Koordinaten des Neupunktes festzulegen. Durch die Hinzunahme der nur approximativ bekannten Bahnelemente konnte nicht die höchste Genauigkeit erzielt werden, die Abweichung von dem Ergebnis der Triangulation betrug 55 m.

8.3.3. *Kombination von Strecken- und Richtungsmessungen*

Von großer Wichtigkeit ist es auch, einzelne Streckenmessungen mit Laser oder SECOR in die Systeme der kosmischen Triangulation und der VÄISÄLÄ-Methode einzuführen, um deren Maßstab zu bestimmen.

Nur in wenigen Fällen wird man Streckenmessungen und Richtungsmessungen auf der gleichen Station oder auf verschiedenen Stationen streng simultan ausführen. Man wird es vor allem mit quasi-simultanen Beobachtungen zu tun haben, die von der Simultaneität um Bruchteile einer Sekunde oder gar um einige Sekunden abweichen. Durch lineare oder quadratische Interpolation wird man diese quasi-simultanen Beobachtungen in streng simultane Beobachtungen überführen können.

Beispielsweise ist der Maßstab eines Netzes schon bestimmt, wenn es gelungen ist, neben einer Entfernungsmessung zum Satelliten zwei Richtungsmessungen von zwei anderen Stationen zu erhalten. Durch die beiden Richtungsmessungen ist der Satellit bereits relativ zum System der Beobachtungsstationen festgelegt. Die auf der 3. Station ausgeführte Streckenmessung zum Satelliten ergibt daher eine Überbestimmung, aus der der Maßstab des gesamten Systems abgeleitet werden kann.

8.3.4. *Maßstabsbestimmung durch simultane Streckenmessungen auf 4 Stationen*

Stehen Entfernungsmeßeinrichtungen auf mehreren Stationen zur Verfügung, so kann man den Maßstab des Netzes z. B. dadurch erhalten, daß man auf 4 Stationen simultane Streckenmessungen ausführt.

Sind X_Q, Y_Q, Z_Q die Koordinaten der Beobachtungsstationen und X_S, Y_S, Z_S die des Satelliten im erdfesten kartesischen Koordinatensystem und ist λ der Maßstabsfaktor des Stationsnetzes, dann gilt für die Entfernung zum Satelliten

$$s^2 = (\lambda X_Q - X_S)^2 + (\lambda Y_Q - Y_S)^2 + (\lambda Z_Q - Z_S)^2 .$$

Diese Gleichung enthält 4 Unbekannte, den Maßstabsfaktor und die 3 Koordinaten des Satelliten. Durch Simultanbeobachtungen an 4 Stationen ist daher der Maßstab λ zu bestimmen. Man wird die Geometrie der Bestimmungsfigur so wählen, daß λ möglichst genau ermittelt wird. Verfügt man über

4 Beobachtungsstationen, auf denen Entfernungsmessungen ausgeführt werden können, so hat RINNER gefunden, daß man drei von ihnen am besten als Eckpunkte eines gleichseitigen Dreiecks wählt und den vierten in den Mittelpunkt dieses Dreiecks legt. Man erhält in diesem Falle den Maßstab λ dann am genauesten, wenn der Subsatellitenpunkt im Moment der Beobachtung in die Nähe des Mittelpunktes dieses Dreiecks fällt.

8.3.5. *Maßstabsbestimmung durch Geodimeterpolygone*

Der Maßstab eines Systems der kosmischen Triangulation kann grundsätzlich auch nach den klassischen Verfahren durch Streckenmessungen an der Erdoberfläche bestimmt werden. Man wird dann zwei benachbarte Satellitenbeobachtungsstationen durch eine Triangulation miteinander verbinden oder durch einen gestreckten Polygonzug, in dem die Seiten mit Geodimetern oder Tellurometern gemessen werden. Ferner wird man zwischen diesen Stationen ein astronomisches oder ein astronomisch-gravimetrisches Nivellement ausführen, um den Verlauf des Geoids relativ zum Referenzellipsoid durch die Geoidhöhen ζ (Abb. 1) festlegen zu können. Die an der Erdoberfläche beobachtete Triangulation einschließlich der darin enthaltenen Grundlinien kann man dann auf das Referenzellipsoid entlang den Normalen dieser Fläche um die Beträge $h + \zeta$ herabprojizieren („Projektive Methode") und dort die Ausgleichung vornehmen.

So erhält man auf dem Referenzellipsoid die Länge des Bogens zwischen beiden Stationen, aus dem man im Verein mit den Meereshöhen h und Geoidhöhen ζ der beiden Endstationen die Länge ihrer geradlinigen Verbindungslinie ableiten kann.

Ist die Summe aus der Meereshöhe h und der Geoidhöhe ζ um $\Delta h + \Delta\zeta = \pm 3$ m unsicher, so wird sich daraus für die geradlinige Strecke b ($b = 2000$ km) zwischen den beiden Beobachtungsstationen ein Fehler von

$$\Delta b = (\Delta h + \Delta\zeta) \sin \frac{b}{R_E} = \pm 1 \text{ m}$$

ergeben, also ein relativer Fehler von 1:2000000.

Die Entfernung zwischen den beiden Satellitenbeobachtungsstationen wird allerdings wenigstens 1000 bis 2000 km betragen, und es ist erfahrungsgemäß schwierig, die normalen Triangulationen über solche Distanzen genauer als 1:200000 zu vermessen. Zahlreiche zusätzliche Tellurometer- und Geodimeterbasen dürften notwendig sein. Eine Maßstabsgenauigkeit von 1:200000 ist für Strecken, die in präzise beobachteten kosmischen Triangulationen eingeführt werden, nicht ausreichend; denn man hofft, die Winkel in diesem Netz auf 1″ bis 0″.4 (1:300000 bis 1:500000) bestimmen zu können. Es ist hierbei zu bedenken, daß die Streckengenauigkeit im System der kosmischen Triangulation mit der Entfernung von den Basislinien abnimmt wegen der Fehlerfortpflanzung. Daher muß die Genauigkeit der Basislinien höher sein als die erstrebte mittlere Genauigkeit des Systems der kosmischen Triangulation. Nach der später zu besprechenden „Bahnmethode" konnten die Koordinaten der Satellitenbeobachtungsstationen aber schon über Distanzen von 3000 bis 4000 km auf ± 10 bis ± 15 m (1:300000 bis 1:400000) allein aus Satellitenbeobachtungen bestimmt werden, ohne daß man terrestrische Daten zu Hilfe genommen hätte.

Will man daher den Maßstab der kosmischen Triangulation nach terrestrischen Verfahren bestimmen, so empfehlen sich vor allem lange und gestreckte Geodimeterpolygonzüge.

8.4. Geodätisches Weltsystem

Nach dem geschilderten Verfahren der kosmischen Triangulation und nach der Väisälä-Methode wird gegenwärtig in vielen Ländern und auf vielen Kontinenten gearbeitet.

In den osteuropäischen Ländern haben sich mehrere Stationen zu einer Zusammenarbeit vereinigt; es werden Simultanbeobachtungen gemeinsam mit einzelnen afrikanischen Stationen (Bamako, Kairo) durchgeführt (Abb. 38).

In ähnlicher Weise arbeiten die westeuropäischen Länder zusammen, die ein Netz mit mehr als 12 Stationen aufgebaut haben, und die auch zahlreiche Beobachtungen der Lichtblitze von GEOS-A und GEOS-B durchgeführt haben.

Zwischen England und den USA wurden Verbindungsmessungen erhalten. Die Azoren wurden mit Stationen, die in Frankreich und Nordafrika gelegen sind, durch Beobachtung von Ballonsatelliten verbunden (Abb. 38). Für die Laser-Beobachtungen der französischen Satelliten wurden drei Observatorien eingerichtet: Observatorium St. Michel (Frankreich), Stephanion (Griechenland), Colomb-Béchar (Algerien). In Kanada wurden auf 8 Stationen Echo 1 und Echo 2 beobachtet. In den USA wird ein Netz mit der Genauigkeit 1:300000 bis 1:500000 entwickelt. Nord- und Südamerika wurden über die Westindischen Inseln hinweg nach der kosmischen Triangulation miteinander verbunden. In Japan und Australien wurden ebenfalls mehrere Stationen zur Beobachtung von Ballonsatelliten eingerichtet.

Dies sind alles wichtige Teilarbeiten, die später in einen größeren Rahmen eingepaßt werden sollen, ebenso wie die Triangulationssysteme. Dieser größere Rahmen kann gebildet werden durch das gegenwärtig in Arbeit befindliche geodätische Weltsystem. Dieses kann aus etwa 60 über die gesamte Erde verteilten Stationen bestehen, die allein durch Satellitenbeobachtungen nach den Verfahren der kosmischen Triangulation miteinander verbunden werden sollen.

Eine erste rein theoretische Untersuchung dazu, wie man ein System von 12 symmetrisch über die Erde verteilten Stationen als homogenes Netz aus Satellitenbeobachtungen nach der kosmischen Triangulation, also rein geometrisch, bestimmen kann, führte Žongolovič durch. Er ging von 12 Stationen

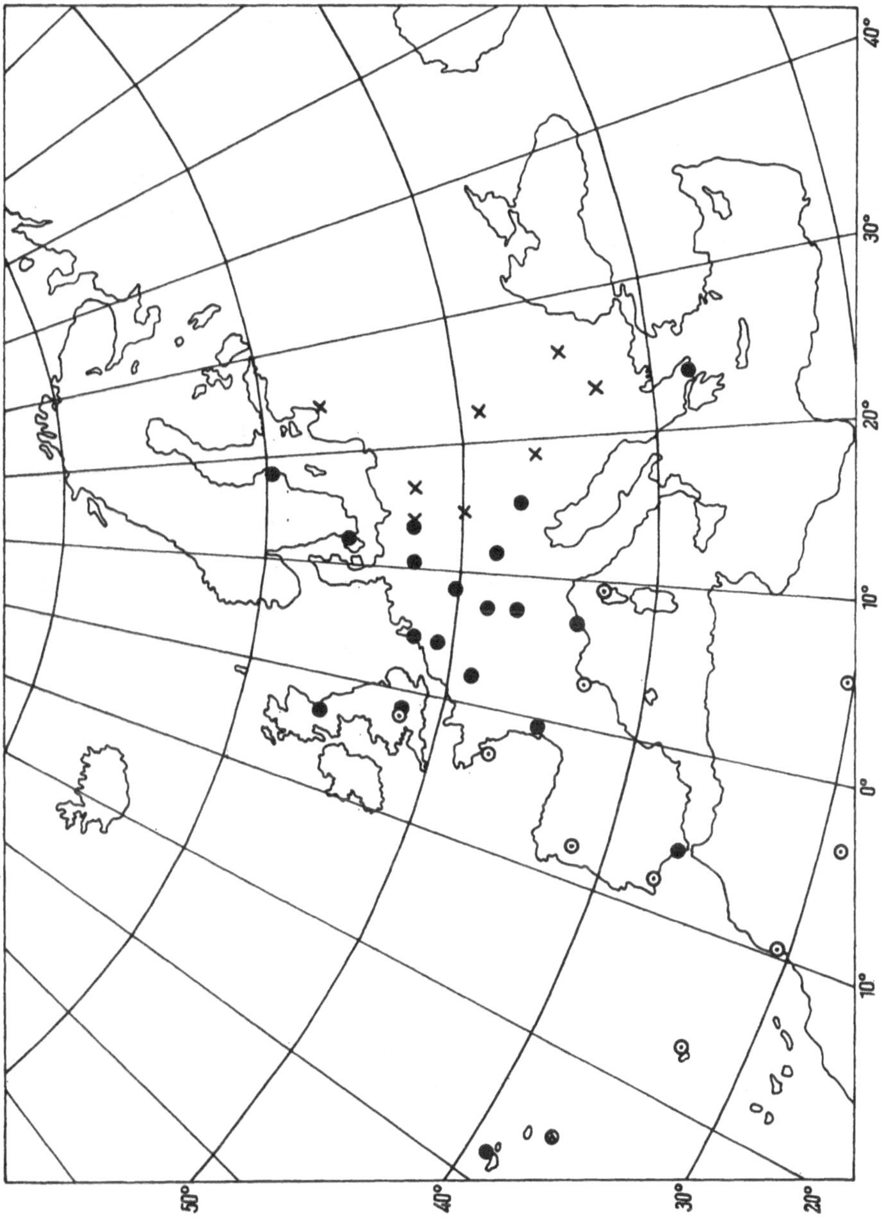

Abb. 38. Systeme der kosmischen Triangulation in Europa.
×: Osteuropäisches System (nach L. CICHOWICZ), ●: Westeuropäisches System, ⊙: Spezielles französisches System

aus, bei denen die Richtungen zwischen benachbarten Punkten aus Satellitenbeobachtungen unabhängig voneinander bestimmt wurden. Er nahm an, daß diese Einheitsvektoren zwischen den benachbarten Stationen aus Simultanbeobachtungen eines 12000 km hoch fliegenden Satelliten an jeweils 2 benachbarten Stationen gewonnen wurden. Aus der Ausgleichung des räumlichen Systems von Richtungsvektoren zwischen den Stationen erhielt er für die Koordinaten der einzelnen Stationen die folgenden mittleren Fehler (in m), wenn der mittlere Richtungsfehler der Vektoren zwischen den Stationen $\pm 1''$ beträgt und wenn der Punkt Nr. 1 ein Fixpunkt ist und die Strecken 1—2 und 11—12 fehlerfreie Basislinien sind.

Station	1	2	3	4	5	6	7	8	9	10	11	12
m_x	–	12	22	32	32	22	22	31	31	31	22	31
m_y	–	25	31	28	28	31	32	32	30	32	32	31
m_z	–	19	24	26	26	24	35	39	42	39	35	42

Da man anstrebt, die Koordinaten des geodätischen Weltsystems auf etwa ± 10 bis ± 15 m genau zu erhalten, muß man also wenigstens eine Richtungsgenauigkeit von $\pm 0\overset{''}{.}5$ erreichen, wenn man das gesteckte Ziel erreichen will. Durch die unregelmäßige Verteilung der Kontinente und Ozeane wird das wirkliche geodätische Weltsystem ferner nicht unbeträchtlich von seiner idealen regelmäßigen Gestalt abweichen. Dadurch wird die Genauigkeit der erhaltenen Koordinaten vermindert.

Ferner treten immer systematische Fehler in gewissem Umfange auf, so daß es als notwendig erscheint, für die in die Ausgleichung eingeführten Richtungen zwischen benachbarten Stationen wenigstens eine Genauigkeit von $\pm 0\overset{''}{.}3$ zu fordern.

Schmid untersuchte die Fehlertheorie eines dichteren Netzes, das aus 36 Stationen bestand. Er fand für alle Stationen etwa die gleiche Genauigkeit wegen der Symmetrie des Netzes. Die Fehler der horizontalen Koordinaten betrugen nur den dritten Teil der Fehler der vertikalen Koordinaten. Mit einer Beobachtungsgenauigkeit von $\pm 0\overset{''}{.}4$ hofft er, nach der Ausgleichung für die horizontalen Koordinaten die Genauigkeit ± 8 bis ± 10 m zu erreichen, für die Höhen ± 16 bis ± 30 m.

Strebt man eine optimale Konfiguration des geodätischen Weltsystems an, so bestimmt sich die Höhe des beobachteten Satelliten in Abhängigkeit von der gegenseitigen Entfernung der Beobachtungsstationen auf der Erde. B. M. Klenitzki fand bei einer Seitenlänge von 1500—2000 km die Höhe des Satelliten von 800—1000 km als optimal, bei 3000—4500 km eine Höhe von 2500 km, bei 7000 km Stationsentfernung eine Höhe von 10000 km (Geodezija i Kartografija, Moskau, Bd. 1, 1968).

Ein relativ dichtes weltweites System, das aus etwa 60 Stationen besteht, wurde in den USA vorgeschlagen. Es wird von den USA durch Beobachtung der Echo- und PAGEOS-Satelliten geschaffen (Abb. 39).

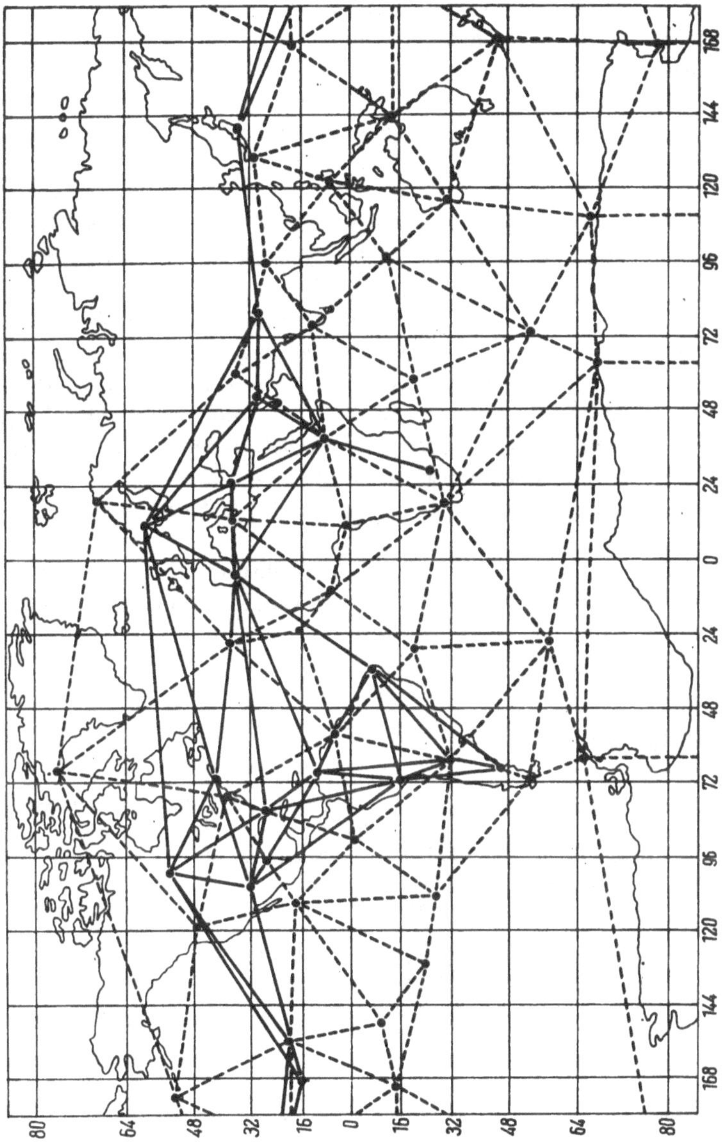

Abb. 39. Vorgeschlagenes Projekt nach J. Mueller für ein geodätisches System aus Satellitenbeobachtungen nach der Methode der kosmischen Triangulation. Das ausgewählte Stationsnetz dient lediglich als Planungsunterlage.

- - - : Baker-Nunn-Stationen.

——— : BC-4-Stationen

An die Genauigkeit und Homogenität der Beobachtungen werden beim geodätischen Weltsystem sicherlich erhebliche Anforderungen gestellt. Eine wesentliche Versteifung des Netzes kann man erwarten, wenn Streckenmessungen mit Laser- und SECOR-Einrichtungen hinzugenommen werden.

Der Maßstab des Netzes der Abb. 39 soll auch durch 3 sehr lange terrestrische Basislinien zwischen jeweils 2 benachbarten Stationen bestimmt werden. Diese Basislinien sind nach den klassischen Verfahren durch Triangulationen und gestreckte Geodimeterpolygonzüge auf 1:500000 genau zu erhalten (siehe Kap. 8.3.5.).

Eine weitere Genauigkeitssteigerung kann man erwarten, wenn man simultane Richtungsbeobachtungen nicht nur nach 2 Stationen, sondern auch nach 3 und 4 Stationen einführt.

Sehr zweckmäßig wird es ferner sein, einzelne Stationen dieses Netzes nach einer zweiten unabhängigen Methode lagemäßig zu bestimmen. Dafür bietet sich die in der dynamischen Satellitengeodäsie beschriebene Bahnmethode an. Ein Vergleich der Resultate beider Verfahren gibt auch eine unabhängige Möglichkeit der Maßstabskontrolle; denn der Maßstab der nach der Bahnmethode erhaltenen Stationskoordinaten ergibt sich nach dem dritten KEPLERschen Gesetz aus der Umlaufzeit des Satelliten und der Masse der Erde mit erheblicher Genauigkeit.

Führt man bei der Bahnmethode DOPPLER-Beobachtungen ein, so kann man den Maßstab nach (102a) aus der Differenz zweier Entfernungen zum Satelliten ($s_2 - s_1$) ebenfalls bestimmen.

8.5. Literatur

[1] AARDOM, L., GIRNIUS, A., VEIS, G.: Determination of the Absolute Space Directions between Baker-Nunn Camera Stations. SAO Special Report No. 186 (1965).

[2] ARNOLD, K.: Zur Bestimmung geodätischer Azimute aus Simultanbeobachtungen von Satelliten. Gerl. Beitr. Geophysik, **74** (1965) H. 6.

[3] ARNOLD, K.; SCHOEPS, D.: Zur Genauigkeit von Verfahren der Satellitengeodäsie. Gerl. Beitr. Geophysik **73** (1964) H. 4.

[4] ARNOLD, K., SCHOEPS, D.: Die Bestimmung des Azimuts Potsdam-Bukarest aus Beobachtungen des Satelliten Echo I. Veröff. d. Geod. Inst. Potsdam, Nr. 29 (1965).

[5] DEKER, H.: Die Anwendung der Photogrammetrie in der Satellitengeodäsie. DGK, Rh. C/111. München 1967.

[6] HEISKANEN, W.: On the World Geodetic System. Veröff. d. Finn. Geodät. Inst., Helsinki, Nr. 39 (1951).

[7] LAMBECK, K.: Optimum Station-Satellite Configurations for Simultaneous Observations to Satellites. SAO Special Report No. 231 (1966).

[8] LUNDQUIST, C. A., VEIS, G.: Geodetic Parameters for a 1966 Smithsonian Institution Standard Earth. Vol. 1, 2, 3, SAO Special Report No. 200 (1966).

[9] NKGG d. DDR bei der Dt. Akad. d. Wiss. zu Berlin, ed.: Beobachtungen künstlicher Erdsatelliten. Nr. 3, Berlin 1964.

[10] Polnische Akad. d. Wissenschaften, ed.: Beobachtungen künstlicher Erdsatelliten. Nr. 2, Warschau 1963.

[11] Popovici, C., Dinescu, A.: Direct Method for the Determinations of Space Directions and the Adjustment of a Satellite Triangulation Net. Space Research 7, Vol. 2, North-Holland Publishing Company, Amsterdam 1967.

[12] Réseau géodésique européen par observation de Satellites. Symposium de Paris, ed.: Centre National d'Etudes Spatiales, Institut Géographique National 1964.

[13] Rinner, K.: Systematic Investigations of Geodetic Networks in Space. Annu. Techn. Rep. ,Graz, 1967.

[14] Schoeps, D.: Fehlertheoretische Untersuchungen zur kosmischen Triangulation. Arbeiten aus dem Geod. Inst. Potsdam Nr. 26 (1969).

[15] Väisälä, Y.; Oterma, L.: Anwendung der astronomischen Triangulationsmethode. Veröff. d. Finn. Geod. Inst., Helsinki, Nr. 53 (1960).

[16] Veis, G.: Geodetic Uses of Artificial Satellites. Smithsonian Contributions to Astrophysics, Washington, 3, (1960) No. 9.

9. Dynamische Satellitengeodäsie (Bahnmethode)

9.1. Einleitung

Die Verfahren der geometrischen Satellitengeodäsie bestimmen nur die Lage der Stationen relativ zueinander. Die Netze der geometrischen Satellitengeodäsie müssen schrittweise über die Erde ausgedehnt werden. Sie haben keine Beziehung zum Schwerpunkt der Erde. Daher sind die mit geometrischen Methoden erhaltenen Koordinaten nur als relative Größen zu betrachten, die vom Nullpunkt des Systems aus abgetragen werden. Sie sind nicht als absolute Koordinaten zu werten, deren Nullpunkt der Schwerpunkt der Erde ist.

Die dynamische Satellitengeodäsie dagegen hat mehrere Möglichkeiten. Sie gestattet es, sowohl die Koordinaten der Beobachtungsstationen als absolute Werte relativ zum Schwerpunkt der Erde im X, Y, Z-System zu bestimmen, als auch die Großformen des Gravitationsfeldes der Erde zu ermitteln. Darüber hinaus bietet sie die Möglichkeit, genaue Bahnelemente für den Satelliten zu erhalten.

Die grundlegende Gleichung hat folgende Form (162):

$$\boldsymbol{a} = \frac{\boldsymbol{x}'' - \boldsymbol{R}_z(-\Theta)\,\boldsymbol{S}^{-1}\boldsymbol{u}}{|\boldsymbol{x}'' - \boldsymbol{R}_z(-\Theta)\,\boldsymbol{S}^{-1}\boldsymbol{u}|}\,. \tag{208}$$

$\boldsymbol{u}$ sind die drei Koordinaten X, Y, Z der Beobachtungsstation im erdfesten System (bezogen auf den mittleren Pol). $\boldsymbol{x}''$ ist die von den Oskulationsbahnelementen a, e, ω, i, Ω, M abhängige Position des Satelliten im Raum, wobei hier zur Vereinfachung der tiefgesetzte Index S fortgelassen wurde.

$$\boldsymbol{x}'' = \boldsymbol{x}''(a, e, \omega, i, \Omega, M)\,. \tag{209}$$

$\boldsymbol{S}$ ist die Matrix der Polbewegung. $\boldsymbol{a}$ ist der beobachtete Einheitsvektor.

In der dynamischen Satellitengeodäsie zerlegt man die Oskulationsbahnelemente in einen konstanten Teil, der sich auf den Anfangspunkt des Bahnbogens bezieht (a_0, e_0, ω_0, i_0, Ω_0, M_0), und in einen zeitlich veränderlichen Teil, der für die Störungsrechnung wichtig ist und durch die Parameter $C_{n\cdot m}$, $S_{n\cdot m}$ des Gravitationsfeldes ausgedrückt werden kann, wenn man von anderen Störungsquellen absieht.

$$a = a(a_0;\, C_{n\cdot m}, S_{n\cdot m})\,,$$

$$e = e(e_0;\, C_{n\cdot m}, S_{n\cdot m})\,,$$

Man erhält dann für den geozentrischen Ortsvektor des Satelliten die Form

$$x'' = x''(a_0, e_0, \omega_0, i_0, \Omega_0, M_0;\ C_{n \cdot m}, S_{n \cdot m}) . \tag{209a}$$

Durch eine Ausgleichung von Gleichungen der Form (208) ist es möglich, alle in x'' und u enthaltenen Parameter zu bestimmen; sind die Komponenten von u, also die Stationskoordinaten X, Y, Z, unbekannte Größen, so muß nur der Maßstab durch andere Beobachtungen hineingetragen werden, nach Verfahren, die später besprochen werden.

Weil nach (208) sowohl die Koordinaten der Beobachtungsstationen als auch die Bahnelemente und die Parameter des Schwerefeldes nur gemeinsam bestimmt werden können, weil das Problem also nur komplex behandelt werden kann, sind diese Aufgaben vergleichsweise schwieriger zu lösen als die der geometrischen Satellitengeodäsie.

Man wird daher zunächst spezielle Teilprobleme herauswählen, die leichter zu behandeln sind, weil dabei der Störungseinfluß, den ein Teil der unbekannten Parameter auf das Ergebnis ausübt, so klein ist, daß er bei diesen speziellen Teilproblemen vernachlässigt werden kann.

9.2. Verfahren zur Bestimmung zonaler Kugelfunktionen

Ein solches spezielles Problem ist die Bestimmung der zonalen Kugelfunktionen J_n im Gravitationsfeld der Erde.

$$V = \frac{kM}{r}\left[1 - \sum_{n=2}^{\infty} J_n \left(\frac{R_E}{r}\right)^n P_n(\sin\varphi)\right], \tag{210}$$

$$J_n = -\sqrt{2n+1}\,\bar{C}_{n \cdot 0} .$$

Hier berücksichtigt man nur die säkularen und langperiodischen Glieder in den Bahnstörungen des Satelliten, welche durch das Schwerefeld der Erde bei Integrationen über lange Zeiträume, bis zu 3 Monaten, hervorgerufen werden. Dabei ist nicht unbedingt die höchste Beobachtungsgenauigkeit von $\pm 2''$ erforderlich, man benötigt auch nicht unbedingt 10 oder mehr über die ganze Erde verteilte Beobachtungsstationen. Man kommt ferner mit groben Näherungswerten für die Stationskoordinaten aus, so daß diese nicht als Unbekannte, die im Rahmen der Ausgleichung zu bestimmen sind, behandelt werden müssen. Man vernachlässigt also die längenabhängigen Teile im Gravitationsfeld der Erde, das sind die tesseralen und sektoriellen Kugelfunktionen, weil diese im allgemeinen nur kurzperiodische Störungen von meist weniger als 150 m in den Bahnelementen hervorrufen, die sich nicht bei Integrationen über längere Zeiträume anhäufen können.

Einzelne tesserale und sektorielle Kugelfunktionen rufen freilich langperiodische Störungen mit einer Amplitude von mehr als 100 m hervor. Es handelt sich dann um Resonanzeffekte. Über diese Resonanzen wird später noch zu sprechen sein; bei der Bestimmung zonaler Kugelfunktionen hat man die

Resonanzen früher oft vernachlässigt, in letzter Zeit werden sie regelmäßig berücksichtigt.

Man wird also zunächst die Bahnelemente durch einen Ausdruck von der Form der Gleichung (168) darstellen. Die säkularen und langperiodischen Störungen durch die zonalen Kugelfunktionen, $\delta \Omega_{SGZ} \ldots$ und $\delta \Omega_{LGZ} \ldots$, und die kurzperiodischen Störungen durch die zonale Kugelfunktion 2. Ordnung, $\delta \Omega_{KG2} \ldots$, lassen sich linear durch die J_n der Gleichung (210) darstellen (die Störungen in der Länge des aufsteigenden Knotens Ω stehen hier symbolisch für die Störungen in allen 6 Bahnelementen). In den Gleichungen (64) bis (69) sind die Anteile dargestellt, die die säkularen und langperiodischen Störungen der 6 Bahnelemente $e, i, \Omega, \omega, M, p$ bei einem Satellitenumlauf (anomalistische Periode) bewirken. Durch Integration über die Zeit analog wie bei (71) erhält man leicht die in Gleichung (168) einzusetzenden Störungen, $\delta \Omega_{SGZ} + \delta \Omega_{LGZ} = \Delta \Omega \ldots$; der so erhaltene Ausdruck ist die für die Ausgleichung benötigte lineare Darstellung der Bahnelemente nach den Unbekannten J_n des Problems.

Gegebenenfalls sind auch die durch die Kugelfunktion 2. Ordnung hervorgerufenen Störungen 2. Ordnung, bei denen der Faktor J_2^2 steht, mit hinzuzunehmen. Hier kann man immer J_2^2 aus einem Näherungswert von J_2 genügend genau a priori bestimmen, so daß die Unbekannte J_2 in dem Problem nur als lineare Größe auftritt.

Die kurzperiodischen Störungen durch die zonale Kugelfunktion 2. Ordnung $\delta \Omega_{KG2} \ldots$ entnimmt man der Gleichung (75).

Es ist angebracht, bei der Bestimmung zonaler Kugelfunktionen den Wert von J_2 in der Gleichung (75) durch einen guten Näherungswert zu ersetzen. Dann kann man $\delta \Omega_{KG2} \ldots$ als ein a priori genau zu berechnendes Glied einführen, bei dem J_2 als fehlerfrei betrachtet wird.

Die Kugelfunktion J_2 hat ihren dominierenden Einfluß auf die Bahnelemente als eine säkulare Störung, $\delta \Omega_{SGZ}$, $\delta \omega_{SGZ}$, δM_{SGZ}.

In gleicher Weise muß der Gravitationseinfluß von Sonne und Mond $\delta M_{MS} \ldots$ a priori genau berechnet werden; denn dieser Ausdruck enthält auch säkulare Störungen in der Länge des aufsteigenden Knotens und im Argument des Perigäums.

Bei der Bestimmung nur der zonalen Kugelfunktionen muß man nicht die Störungswirkung durch die Sonne und den Mond mit der Ausführlichkeit und Genauigkeit berücksichtigen, wie es nach den Ausführungen im Kapitel 4 grundsätzlich möglich wäre, indem man den vielgliedrigen Ausdruck (87) für das Störungspotential des Mondes einsetzt. Man kann sich hier auf die säkularen Störungen durch die Anziehung der Sonne und des Mondes beschränken.

Nach Kozai ist die durch Sonne und Mond hervorgerufene säkulare Bewegung in der Länge des aufsteigenden Knotens gleich

$$\delta \Omega_{MS\ \text{säkular}} = -\ \Psi \cos i \left(1 + \frac{3}{2} e^2\right) t ,$$

mit

$$\Psi = \frac{3}{4} \frac{1}{n\sqrt{1-e^2}} \left[n_\odot^2 \left(1 - \frac{3}{2}\sin^2 \varepsilon\right) + n_☾^2 \, m_☾ \left\{1 - \frac{3}{4}\sin^2 I \cdot \right.\right.$$

$$\left.\left. \cdot \,(1 + \cos^2 \varepsilon) - \frac{3}{2}\sin^2 \varepsilon \cos^2 I\right\}\right].$$

Hier sind n, $n_\odot$ und $n_☾$ die mittlere Winkelgeschwindigkeit des Satelliten, der Sonne und des Mondes, $m_☾$ ist die Masse des Mondes im Verhältnis zur Erdmasse, ε ist die Schiefe der Ekliptik und $I \cong 5°$ ist die Neigung der Mondbahn relativ zur Ekliptik. Wenn n in der Dimension [°/d] gegeben ist, dann gilt

$$\Psi = \frac{1{,}762}{n\sqrt{1-e^2}}.$$

Für die säkulare Bewegung im Argument des Perigäums gilt analog

$$\delta\omega_{\text{MS säkular}} = \frac{1}{2}\Psi(-1 + 5\cos^2 i + e^2)\, t\,.$$

Die anderen Bahnelemente haben keine durch die Gravitationswirkung von Sonne und Mond hervorgerufenen säkularen Störungen.

Die säkularen Störungen durch die Atmosphäre, $\delta\Omega_{SA} \ldots$, müssen bei der Bestimmung zonaler Kugelfunktionen recht genau berücksichtigt werden. In Kapitel 4 wurden die Bahnstörungen abgeleitet, die durch die Reibung an der Atmosphäre hervorgerufen werden. Man könnte mit dieser Theorie die säkularen und kurzperiodischen Störungen $\delta\Omega_{SA} + \delta\Omega_{PA} \ldots$ in der Gleichung (168) aus der Dichte der Atmosphäre ϑ bestimmen. Bei der Bestimmung zonaler Kugelfunktionen kann man die kurzperiodische Störung durch die Atmosphäre vernachlässigen.

$$\delta\Omega_{PA} \cong 0\,.$$

Für die säkulare Störung durch die Atmosphäre wird man bei der Bestimmung zonaler Kugelfunktionen meistens mit den einfacheren Ansätzen auskommen, die in Kapitel 4 mit den Gleichungen (90) bis (95) entwickelt worden sind.

Schließlich müssen die bei der Berechnung von zonalen Kugelfunktionen eingeführten Bahnelemente nach Gleichung (168) noch wegen des Strahlungsdruckes der Sonne reduziert werden, $\delta\Omega_{RS} \ldots$. Die betreffenden Formeln sind in Kapitel 4 Gleichung (101) zu finden. Diese Formeln können im vorliegenden Falle vereinfacht werden, weil nur die säkularen und langperiodischen Anteile zu berücksichtigen sind.

Der Einfluß der tesseralen und sektoriellen Kugelfunktionen auf die Bahnelemente, beispielsweise $\delta\Omega_{GR}$ in Gleichung (168), wird bei der Bestimmung der zonalen Kugelfunktionen vernachlässigt; denn dieser Anteil ist relativ klein und hat kurzperiodischen Charakter. Daher kann man die zonalen Kugelfunktionen gut von den tesseralen und sektoriellen Kugelfunktionen trennen und unabhängig davon bestimmen.

Eine Ausnahme machen nur die Resonanzeffekte bestimmter tesseraler und sektorieller Kugelfunktionen höherer Ordnung, über die später zu sprechen sein wird, und die auch größere langperiodische Störungen hervorrufen können.

Bei der Bestimmung zonaler Kugelfunktionen wird man diese Resonanzen zunächst vernachlässigen, um sie später im Rahmen einer Bestimmung der tesseralen und sektoriellen Kugelfunktionen zu erhalten, und um sie dann gegebenenfalls iterativ in eine neue Bestimmung der zonalen Kugelfunktionen einzuführen.

Es sollen hier zwei verschiedene Wege angegeben werden, nach denen die Berechnung der J_n sich vollziehen kann.

Der eine besteht darin, die Beobachtungen als lineare Funktionen der zonalen Kugelfunktion darzustellen. Die Linearisierung erfolgt nach den gleichen Grundsätzen wie bei der Bestimmung der Bahnelemente in Kapitel 7.

Für die Bahnelemente einschließlich ihrer säkularen Änderungen hat man nach dem Vorstehenden den Ansatz

$$\Omega = \Omega_0 + \Delta\Omega + \overline{\Omega}(t) + \sum_{n=2}^{n^*} \Omega_n^* J_n , \tag{211}$$

wenn man sich beispielsweise auf die Länge des aufsteigenden Knotens bezieht. Für die anderen Bahnelemente gelten analoge Gleichungen. Ω_0 ist eine bekannte Konstante, $\Delta\Omega$ eine unbekannte konstante differentielle Änderung des Knotens, $\overline{\Omega}(t)$ eine bekannte Funktion von der Zeit, die den Einfluß der Reibung an der Atmosphäre, des Strahlungsdrucks der Sonne und der Anziehung durch Sonne und Mond angibt.

Man drückt also die beobachtete Rektaszension und Deklination des Satelliten oder seine beobachtete Entfernung s oder die beobachtete zeitliche Ableitung der Entfernung (DOPPLER) $\dot{s}$ durch die Bahnelemente aus, macht die Ausdrücke linear in den Unbekannten $\Delta\Omega$, J_n $(n = 2, 3, \ldots, n^*)$ und erhält dann Fehlergleichungen der folgenden Form:

$$\begin{aligned} v_\alpha &= -l_\alpha + \alpha_a\,\Delta a + \alpha_e\,\Delta e + \cdots + \alpha_M \cdot \Delta M + \sum_{n=2}^{n^*} \Gamma_n'\,J_n ,\\ v_\delta &= -l_\delta + \delta_a\,\Delta a + \delta_e\,\Delta e + \cdots + \cdot\,\delta_M \cdot \Delta M + \sum_{n=2}^{n^*} \Gamma_n''\,J_n ,\\ v_s &= -l_s + s_a\,\Delta a + s_e\,\Delta e + \cdots + \delta_M\,\Delta M + \sum_{n=2}^{n^*} \Gamma_n'''\,J_n . \end{aligned} \tag{212}$$

Eine analoge Gleichung würde für die DOPPLER-Beobachtungen zu formulieren sein.

Die Ausgleichung ergibt neben den Werten $\Delta a, \Delta e, \ldots, \Delta M$, die für jeden Bahnbogen neu zu berechnen sind, die gesuchten Unbekannten J_n, die in jedem Bahnbogen enthalten sind. Die Koeffizienten $\Gamma'_n, \Gamma''_n, \Gamma'''_n$ der Gleichung (212) hängen von den Bahnelementen ab

$$\Gamma'_n(a, e, \omega, i, \Omega, M) .$$

Um die Unbekannten J_n bei der Reduktion der Normalgleichungen gut trennen zu können, empfiehlt es sich, nicht nur mehrere in verschiedenen geographischen Breiten gelegene Beobachtungsstationen zu haben, sondern auch mehrere Satelliten mit möglichst unterschiedlichen Bahnparametern einzuführen. Ferner dürfen die Bahnbögen nicht zu kurz sein; denn die langperiodischen Störungen haben die Periode der Umlaufzeit der Apsidenlinie, und diese Periode muß von den Bahnbögen noch überdeckt werden. Diese Periode beträgt bei den Vanguardsatelliten etwa 80 Tage, bei Satelliten, deren Neigung sich in der Nähe des kritischen Wertes $i = 65°$ befindet, 400 oder 500 Tage.

Man kann auch einen anderen Weg zur Bestimmung der J_n beschreiten, indem man bei x'' in (208) nicht einen Ausdruck der Form (211) für die Bahnelemente substituiert, der nach den J_n entwickelt ist, sondern indem man dem Ausdruck

$$\sum_{n=2}^{n^*} \Omega_n^* J_n$$

eine Struktur gibt, die von der Abhängigkeit der Koeffizienten Ω_n^* von der Zeit bestimmt wird; denn diese Koeffizienten setzen sich zusammen aus Gliedern, die linear mit der Zeit gehen und mit dem Kosinus und Sinus von $\omega, 2\,\omega, 3\,\omega, \ldots$, wobei ω wieder linear mit der Zeit veränderlich ist.

Auf diesem Wege berechnet man zunächst die Bahnelemente des Satelliten aus relativ kurzen Bahnbögen mit einer Länge von beispielsweise 10 Tagen, und zwar mittlere Bahnelemente, indem die kurzperiodischen Störungen unterdrückt werden, entsprechend den Ausführungen in Kapitel 7. Für den zeitlichen Mittelpunkt des jeweiligen Bahnbogens druckt die Rechenmaschine die Bahnelemente $\omega, \Omega, i, e, \ldots$ aus. Dieses Verfahren wiederholt man in Abständen von jeweils 2 Tagen, so daß man eine Liste mit zeitlich äquidistanten mittleren Bahnelementen hat. Dann subtrahiert man die Einflüsse der Atmosphäre, des Strahlungsdruckes der Sonne und der Anziehung von Sonne und Mond. Für die so erhaltenen Bahnelemente bestimmt man nach der Methode der kleinsten Quadrate approximativ Ausdrücke der folgenden Form:

$$\begin{aligned} \omega &= \omega_0 + \dot{\omega}\, t + A_\omega \cos \omega , \\ \Omega &= \Omega_0 + \dot{\Omega}\, t + A_\Omega \cos \omega , \\ i &= i_0 + A_i \sin \omega , \\ e &= e_0 + A_e \sin \omega , \end{aligned} \tag{213}$$

indem man Glieder mit höheren Potenzen von e vernachlässigt. Die Gleichungen (213) können auch um Ausdrücke in $\cos 2\,\omega$ und $\sin 2\,\omega$ erweitert werden. Die so erhaltenen Koeffizienten der Gleichungen (213) sind nach dem Vorstehenden lineare Funktionen der Unbekannten J_n, die sich damit nach Kenntnis dieser Koeffizienten bestimmen lassen.

Bei Satelliten mit sehr kleiner Exzentrizität ($e < 0{,}02$) hat Kozai die beiden Bahnelemente e und ω durch die Ausdrücke

$$e \sin \omega = e_0 \sin (\omega_0 + \dot{\omega}\, t) + A_e \,,$$

$$e \cos \omega = e_0 \cos (\omega_0 + \dot{\omega}\, t)$$

substituiert.

Die Kugelfunktionen gerader Ordnungszahl ergeben sich mit (64) bis (69) aus den säkularen Änderungen $\dot{\omega}$, $\dot{\Omega}$. Die Kugelfunktionen mit ungerader Ordnungszahl folgen aus den Koeffizienten A_ω, A_Ω, A_i, A_e.

$$\dot{\omega} = \dot{\omega}(J_2, J_4, \ldots); \qquad \dot{\Omega} = \dot{\Omega}(J_2, J_4, \ldots)$$

$$A_\omega = A_\omega(J_3, J_5, \ldots); \qquad A_\Omega = \dot{A}_\Omega(J_3, J_5, \ldots)$$

$$A_i = A_i(J_3, J_5, \ldots); \qquad A_e = A_e(J_3, J_5, \ldots) \,.$$

9.3. Die numerischen Werte der zonalen Kugelfunktionen nach Kozai

Kozai bestimmte (1965) die zonalen Kugelfunktionen von J_2 bis J_{14} aus photographischen Beobachtungen von 9 Satelliten. Die Neigungen i ihrer Bahnebenen variierten zwischen 28° und 95°, auch die Parameter a und e dieser Bahnen waren sehr unterschiedlich, so daß die Unbekannten J_n sich relativ gut voneinander trennen ließen.

In Tabelle 6 sind die von Kozai eingeführten Satelliten verzeichnet. Die Werte von a (in Einheiten des Erdradius), i, e sind beigefügt, ebenso wie die Einflüsse, die die Störung 2. Ordnung (J_2^2) und die Störung durch Sonne und Mond auf die säkularen Bahnstörungen $\dot{\omega}$ und $\dot{\Omega}$ ausüben (Tabelle 6 enthält die täglichen Änderungen dieser Störungen). Ferner ist dort das für die Berechnung der Luftreibung wichtige Verhältnis A/M (Dimension cgs) (Querschnittsfläche/Masse des Satelliten) zu finden.

Die Parameter der Gleichungen (213) ergaben sich beispielsweise für den Satelliten 1962$\alpha\varepsilon$ und für das Datum 7. Oktober 1962 wie folgt:

$$n = 3285{,}^\circ 400; \qquad i_0 = 44{,}^\circ 79953 \pm 6; \qquad e_0 = 0{,}242241 \pm 1;$$

$$\dot{\omega} = 1{,}^\circ 986171 \pm 8; \qquad \dot{\Omega} = -1{,}^\circ 858849 \pm 4;$$

$$A_e = 0{,}5461 \cdot 10^{-3} \pm 16;$$

$$A_i = -0{,}^\circ 761 \cdot 10^{-2} \pm 9; \qquad A_\omega = 0{,}^\circ 1117 \pm 5; \qquad A_\Omega = 0{,}^\circ 0176 \pm 3.$$

Kozai erhielt nach neueren Berechnungen (1967) die folgenden Werte:

$$\left.\begin{aligned}
J_2 &= 1082{,}639 \cdot 10^{-6}, \\
J_3 &= -\ 2{,}565 \cdot 10^{-6}, \\
J_4 &= -\ 1{,}608 \cdot 10^{-6}, \\
J_5 &= -\ 0{,}174 \cdot 10^{-6}, \\
J_6 &= \quad 0{,}542 \cdot 10^{-6}, \\
J_7 &= -\ 0{,}419 \cdot 10^{-6}, \\
J_8 &= -\ 0{,}128 \cdot 10^{-6}, \\
J_9 &= -\ 0{,}022 \cdot 10^{-6}, \\
J_{10} &= -\ 0{,}338 \cdot 10^{-6}, \\
J_{11} &= \quad 0{,}176 \cdot 10^{-6}, \\
J_{12} &= \quad 0{,}053 \cdot 10^{-6}, \\
J_{13} &= -\ 0{,}146 \cdot 10^{-6}, \\
J_{14} &= -\ 0{,}174 \cdot 10^{-6}, \\
J_{15} &= -\ 0{,}065 \cdot 10^{-6}, \\
J_{16} &= \quad 0{,}449 \cdot 10^{-6}, \\
J_{17} &= -\ 0{,}052 \cdot 10^{-6}, \\
J_{18} &= -\ 0{,}324 \cdot 10^{-6}, \\
J_{19} &= -\ 0{,}075 \cdot 10^{-6}, \\
J_{20} &= \quad 0{,}336 \cdot 10^{-6}.
\end{aligned}\right\} \qquad (213\text{a})$$

Mit diesen Zahlen ist der nur von der geographischen Breite abhängige Teil des Schwerefeldes der Erde bekannt. Setzt man diese Werte von $J_2 \ldots J_{14}$ in (210) ein und errechnet damit nach (225a) die Erhebungen des Geoids über dem Erdellipsoid mit der Abplattung $f = 1:298{,}252$ (f folgt aus J_2, wie später gezeigt werden wird), dann ergibt sich die in Abb. 40 durch eine ausgezogene Linie dargestellte Kurve der Geoidundulationen N.

Zonale Kugelfunktionen wurden auch von Buchar, Žongolovič und King-Hele bestimmt.

Zusammenfassend kann über die Bestimmung zonaler Kugelfunktionen aus Satellitenbeobachtungen folgendes gesagt werden.

Es ist ein großer Gewinn, daß man die zonalen Kugelfunktionen getrennt von den tesseralen und sektoriellen Kugelfunktionen mit relativ

Tabelle 6:

		a	i	e	J_2^2 in $\dot\omega$	⊙ + ☾ in $\dot\omega$	J_2^2 in ☊˙	⊙ + ☾ in ☊˙	A/M
Vanguard 2	59 α 1	1,30	32°8	0,16	2°04 × 10^{-3}	0°55 × 10^{-3}	0°305 × 10^{-3}	−0,378 × 10^{-3}	0,21
Vanguard 3	59 η 1	1,33	33,4	0,19	1,91	0,57	0,223	−0,395	0,27
Echo 1 (Rakete)	60 ι 2	1,25	47,2	0,01	2,02	0,26	−0,705	−0,272	0,21
Explorer 11	61 ν 1	1,18	28,8	0,09	2,77	0,52	1,092	−0,327	0,15
Transit 4A	61 0 1	1,15	66,8	0,01	−0,87	−0,04	−1,875	−0,139	0,08
Midas 2	61 α δ 1	1,57	95,9	0,01	−0,77	−0,27	0,114	0,058	0,06
Telstar 1	62 α ε 1	1,52	44,8	0,24	1,01	0,44	−0,286	−0,427	0,08
ANNA 1B	62 β μ 1	1,18	50,1	0,01	2,48	0,19	−1,209	−0,235	0,07
Relay 1	62 β ν 1	1,69	47,5	0,28	0,58	0,45	−0,227	−0,497	0,08

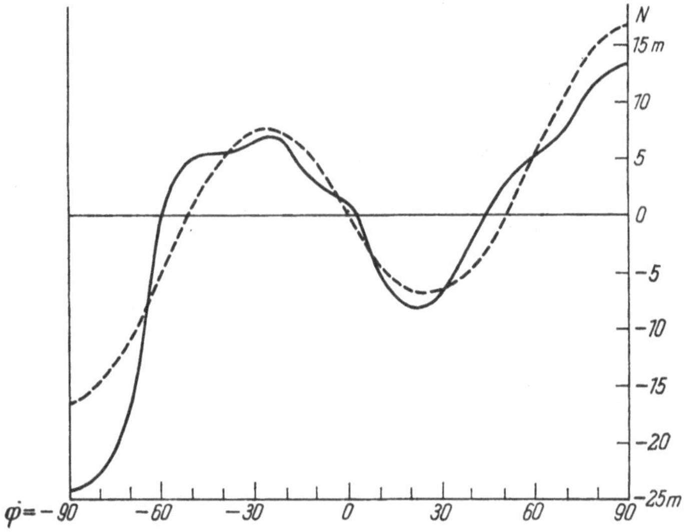

Abb. 40. Anteil der zonalen Kugelfunktionen an den Geoidundulationen (nach Kozai).
———: Gesamtanteil der zonalen Kugelfunktionen,
– – –: Anteil der zonalen Kugelfunktion 3. Ordnung, J_3

hoher Genauigkeit bestimmen kann. Die Kugelfunktion 3. Ordnung J_3 dominiert über die anderen Kugelfunktionen höherer Ordnung $J_4, J_5, \ldots$. Die Genauigkeit der so bestimmten Werte der zonalen Kugelfunktionen ist sehr hoch, so daß man sie bei der Bestimmung tesseraler und sektorieller Kugelfunktionen als fehlerfreie Größen betrachten kann.

Natürlich kann man die in die Bestimmungsgleichungen (211) eingeführte Reihe der J_n nicht beliebig weit ausdehnen. Bricht man beispielsweise bei $n = 14$ ab und setzt also $J_{15} = J_{16} = \cdots = 0$, so ist dies natürlich eine Approximation, die vor allem die letzten Werte der Reihe $J_2, J_3, \ldots, J_{14}$ beeinflußt, indem ein Teil des Einflusses der Kugelfunktionen $J_{15}, J_{16}, \ldots$ von $J_2, J_3, \ldots, J_{14}$ absorbiert wird.

9.4. Die Fehlergleichungen bei der Bestimmung der tesseralen und sektoriellen Kugelfunktionen

Die Bestimmung der längenabhängigen Teile des Gravitationsfeldes, also der tesseralen und sektoriellen Kugelfunktionen, ist wesentlich schwieriger als die Ermittlung der zonalen Kugelfunktionen; denn hier treten Störungen auf, deren Perioden relativ kurz sind und teilweise nur Bruchteile eines Satellitenumlaufs betragen und deren Amplituden nur selten 150 m überschreiten. Hier müssen auch die räumlichen Koordinaten der Beobachtungsstationen als unbekannte Größen mit in das Problem hineingenommen werden. Das bringt natürlich den Vorteil mit sich, diese Stationskoordinaten in einem absoluten, auf den Schwerpunkt der Erde bezogenen Koordinatensystem bestimmen zu können, eine Möglichkeit, die nicht weniger wichtig ist als die Ermittlung des Gravitationsfeldes selbst. Dadurch hat man aber auch erhebliche Komplikationen, weil in der dynamischen Satellitengeodäsie die Unbekannten des Gravitationsfeldes und die unbekannten Stationskoordinaten immer gemeinsam in einem System auftreten, so daß sie erst durch die Auflösung dieses gesamten Systems getrennt werden können.

Man muß hier ferner alle auf die Satellitenbahnen wirkenden Störungen entsprechend der Gleichung (168) wegreduzieren; alle Reduktionsbeträge, die 10 m übersteigen, sollten berücksichtigt werden. Insbesondere muß also die Störung durch die Atmosphäre genau bestimmt werden. Das gleiche gilt für den Strahlungsdruck der Sonne und die Gravitationswirkung von Sonne und Mond. Um die Störungen durch die Reibung an der Atmosphäre und durch den Strahlungsdruck der Sonne möglichst klein zu halten und um diese Störungen besser bestimmen zu können, werden in der dynamischen Satellitengeodäsie nur Satelliten mit relativ kleiner Oberfläche und großer Masse eingeführt, also nur Satelliten mit einer stabilen durch die Reibung an der Atmosphäre wenig gestörten Bahn. Ballonsatelliten sind hier völlig ungeeignet.

Das Verhältnis Querschnitt/Masse einiger in der dynamischen Satellitengeodäsie oft verwendeter Satelliten hat folgende Werte: Telstar 1: 0,0075 (m^2/kg), Transit 1963 — 49 B: 0,0090 (m^2/kg), siehe auch Tabelle 6.

Die Störungen durch die tesseralen und sektoriellen Kugelfunktionen, also die Ausdrücke $\delta \Omega_{GR} \ldots$ usw. in Gleichung (168), müssen linear nach den Unbekannten des Gravitationsfeldes C_{lm}, S_{lm}, (47) und (56), entwickelt werden. Man hat zu diesem Zweck die Darstellung (55) für das Störpotential nach Bahnelementen zu entwickeln (56), diesen Ausdruck in die LAGRANGEschen Störungsgleichungen (40) einzusetzen, über die Zeit zu integrieren (58), um die Bahnstörungen zu ermitteln, die durch die tesseralen und sektoriellen Kugelfunktionen hervorgerufen werden.

Auf diesem Wege erhält man mit (168) die Länge des aufsteigenden Knotens, und zwar den für die Schmiegungsellipse gültigen Wert. Analoge Gleichungen gelten für die anderen fünf Bahnelemente. Mit diesen Oskulationswerten für die Bahnelemente wird die räumliche Lage des Satelliten $\boldsymbol{x}''$ ermittelt und in Gleichung (208) eingesetzt.

Der Vektor $\boldsymbol{u}$ wird durch die Koordinaten der Beobachtungsstation dargestellt. $\boldsymbol{x}''$ entwickelt man linear nach den Unbekannten des Gravitationsfeldes, C_{lm} und S_{lm}, und den Koeffizienten, die in dem Ausdruck für die Bahnelemente (168) konstant bzw. linear oder quadratisch mit der Zeit veränderlich sind. In (168) sind dies die Koeffizienten Ω_0, Ω_1, Ω_2 für die Länge des aufsteigenden Knotens. Für die anderen Bahnelemente gelten analoge Ausdrücke.

Für jeden Bahnbogen hat man also immer dieselben Unbekannten des Gravitationsfeldes C_{lm}, S_{lm}. Man hat ferner für jeden Bogen einen neuen Satz von $3 \cdot 6 = 18$ unbekannten Koeffizienten in dem Ausdruck für die Bahnelemente, die durch die Ausgleichung mitzubestimmen sind und die bei zahlreichen Satellitenbahnen eine erhebliche Anzahl erreichen. Diese Koeffizienten sind aber direkt für die Bestimmung des Gravitationsfeldes ohne Belang, so daß man sie möglichst früh wegeliminiert.

Man wird ferner für die räumlichen Koordinaten der Beobachtungsstationen Näherungswerte einführen und den Ausdruck für $\boldsymbol{u}$ durch Anbringen kleiner differentieller Zuschläge linear machen.

Den beobachteten Vektor $\boldsymbol{a}$ wird man nach der beobachteten Rektaszension und Deklination α, δ auflösen, wie es bei der Bestimmung mittlerer Bahnelemente mit der Gleichung (167), (172), (173) gezeigt worden ist.

Durch Linearisierung der Gleichung (208) erhält man mit (168) in der dynamischen Satellitengeodäsie Fehlergleichungen der folgenden Struktur, wobei die Koeffizienten $\varkappa, \gamma, \bar{\xi}, \bar{\eta}, \bar{\zeta}$ Differentialquotienten sind, die in der elektronischen Rechenmaschine als Differenzenquotienten errechnet werden können:

$$\begin{aligned} v = & -l + \sum_{j=0}^{3} \varkappa_{1j}\, \delta a_j + \sum_{j=0}^{3} \varkappa_{2j}\, \delta e_j + \sum_{j=0}^{3} \varkappa_{3j}\, \delta \omega_j + \\ & + \sum_{j=0}^{3} \varkappa_{4j}\, \delta i_j + \sum_{j=0}^{3} \varkappa_{5j}\, \delta \Omega_j + \sum_{j=0}^{3} \varkappa_{6j}\, \delta M_j + \\ & + \sum_{l} \sum_{m} (\gamma_{lm}^{c}\, C_{lm} + \gamma_{lm}^{s}\, S_{lm}) + \bar{\xi}\, \Delta X + \bar{\eta}\, \Delta Y + \bar{\zeta}\, \Delta Z\,. \end{aligned} \tag{214}$$

v ist die zufällige Verbesserung der Beobachtung. Liegen Richtungsmessungen vor, dann treten hier die Verbesserungen der Rektaszension v_α (oder $\cos\delta \cdot v_\alpha$) und die der Deklination v_δ auf.

Liegen Streckenmessungen vor, so erscheint hier v_s analog wie bei der Gleichung (176).

Bei Doppler-Beobachtungen hat man $v_{\Delta f}$, wie mit Gleichung (177) früher gezeigt wurde.

Das Absolutglied (freies Glied) $-l$ der Gleichung (214) ergibt sich analog wie bei (173), (176) als Differenz der aus Näherungswerten berechneten Größe und dem beobachteten Wert.

Die differentiellen Änderungen $\delta a_j, \delta e_j, \ldots, \delta \Omega_j, \ldots$ der Koeffizienten $a_j, e_j, \ldots, \Omega_j, \ldots$ in der Entwicklung (168) für die Bahnelemente variieren von Satellitenbahn zu Satellitenbahn. Die Koordinaten der Beobachtungsstation verändern sich, wenn man Beobachtungen einer anderen Station einführt. Die Unbekannten des Gravitationsfeldes treten in allen Fehlergleichungen in gleicher Weise auf.

Während man bei Doppler-Beobachtungen und bei Streckenmessungen zum Satelliten immer nur eine Beobachtungsgröße erhält, treten bei Richtungsbeobachtungen immer zwei zufällige Variable v_α und v_δ gleichzeitig auf.

Die beiden zufälligen Variablen v_α und v_δ sind im allgemeinen miteinander mehr oder weniger stark korreliert, ein Umstand, auf den bereits früher bei der Behandlung von Simultanbeobachtungen auf zwei Stationen hingewiesen worden ist, (188) (189).

Will man diese Korrelation in der dynamischen Satellitengeodäsie berücksichtigen, um zu einer strengeren Form der Ausgleichung zu kommen, so muß man v_α und v_δ mittels (189) durch v_l und v_q ersetzen. Erfahrungsgemäß hat aber diese Substitution in der dynamischen Satellitengeodäsie praktisch wenig Erfolg.

9.5. Resonanzen

Eine nicht zu unterschätzende Komplikation bedeutet bei der hier besprochenen Bahnmethode der dynamischen Satellitengeodäsie das Auftreten von kleinen Nennern in Ausdrücken, die in der analytischen Darstellung der Koeffizienten γ^c_{lm} und γ^s_{lm} der Gleichung (214) auftreten. Diese kleinen Nenner sind aber nur unter bestimmten Umständen zu finden. Sie sind nämlich von der Umlaufzeit des Satelliten, von der Rotationsbewegung der Erde und von den Parametern l, m der Koeffizienten C_{lm} und S_{lm} abhängig. Man spricht daher auch von Resonanzen.

Dieser Resonanzeffekt tritt dann auf, wenn im Nenner des Ausdrucks (58) kleine numerische Werte erscheinen. Dann treten in den Bahnstörungen langperiodische Glieder auf, die durch ganz bestimmte Kugelfunktionen C_{lm}, S_{lm} hervorgerufen werden, und die eine relativ große Amplitude von etwa 100 m erreichen können, während sie normalerweise, also wenn der Nenner in (58) eine normale Größe hat, nur einen wesentlich kleineren Wert haben.

Man wird daher bei der Bahnmethode für die einzelnen Satellitenbahnen und für die verschiedenen Kugelfunktionen höherer Ordnung die Nenner in dem Ausdruck (58) überprüfen müssen und alle durch diese Kugelfunktionen hervorgerufenen Störungen nicht vernachlässigen dürfen, bei denen diese Resonanzeffekte mehr als 5 m oder 10 m betragen.

Der betrachtete kleine Nenner tritt bei doppelter Integration in der Störung für die mittlere Anomalie M entsprechend Gleichung (44) auch in der zweiten Potenz auf. Er bewirkt hier also einen besonders starken Resonanzeffekt.

9.6. Die Normalgleichungen für die Bestimmung tesseraler und sektorieller Kugelfunktionen

Nachdem die Aufstellung der Fehlergleichungen behandelt worden ist, müssen im Anschluß daran die Normalgleichungen nach der Gaussschen Transformation berechnet werden. Die Fehlergleichungen haben die folgende Struktur:

$$\boldsymbol{v} = \overline{\boldsymbol{B}}\,\boldsymbol{b} + \overline{\boldsymbol{X}}\,\boldsymbol{u} + \overline{\boldsymbol{G}}\,\boldsymbol{g} - \overline{\boldsymbol{l}}\,. \tag{215}$$

Die Normalgleichungen sind dann

$$\boldsymbol{B}^*\,\boldsymbol{b} + \boldsymbol{X}^*\,\boldsymbol{u} + \boldsymbol{G}^*\,\boldsymbol{g} - \boldsymbol{l}^* = 0\,. \tag{216}$$

b ist der Spaltenvektor der Koeffizienten bei den konstanten bzw. linear und quadratisch mit der Zeit veränderlichen Gliedern in den Ausdrücken (168) für die Bahnelemente oder der Größen $\delta a_j, \delta e_j, \ldots, \delta M_j$ der Gleichung (214), ***u*** ist der Spaltenvektor der Stationskoordinaten oder ihrer Differentiale ΔX, ΔY, ΔZ in (214), ***g*** ist der Spaltenvektor der STOKESschen Konstanten C_{lm}, S_{lm}, also der unbekannten Koeffizienten der Kugelfunktionsentwicklung für das Gravitationsfeld.

Zunächst wird man also in den Normalgleichungen den Spaltenvektor ***b*** eliminieren.

In den verschiedenen Satellitenbögen, die in die Ausgleichung eingeführt werden, treten jeweils verschiedene Beobachtungen auf, so daß diese Satellitenbögen statistisch voneinander unabhängig sind. In jeder Zeile der Gleichung (216) werden daher nicht alle Elemente des Vektors ***b*** erscheinen, sondern es werden nur die (z. B. $3 \cdot 6 = 18$ nach Gleichung (214)) Elemente vertreten sein, die sich auf die jeweilige Satellitenbahn beziehen.

Hat man in die Ausgleichung beispielsweise 100 Bögen eingeführt, so enthält der Vektor ***b*** insgesamt $100 \times 3 \times 6 = 1800$ Elemente. Man muß dann bei der Elimination von ***b*** nicht alle 1800 Unbekannten in einem Guß eliminieren, was praktisch kaum möglich wäre, sondern die Matrix $\boldsymbol{B}^*$ wird die Struktur einer Quasidiagonalmatrix haben, und sie wird in 100 voneinander unabhängige Teilsysteme von jeweils $3 \times 6 = 18$ Elemente zerfallen, die sich auf jeweils einen der 100 Bahnbögen beziehen.

Man kann also schrittweise nacheinander die für die einzelnen Bögen sich jeweils ergebenden 18 Elemente des Vektors ***b*** durch Multiplikation mit der inversen Matrix analog wie bei (204), (205) eliminieren.

Im weiteren wird vorausgesetzt, daß der Vektor ***b*** eliminiert worden ist. Damit bleiben nur noch die eigentlich interessierenden Unbekannten ***u***, ***g*** übrig.

Variante a

$$\boldsymbol{X}\boldsymbol{u} + \boldsymbol{G}\boldsymbol{g} - \boldsymbol{l} = 0 . \tag{217}$$

Dieses Gleichungssystem (217) wird beispielsweise anfallen, wenn man photographische Beobachtungen der Satelliten ausgeführt hat, wenn man daraus z. B. 100 Bögen errechnet hat, wenn etwa 12 oder 15 Stationen an den Beobachtungen beteiligt waren, wenn das Gravitationsfeld beispielsweise durch die Kugelfunktionen bis zur 8. Ordnung dargestellt worden ist, und wenn einige Kugelfunktionen höherer Ordnung, die die besprochenen Resonanzeffekte hervorrufen, ebenfalls berücksichtigt worden sind. Dieses allein durch Richtungsmessungen erhaltene System (217) ist für sich schon fähig, definitive Werte für die Unbekannten ***u***, ***g*** zu liefern.

Eine Abschätzung der Streuung der Beobachtungen a priori, also die Bestimmung ihrer inneren Beobachtungsgenauigkeit, ist wichtig wegen des Vergleichs mit den a-posteriori-Werten.

Hat man viele Satelliten mit möglichst unterschiedlicher Bahn eingeführt, so wird das System (217) bei 12 Beobachtungsstationen und bei einer Darstellung des Schwerefeldes durch eine Kugelfunktionsentwicklung bis zur 8. Ordnung etwa 100 Unbekannte umfassen. Es läßt sich auflösen, und als Ergebnis erhält man die Stationskoordinaten $\boldsymbol{u}$ und die Unbekannten des Gravitationsfeldes $\boldsymbol{g}$. Die mittleren Fehler dieser Werte sind dabei auch zu erhalten.

Ein Maß für den Erfolg dieses Verfahrens ist der mittlere Fehler einer Beobachtung, wie er sich a posteriori ergibt. Ist er wesentlich größer als der mittlere Fehler a priori, so wird das mathematische Modell, das in die Fehlergleichungen (215) mit den Unbekannten $\boldsymbol{b}, \boldsymbol{u}, \boldsymbol{g}$ eingeführt worden ist, nicht ausreichend sein. Man wird es erweitern müssen durch Hinzunahme von weiteren Kugelfunktionen oder durch eine bessere Berücksichtigung der Störungen durch die Atmosphäre oder durch die Berücksichtigung weiterer Resonanzeffekte.

Variante b

Wenn nach der Ausgleichung des Systems (217) später weitere Beobachtungen angefallen sind, so muß man nicht alles neu bearbeiten. Hat man bei der ersten Berechnung das System

$$\boldsymbol{X}_1 \boldsymbol{u} + \boldsymbol{G}_1 \boldsymbol{g} - \boldsymbol{l}_1 = 0 \tag{218}$$

erhalten, und hat man aus den Beobachtungen in den darauffolgenden Jahren analog das neue System

$$\boldsymbol{X}_2 \boldsymbol{u} + \boldsymbol{G}_2 \boldsymbol{g} - \boldsymbol{l}_2 = 0 \tag{219}$$

gefunden, so erhält man als Zusammenschluß der Beobachtungen beider Berechnungen nach dem Additionssatz für die Normalgleichungen in Strenge das folgende System

$$(\boldsymbol{X}_1 + \boldsymbol{X}_2)\, \boldsymbol{u} + (\boldsymbol{G}_1 + \boldsymbol{G}_2)\, \boldsymbol{g} - (\boldsymbol{l}_1 + \boldsymbol{l}_2) = 0\,. \tag{220}$$

Hat man bei der ersten Berechnung völlig andere Stationen als bei der zweiten, so kann man bei der ersten Berechnung zunächst die Stationskoordinaten eliminieren, und man erhält dann ein System der folgenden Form:

$$\boldsymbol{G}_1^0 \boldsymbol{g} - \boldsymbol{l}_1^0 = 0\,. \tag{221}$$

Bei dem zweiten neuen System wird man dann ebenfalls zunächst die Stationskoordinaten eliminieren, und man wird analog

$$\boldsymbol{G}_2^0 \boldsymbol{g} - \boldsymbol{l}_2^0 = 0 \tag{222}$$

erhalten. (221) und (222) können wieder nach dem Additionssatz vereinigt werden. Die Addition beider Gleichungssysteme gilt wieder in Strenge

$$(\boldsymbol{G}_1^0 + \boldsymbol{G}_2^0)\, \boldsymbol{g} - (\boldsymbol{l}_1^0 + \boldsymbol{l}_2^0) = 0\,. \tag{223}$$

Durch Auflösung von (223) folgen die Unbekannten des Gravitationsfeldes. Weitere rückläufige Berechnungen ergeben die Stationskoordinaten $\boldsymbol{u}$ der beiden Teilsysteme.

Die prinzipielle Methode des Zusammenschlusses zweier Systeme der dynamischen Satellitengeodäsie nach dem Additionssatz der Normalgleichungen entsprechend den Gleichungen (218), (219), (220) ist noch einer Verallgemeinerung fähig.

Sind die Stationen eines Systems der dynamischen Satellitengeodäsie auch durch ein Netz der geometrischen Satellitengeodäsie miteinander verbunden, so kann man beide Systeme ebenfalls analog nach dem Additionssatz der Normalgleichungen vereinigen. Das gilt auch, wenn ein Teil der Stationen des „geometrischen" Netzes außerhalb des „dynamischen" Netzes liegt.

Hierbei treten aber Komplikationen auf, weil das mathematische Modell des dynamischen Netzes prinzipiell anders ist als das des geometrischen Netzes. Das dynamische Netz hat einen geringeren Approximationsgrad und größere Restfehler oder Modellfehler (etwa $\pm 5''$), weil noch Restfehler des Gravitationsfeldes wirksam sind.

Das geometrische Netz dagegen ist frei vom Gravitationsfeld. Seine Restfehler oder Modellfehler sind daher nicht wesentlich größer als die innere Beobachtungsgenauigkeit ($\pm 1''$ bis $\pm 2''$).

Vereinigt man daher dynamische und geometrische Netze, so wird man die Gewichte beider Systeme aus den nach der Ausgleichung der Teilsysteme erhaltenen Restabweichungen sehr gewissenhaft bestimmen müssen, bevor man die beiden heterogenen Systeme vereinigt, wenn man nicht den Erfolg ihrer Vereinigung zunichte machen will.

Bestimmt man das Gravitationsfeld nach der Bahnmethode, so erhält man Gleichungen der Form (217). Es ist dann möglich, daß nicht für die Stationskoordinaten $\boldsymbol{u}$, sondern für die Unbekannten des Gravitationsfeldes $\boldsymbol{g}$ allein zusätzliche Bedingungen aus anderen Quellen auftreten. So können z. B. Bedingungen hinzugenommen werden, die verlangen, daß der aus den Satelliten erhaltene Ausdruck für das Potentialfeld der Erde zu Werten für die Schwereanomalien auf der Erdoberfläche führt, die mit den terrestrisch erhaltenen Schwereanomalien verträglich sind.

Man hat also eine Anzahl von zusätzlichen Fehlergleichungen der folgenden Form für das Gravitationsfeld

$$\boldsymbol{v} = -\overline{\boldsymbol{l}}_2 + \overline{\boldsymbol{A}} \cdot \boldsymbol{g} . \tag{224}$$

Daraus erhält man die Normalgleichungen

$$\boldsymbol{A} \cdot \boldsymbol{g} - \boldsymbol{l}_2 = 0 . \tag{225}$$

Dieses System kann mit einem System der Form (217) ebenfalls nach dem Additionssatz für die Normalgleichungen zusammengeschlossen werden, analog wie bei (218) bis (223).

Hierbei ist es nicht notwendig, daß g sich bereits durch Ausgleichung von (224), (225) eindeutig bestimmen läßt; d. h., in (224) kann die Anzahl der Unbekannten größer sein als die Anzahl der Fehlergleichungen.

Liegen darüber hinaus unabhängige Systeme von optischen, DOPPLER- und Lasermessungen vor, und führt man auch Bedingungen ein, die aus terrestrischen Schwereanomalien gewonnen werden, so lassen sich alle diese heterogenen Systeme in Strenge nach dem Additionssatz für die Normalgleichungen oder dem für die reduzierten Normalgleichungen miteinander vereinigen.

Es sei aber betont, daß bei heterogenen Beobachtungen die Streuungen der Beobachtungen, mögen sie nun durch die inneren Beobachtungsfehler oder durch die Fehler des eingeführten mathematischen Modells hervorgerufen sein, genau bestimmt werden müssen, wenn der Zusammenschluß ein Erfolg sein soll. Gegebenenfalls ist die Ausgleichung iterativ mit verbesserten Gewichten mehrmals durchzuführen, indem zunächst aus einer getrennten Ausgleichung der Teilsysteme die mittleren Fehler a posteriori gewonnen werden. Diese mittleren Fehler a posteriori werden beim Zusammenschluß der Teilsysteme als mittlere Fehler a priori in die einzelnen Teilsysteme einzuführen sein. Nach der Ausgleichung dieses Hauptsystems wird man für die einzelnen Teilsysteme neue Restfehler erhalten, mit denen gegebenenfalls die Ausgleichung zu wiederholen wäre, bis die Hauptausgleichung in genügender Annäherung stabil ist.

9.7. Maßstabsbestimmung

Die Maßstabsbestimmung bei diesen Verfahren der dynamischen Satellitengeodäsie ist von besonderer Bedeutung. Nur in wenigen Ausnahmefällen werden die räumlichen Koordinaten einzelner Beobachtungsstationen so genau sein, daß man sie als fehlerfrei einführen kann, um aus ihnen auch den Maßstab des Systems abzuleiten. Man wird vielmehr bemüht sein, diese Koordinaten gerade nach der Bahnmethode zu bestimmen.

Der Maßstab kann einmal aus einem System der kosmischen Triangulation gewonnen werden, dessen Maßstab nach den in Kapitel 8 geschilderten Verfahren bestimmt worden ist, wenn man nur beide Systeme entsprechend dem Additionssatz der Ausgleichungsrechnung vereinigt.

Von besonderer Wichtigkeit ist die Ableitung des Maßstabes des Systems nach kosmischen Methoden, die auch die Lichtgeschwindigkeit verwenden. Mit diesen kosmischen Methoden hat man aus der Bahnverfolgung der Mondsonden mit Radioverfahren (DOPPLER) die Masse der Erde $k \cdot M$ mit sehr hoher Genauigkeit bestimmen können, und zwar einschließlich der Masse der Atmosphäre. Bringt man die Atmosphäre in Abzug, ein Betrag, der nicht mehr als 10^{-6} erreicht, dann ergibt sich für das Produkt Masse der Erde × Gravitationskonstante

$$k \cdot M = 398600{,}9 \pm 0{,}7 \text{ km}^3\,\text{s}^{-2} .$$

Nimmt man noch das 3. KEPLERsche Gesetz hinzu, Gleichung (171), und führt man auch die mittlere Winkelgeschwindigkeit des Satelliten $\bar{n}^*$ ein, so ergibt sich aus dem 3. KEPLERschen Gesetz (bei Vernachlässigung der kurzperiodischen Störungen) die große Halbachse der Bahnellipse des Satelliten a^*. Dies ist eine lineare Größe, die den Maßstab der Satellitenbahn und damit den Maßstab des ganzen Systems einschließlich des Systems der Stationskoordinaten zu bestimmen gestattet.

Eine dritte Methode zur Bestimmung des Maßstabs bei der dynamischen Satellitengeodäsie könnte man dadurch entwickeln, daß man bei der Bahnmethode nicht nur Richtungsbeobachtungen, sondern auch DOPPLER-Beobachtungen nach (102a) verwendet oder Entfernungsbeobachtungen zum Satelliten mittels Laser oder SECOR. Diese Verfahren dürften aber nur bedingt brauchbar sein. Führt man nämlich eine einzelne Streckenmessung zum Satelliten ein, die möglicherweise eine Genauigkeit von ± 1 bis ± 3 m hat, so ist dies zwar eine gute Methode, um über die Bahnstörungen des Satelliten eine Aussage zu machen. Für die Ableitung des Maßstabes muß man aber berücksichtigen, daß das mathematische Modell, nach dem die Position des Satelliten im Raum bei der Bahnmethode bestimmt wird, u. a. wegen der Vernachlässigung der Kugelfunktionen höherer Ordnung noch relativ große Restfehler von etwa $\pm 5''$ gleich 20 bis 30 m hat. Diese Modellfehler wirken in voller Größe, wenn man die gemessene Entfernung mit der errechneten vergleicht, um den Maßstab der Satellitenbahn zu bestimmen. Will man auf diesem Wege den Maßstab der Satellitenbahn ermitteln, so wird man daher nur einen ziemlich großen relativen Fehler von etwa $2 \cdot 10^{-5}$ erhalten, eine Maßstabsgenauigkeit, die zu gering ist. Nur wenn in die Bahnmethode zahlreiche solche Streckenmessungen eingeführt werden, wird der Erfolg sicher sein.

Bei Simultanbeobachtungen dagegen entfallen diese nachteiligen Einflüsse der durch die Kugelfunktionsentwicklung nicht erfaßten Teile des Gravitationsfeldes, das mathematische Modell ist bei Simultanbeobachtungen günstiger. Daher kann man bei Systemen der Bahnmethode zu einer hohen Genauigkeit in der Maßstabsbestimmung gelangen, wenn beispielsweise auf einer Station die Entfernung zum Satelliten mit Laser und simultan auf zwei benachbarten Stationen die Richtung zum Satelliten photographisch beobachtet wird. Aus diesen Simultanbeobachtungen kann man den Maßstab des aus den drei Stationen gebildeten Dreiecks und damit des gesamten globalen Systems der Beobachtungsstationen ableiten, mit einer relativen Genauigkeit, die der der Lasermessung etwa gleichkommt (etwa $2 \cdot 10^{-6}$), entsprechend den Ausführungen über die Maßstabsbestimmung bei der kosmischen Triangulation.

9.8. Die Bestimmung des Geoids und der Schwereanomalien aus der Potentialentwicklung

Hat man nach den vorstehenden Ausführungen aus Satellitenbeobachtungen die Kugelfunktionsentwicklung (31) für das Potential erhalten, dann ist es für die Geodäsie von Wichtigkeit, daraus die Geoidundulation N und die Schwereanomalien (Freiluftanomalien) Δg_F auf der Erdoberfläche zu berechnen.

Die Geoidundulationen N gelten in bezug auf ein Niveauellipsoid mit der Abplattung f, dessen große Halbachse so bestimmt wird, daß die Summe der Quadrate der N-Werte ein Minimum wird (mittleres Erdellipsoid).

Das äußere Potential dieses Niveauellipsoides ist

$$U = \frac{k\,M}{r}\left[1 - J_2\left(\frac{R_E}{r}\right)^2 P_2(\sin\varphi) - J_4\left(\frac{R_E}{r}\right)^4 P_4(\sin\varphi) + \cdots\right],$$

$$J_2 = \frac{2}{3} f\left(1 - \frac{1}{2} f\right) - \frac{1}{3} m\left(1 - \frac{3}{2} m - \frac{2}{7} f\right) + \cdots,$$

$$J_4 = -\frac{4}{35} f(7f - 5m) + \cdots,$$

$$m = \frac{\omega_E^2 \cdot R_E}{\gamma_E},$$

$$k\,M = R_E^2\,\gamma_E\left[1 - f + \frac{3}{2} m - \frac{15}{14} m f + \cdots\right].$$

Die Geoidundulationen ermitteln sich dann mit (31) nach

$$N = \frac{V - U}{G}, \tag{225a}$$

wenn G ein globaler Mittelwert der Schwere ist.

Die Freiluftanomalien Δg_F ergeben sich aus den N-Werten nach der BRUNSschen Formel

$$\Delta g_F = -\frac{\partial(V - U)}{\partial r} - \frac{2}{r}(V - U)\,.$$

Die Kugelfunktionsentwicklung für die Geoidundulationen N ergibt sich also, indem man von der aus Satellitenbeobachtungen erhaltenen Potentialentwicklung V das „normale" Potential U subtrahiert und die Differenz durch G dividiert.

Setzt man die Kugelfunktionsentwicklung für N in die BRUNSsche Formel ein, so erhält man die Entwicklung für Δg_F.

Versteht man in den Formeln (226), (236) unter $\overline{C}_{lm}$, $\overline{S}_{lm}$ die Koeffizienten in der Entwicklung für $V - U$, so sind diese Formeln (226), (236) die Kugelfunktionsentwicklung für die Freiluftanomalien Δg_F.

9.9. Numerische Ergebnisse

Die Bahnmethode wurde wiederholt von zahlreichen Autoren für die Bestimmung des Gravitationsfeldes und der Stationskoordinaten angewandt.

9.9.1. *Optische Beobachtungen*

Die im Jahre 1966 von GAPOSCHKIN bestimmten Stationskoordinaten der 12 BAKER-NUNN-Stationen und das vom gleichen Autor bestimmte Geoid gelten als die besten Ergebnisse, die bisher aus rein photographischen Beobachtungen abgeleitet worden sind. Gaposchkin benutzte im wesentlichen die unter Variante *a* geschilderte Methode (217). Gaposchkin führte folgende Werte ein (Tabelle 7).

Tabelle 7

Satellit	i	e	q (km) Perigäum	Durchschnittliche Länge der Satellitenbahnen in Tagen	Durchschnittliche Anzahl der Beobachtungen pro Tag	Gesamtzahl der Satellitenbahnen	Gesamtzahl der Beobachtungen
5900101	33°	.165	557	12	10	37	4950
5900102	33°	.183	557	15	7	2	226
5900701	33°	.190	515	15	10	27	4011
6100401	39°	.119	640	8	25	34	5496
6202901	45°	.292	950	16	10	21	3161
6000902	47°	.012	1500	14	10	59	8643
6206801	48°	.284	1320	16	9	8	931
6302601	50°	.061	419	8	7	7	543
6206001	50°	.007	1076	11	10	22	2603
6101501	67°	.008	870	15	5	24	1889
6101502	67°	.008	870	15	5	19	1501
6400101	70°	.002	930	10	5	8	709
6102801	95°	.011	3500	30	20	19	9102

Das von ihm erhaltene Geoid ist in Abb. 43 dargestellt. Es wird durch die folgenden Kugelfunktionen beschrieben (Tabelle 8).

Gaposchkin bestimmte das Potentialfeld aus einer Kugelfunktionsentwicklung bis zur 8. Ordnung. Außerdem wurden noch 40 Kugelfunktionen von der 9. bis zur 15. Ordnung bestimmt, im ganzen 108 Kugelfunktionen, die gemeinsam mit den Stationskoordinaten aus Baker-Nunn-Beobachtungen abgeleitet wurden. Die zonalen Kugelfunktionen wurden von Kozai als gegebene Werte übernommen.

Den Ergebnissen von Gaposchkin hat man den Namen „Smithsonian Standard Earth 1966" gegeben.

Die Genauigkeit der Beobachtungen a priori betrug etwa $\pm 2''\!.5$, nach der Ausgleichung ergaben sich $\pm 4''\!.8$. Aus einer weiteren Verfeinerung des mathematischen Modells kann man daher noch bessere Ergebnisse erhoffen. Die Stationskoordinaten folgten auf etwa ± 10 m genau. Die Richtungsvektoren zwischen den Stationen wurden unabhängig durch Simultanbeobachtungen bestimmt. Die Diskrepanzen beider Verfahren waren etwa $\pm 0''\!.7$, das sind etwa ± 14 m auf 4000 km Entfernung.

Die Genauigkeit des erhaltenen Geoids abzuschätzen ist schwieriger. Die Fehler der aus Satellitenbeobachtungen ermittelten Geoidundulationen dürften im Mittel etwa ± 7 m betragen. Errechnet man aus der Potentialentwicklung

Tabelle 8: Kugelfunktionsentwicklung für das Potentialfeld der Erde nach GAPOSCHKIN
(Smithsonian Institution Standard Earth 1966).
Normiert nach Gleichung (31), (32)

l	m	$\bar{C}_{l \cdot m} \times 10^6$	$\bar{S}_{l \cdot m} \times 10^6$	l	m	$\bar{C}_{l \cdot m} \times 10^6$	$\bar{S}_{l \cdot m} \times 10^6$
2	2	2,379	−1,351	8	1	−0,075	0,065
3	1	1,936	0,266	8	2	0,026	0,039
3	2	0,734	−0,538	8	3	−0,037	0,004
3	3	0,561	1,620	8	4	−0,212	−0,012
4	1	−0,572	−0,469	8	5	−0,053	0,118
4	2	0,330	0,661	8	6	−0,017	0,318
4	3	0,851	−0,190	8	7	−0,0087	0,031
4	4	−0,053	0,230	8	8	−0,248	0,102
5	1	−0,079	−0,103	9	1	0,117	0,012
5	2	0,631	−0,232	9	2	−0,0040	0,035
5	3	−0,520	0,007	10	01	0,105	−0,126
5	4	−0,265	0,064	10	02	−0,105	−0,042
5	5	0,156	−0,592	10	03	−0,065	0,030
6	1	−0,047	−0,027	10	04	−0,074	−0,111
6	2	0,069	−0,366	11	01	−0,053	0,015
6	3	−0,054	0,031	12	01	−0,163	−0,071
6	4	−0,044	−0,518	12	02	−0,103	−0,0051
6	5	−0,313	−0,458	12	12	−0,031	0,0008
6	6	−0,040	−0,155	13	12	−0,059	0,050
7	1	0,197	0,156	13	13	−0,059	0,077
7	2	0,364	0,163	14	01	−0,015	0,0053
7	3	0,250	0,018	14	11	0,0002	−0,0001
7	4	−0,152	−0,102	14	12	0,094	−0,028
7	5	0,076	0,054	14	14	−0,014	−0,003
7	6	−0,209	0,063	15	09	−0,0009	−0,0018
7	7	0,055	0,096	15	12	−0,0619	0,0578
				15	13	−0,058	−0,046
				15	14	0,0043	−0,0211

die Schwereanomalien an der Erdoberfläche und vergleicht man sie mit den terrestrisch erhaltenen Anomalien, dann findet man für die Genauigkeit der aus Satelliten erhaltenen Mittelwerte der $20° \times 20°$-Kompartimente etwa $\pm 6{,}6$ mgal.

9.9.2. DOPPLER-*Beobachtungen*

Aus DOPPLER-Beobachtungen haben ANDERLE und GUIER und NEWTON Stationskoordinaten und das Geoid bestimmt. Es entstand auch hier ein System nach Variante a (217).

Das von GUIER und NEWTON verwendete Material ist in Tabelle 9 zu finden.

Das von diesen Autoren erhaltene Geoid wird in Abb. 44 gezeigt.

Das von ANDERLE aus DOPPLER-Beobachtungen erhaltene Geoid ist in Abb. 45 dargestellt.

Tabelle 9

Satellit	1961-$\alpha\eta$1	1962-$\beta\mu$2	1961-o1	1963-49B	1963-38C
a/R_E	1,16166	1,17715	1,14724	1,17145	1,17301
e	0,01034	0,00705	0,00797	0,00360	0,00411
i	32°4264	50°1268	66°8018	89°9555	89°9080
Anzahl der Durchgänge bei der Bestimmung der nichtzonalen Kugelfunktionen	214	561	237	348	272
Anzahl der Satellitenbahnen bei der Bestimmung der nichtzonalen Kugelfunktionen	13	20	11	8	9
Anzahl der Satellitenbahnen bei der Bestimmung der zonalen Kugelfunktionen	37	33	40	25	
Restfehler in Metern	72	66	89	79	79

9.9.3. *Kombinierte Ausgleichung von Satellitenbeobachtungen und terrestrischen Schwereanomalien*

Im Jahre 1966 veröffentlichte Kaula Stationskoordinaten und eine Geoidkarte, die durch Ausgleichung von Baker-Nunn-Beobachtungen erhalten worden waren unter Einbeziehung von Geoidhöhen, die aus astronomischen Nivellements ermittelt worden waren. Ohne weiter auf Einzelheiten einzugehen, sei hier das Ergebnis in Abb. 46 wiedergegeben.

Eine Zusatzbedingung im Sinne von Gleichung (224), (225) ergibt sich beispielsweise durch die Forderung, daß der aus der Potentialentwicklung erhaltene Betrag für den Mittelwert der Freiluftanomalie eines Kompartimentes etwa der Größe 15°×15° oder 20°×20° zusammenfallen soll mit dem betreffenden Wert der mittleren Schwereanomalie $[\Delta g_F]_q$, der aus terrestrischen Messungen erhalten worden ist. Ist

$$F_q = \iint_q \cos\varphi \, d\varphi \, d\lambda$$

dieses Flächenelement, dann gilt die Bedingungsgleichung

$$v = -[\Delta g_F]_q + V^*_{2\cdot 2} + \sum_{l=3}^{p} \sum_{m=0}^{l} V^*_{l\cdot m}, \tag{226}$$

$$V^*_{l\cdot m} = (l-1)\frac{k\,M}{F_q\,R_E^2}\Big[\overline{C}_{lm} \iint_q \overline{P}_{lm} \cos m\lambda \cos\varphi \, d\varphi \, d\lambda + {} + \overline{S}_{lm} \iint_q \overline{P}_{lm} \sin m\lambda \cos\varphi \, d\varphi \, d\lambda\Big].$$

$$l = 2,\ m = 2 \qquad l = 3, 4, \ldots, p \qquad m = 0, 1, \ldots, l\,.$$

Die $\overline{C}_{lm}$, $\overline{S}_{lm}$ bilden hier die Kugelfunktionsentwicklung für das Potential $V - U$ (wahres Potential minus normales Potential).

v ist eine zufällige Variable, die sich aus dem Fehler der terrestrischen Schwereanomalien (Freiluftanomalien) $[\Delta g_F]_q$ und dem „Modellfehler" des Ansatzes (226) ergibt. Aus der Gesamtheit der Fehlergleichungen vom Typ (226) kann man die zugehörigen Gleichungen vom Typ (224), (225) aufstellen, auch wenn die Anzahl der Gleichungen (226) kleiner ist als die Anzahl der $\overline{C}_{lm}$, $\overline{S}_{lm}$. Nach dem Additionssatz erhält man dann durch Vereinigung mit dem aus Satellitenbeobachtungen erhaltenen Teilsystem das System der Hauptausgleichung.

Gegebenenfalls müssen die Freiluftanomalien Δg_F in die nach Gleichung (81) benötigten Anomalien Δg mit (81a) oder (81b) transformiert werden.

9.10. Darstellung des Schwerefeldes nach Schwereanomalien

Wenn in früheren Kapiteln das Potentialfeld der Erde durch eine Kugelfunktionsentwicklung dargestellt wurde, so wurde damit das gesamte globale Potentialfeld nach den Methoden der Satellitengeodäsie neu bestimmt, ohne zu berücksichtigen, daß bereits etwa die halbe Erdoberfläche terrestrisch mit Gravimetern und Pendeln vermessen vorlag (Abb. 2).

Durch Hinzunahme von Bedingungen der Form (226) kann man allerdings den terrestrisch erhaltenen Schwereanomalien Rechnung tragen.

Man kann aber auch von vornherein das Potentialfeld durch Schwereanomalien darstellen und diese als die Unbekannten des Problems betrachten. Die mathematischen Entwicklungen zur Bestimmung der Bahnstörungen in Abhängigkeit von den terrestrischen Schwereanomalien wurden mit den Gleichungen (76) bis (81) gegeben.

Stellt man also bei der Bahnmethode das Potentialfeld der Erde durch terrestrische Schwereanomalien dar, indem man die Mittelwerte der Schwereanomalien von $10° \times 10°$- oder $15° \times 15°$- oder $20° \times 20°$-Kompartimenten einführt, so wird man zu Fehlergleichungen geführt, die den Ausdrücken (214) ähnlich sind, nur daß hier die Unbekannten des Gravitationsfeldes C_{lm}, S_{lm} durch die Mittelwerte $[\Delta g]_q$ der Schwereanomalien ersetzt sind.

$$\begin{aligned} v = & -l + \sum_{j=0}^{3} \varkappa_{1j}\, \delta a_j + \sum_{j=0}^{3} \varkappa_{2j}\, \delta e_j + \sum_{j=0}^{3} \varkappa_{3j}\, \delta\omega_j + \\ & + \sum_{j=0}^{3} \varkappa_{4j}\, \delta i_j + \sum_{j=0}^{3} \varkappa_{5j}\, \delta\Omega_j + \sum_{j=0}^{3} \varkappa_{6j}\, \delta M_j + \\ & + \sum_{q} \gamma_q\, [\Delta g]_q + \bar{\xi}\, \Delta X + \bar{\eta}\, \Delta Y + \bar{\zeta}\, \Delta Z\,. \end{aligned} \tag{227}$$

Die Koeffizienten γ_q in (227) bestimmen den Einfluß, den eine Schwereanomalie auf die beobachtete Größe nimmt, sei es die Rektaszension α und Deklination δ im Fall der optischen Beobachtungen, sei es die Strecke s im

Falle von Laser- oder SECOR-Beobachtungen oder sei es die Frequenzverschiebung Δf bei DOPPLER-Beobachtungen.

Diese Koeffizienten γ_q erhält man aus der Störungsrechnung (76) bis (81), indem man beispielsweise $[\Delta g]_q = 10$ mgal als fiktive Referenzanomalie setzt, dann nach (81), (82) die drei Komponenten der Störkraft K_1, K_2, K_3 berechnet und schließlich durch eine numerische Integration von (45) die durch diese Referenzanomalie hervorgerufenen Störungen in den Bahnelementen errechnet. Aus diesen Störungen wiederum folgt durch Berechnung der Differenzenquotienten analog wie bei (172), (173), (176), (177) der Einfluß einer fiktiven 10-mgal-Anomalie auf die Beobachtungen. Damit wird der Koeffizient γ_q erhalten.

Nach den Entwicklungen (76) bis (81) und der Integration von (45) nach (83) ergeben sich die γ_q also durch eine numerische Integration.

Man kann sich hier auch die Vorteile der analytischen Integration zunutze machen; denn bei der numerischen Integration muß die zeitliche Änderung der Störungen $\dot{a}$, $\dot{e}$ ... sehr oft berechnet werden, etwa 150mal pro Satellitenumlauf.

Bei der analytischen Integration dagegen kann bereits die integrierte Störung der Bahnelemente (δa, δe, ...) aus der zeitlichen Änderung der Bahnelemente, also aus den LAGRANGEschen Störungsgleichungen auf analytischem Wege direkt berechnet werden. Man muß dann diese Störungen nur für die Zeitmomente der Beobachtungen berechnen. Damit müssen die δa, δe, ... lediglich in Abständen von etwa einigen Stunden berechnet werden, so daß Rechenzeit gewonnen wird.

Man substituiert für die analytische Integration in (76), (77) das Additionstheorem der Kugelfunktionen (79), ersetzt das Integral (76) durch eine Summe und erhält für T die Form

$$T = \sum_q T_q ,$$

$$T_q = \frac{r}{4\pi} [\Delta g]_q F_q \sum_{l=2} \frac{2l+1}{l-1} \left(\frac{R_E}{r}\right)^{l+2} P_l(\cos\psi) .$$

Mit der Substitution (79) läßt sich der Anteil T_q eines einzelnen Flächenelementes F_q am Störpotential T durch einen Ausdruck der Form (55) darstellen, der in die Form (56) transformiert werden kann und dann als eine Funktion von den Bahnelementen entwickelt ist. Differenziert man nach diesen Bahnelementen, so erhält man mit (40) und (57) für T_q einen Ausdruck, dessen Abhängigkeit von der Zeit durch trigonometrische Funktionen gegeben ist, deren Argumente linear mit der Zeit veränderlich sind. Eine analytische Integration ist dann also mit (58) leicht möglich.

Es ergibt sich also, daß im Falle der Darstellung des Schwerefeldes nach mittleren Schwereanomalien $[\Delta g]_q$ die Fehlergleichungen (227) die gleiche Struktur wie jene Fehlergleichungen (214) haben, die sich auf die Darstellung des Potentials nach Kugelfunktionen beziehen.

Stellt man also das Potentialfeld durch Schwereanomalien dar, so hat man auch dann die Möglichkeit, das Gravitationsfeld und die Stationskoordinaten nach den Varianten *a* und *b* zu bestimmen, (217) bis (223). Insbesondere kann man auch mehrere Systeme heterogener Beobachtungen analog nach dem Additionstheorem der Normalgleichungen zusammenschließen.

Will man das ganze Schwerefeld durch unbekannte Schwereanomalien $[\Delta g]_q$ darstellen, die dann durch eine Ausgleichung der Satellitenbeobachtungen zu bestimmen sind, so durchlaufen die Anomalien die Reihe

$$[\Delta g]_q; \qquad q = 1, 2, \ldots, n^{**}. \tag{228}$$

Sie überdecken die ganze Erdoberfläche. Führt man $20° \times 20°$-Kompartimente ein, so wird man etwa 100 Unbekannte haben, und diese Darstellung wird einer Kugelfunktionsentwicklung bis etwa zur 9. Ordnung äquivalent sein.

Es kann sich auch empfehlen, alle die Mittelwerte $[\Delta g]_q$ der Schwereanomalien, die durch terrestrische Messungen zuverlässig auf etwa ± 1 oder ± 2 oder ± 3 mgal bekannt sind, a priori als fehlerfrei gegebene Größen einzuführen; denn genauer wird man diese Werte allein aus Satellitenbeobachtungen gegenwärtig kaum bestimmen können, hat man doch bisher die Mittelwerte der $20° \times 20°$-Kompartimente aus Satellitenbeobachtungen nur auf etwa $\pm 6{,}6$ mgal genau ermitteln können. In diesem Falle seien die gegebenen Schwereanomalien durch die Reihe

$$[\Delta g]_q; \qquad q = 1, 2, \ldots, k; \; k < n^{**} \tag{229}$$

dargestellt. Die Unbekannten des Problems sind dann nur noch die Werte der Reihe

$$[\Delta g]_q; \qquad q = k + 1, k + 2, \ldots, n^{**}. \tag{230}$$

Man kann dann die numerisch bekannte Summe

$$\sum_{q=1}^{k} \gamma_q [\Delta g]_q$$

in (227) mit zu dem freien Glied hinzunehmen

$$-l \to -l + \sum_{q=1}^{k} \gamma_q [\Delta g]_q, \tag{231}$$

und als lineare Entwicklung für die Unbekannten bleibt der Ausdruck

$$\sum_{q=k+1}^{n^{**}} \gamma_q [\Delta g]_q \tag{232}$$

übrig.

Will man aber die terrestrisch gegebenen Schwereanomalien als beobachtete Größen auffassen und sie daher mit einer zufälligen Variablen v_q versehen, so empfiehlt es sich, in (227) die Summation über den Index q über das ganze Intervall $q = 1, 2, \ldots, n^{**}$ zu erstrecken. Unter dieser Voraussetzung werden alle Schwereanomalien als unbekannte Größen eingeführt. Zu den aus Satellitenbeobachtungen folgenden Fehlergleichungen (227) muß man dann noch folgende terrestrische Fehlergleichungen ergänzen:

$$v_q = - l_q + [\Delta g]_q; \qquad q = 1, 2, \ldots, k. \tag{233}$$

l_q ist hier der numerische Wert der terrestrisch bestimmten Schwereanomalie, das zweite Glied auf der rechten Seite von (233) ist die durch die Ausgleichung zu bestimmende Unbekannte.

Die Vereinigung von (227) und (233) kann analog wie bei Variante *a* und *b* erfolgen, nur muß jetzt darauf geachtet werden, daß die Beobachtungen in den beiden Systemen heterogen sind, weil unterschiedliche mathematische Modelle eingeführt worden sind, so daß die Gewichte dieser Beobachtungsgleichungen (227) und (233) gewissenhaft zu bestimmen sind.

9.11. Betrachtungen zur Bahnmethode

Die gemeinsame Bestimmung der Stationskoordinaten und des Gravitationsfeldes nach der universellen Bahnmethode, wie sie vorstehend geschildert wurde, ist sicher eine sehr leistungsfähige Methode.

Dieses Verfahren hat den Vorteil, daß man die Stationskoordinaten über mehrere tausend Kilometer hinweg bestimmen kann, auch wenn es nicht möglich ist, an benachbarten Stationen den Satelliten simultan zu beobachten. Die Koordinaten sind zwischen den verschiedenen Stationen nicht stark miteinander korreliert (Korrelationskoeffizient = 0,07 bei 12 Beobachtungsstationen), so daß sie praktisch unabhängig voneinander sind. Wurden auf einer Station nur wenig Beobachtungen erhalten, so wirkt sich dieser Umstand nicht nachteilig auf die anderen Stationen aus, im Gegensatz zu den bei der kosmischen Triangulation geltenden Gesetzen für die Fehlerfortpflanzung.

Man hat bei der Bahnmethode ferner den Vorteil, die Koordinaten in einem absoluten, auf den Schwerpunkt der Erde bezogenen System bestimmen zu können. Die Bahnmethode der Satellitengeodäsie ist z. B. nahezu das einzige praktisch durchführbare Verfahren, absolute Koordinaten zu erhalten.

Man hat ferner die Möglichkeit, nicht nur die Koordinaten, sondern auch das Gravitationsfeld der Erde bestimmen zu können. Hieraus erwächst natürlich auch der Nachteil, daß man beide Teilsysteme, die Koordinaten und das Gravitationsfeld, nicht getrennt voneinander darstellen kann.

Nachteilig ist ferner, daß die Restfehler in den Reduktionen wegen der Reibung an der Atmosphäre und wegen des Strahlungsdruckes der Sonne in voller Größe in das Ergebnis eingehen, ebenso wie die Restfehler des analytischen Ausdrucks für das Gravitationspotential. Weil die Bögen meistens eine Länge von etwa 2 bis 3 Wochen haben, können die säkularen und langperiodischen Glieder dieser Reduktionen erhebliche Beträge erreichen, die nur selten mit restlos befriedigender Genauigkeit bestimmt werden können. Daher ist es also nicht leicht, das „mathematische Modell“ für die Berechnung der Bahnelemente mit völlig ausreichender Genauigkeit darzustellen, und die Restfehler a posteriori waren daher mit etwa $\pm 5''$ bei der Bahnmethode noch wesentlich höher als die Fehler a priori ($\pm 2''.5$).

Schwierigkeiten bringen auch die Resonanzen mit sich.

Weil die Bahnmethode universell anwendbar ist, hat man aber den Vorteil, durch Variation der Geometrie der zahlreichen Beobachtungen und durch Auswahl von vielen geeigneten Satelliten mit unterschiedlichen Bahnelementen den Erfolg der Methode zu erhöhen.

Bei der universellen Bahnmethode benötigt man wenigstens etwa 10 Beobachtungsstationen, die einigermaßen symmetrisch über die Erdkugel verteilt sein müssen, wenn man die Daten des Schwerefeldes der Erde und die Stationskoordinaten als voneinander unabhängige Größen bestimmen will.

Liegen aber die Beobachtungsstationen nur auf einem Kontinent mit einer Ausdehnung von etwa 2000×2000 km, oder 3000×3000 km oder 4000×4000 km beispielsweise, dann ist es sehr schwierig, die absolute Lage der Stationen im Raum und das Schwerefeld zu ermitteln. Wenn die Stationen nur auf einem Kontinent zusammengeballt und nicht geographisch über alle Längen und Breiten verteilt sind, werden die Bahnelemente und damit auch die Koordinaten der Beobachtungsstationen nicht mit ausreichender Genauigkeit erhalten; denn die Beobachtungen sind nicht entlang den Satellitenbahnen gleichmäßig verteilt.

Nimmt man aber bei der Restriktion, daß die Stationen nur auf einem Kontinent liegen, an, daß das Schwerefeld bereits auf anderem Wege gegeben ist, z. B. nach der universellen Bahnmethode, und will man unter diesen Voraussetzungen lediglich die absoluten Koordinaten der auf einem Kontinent gelegenen Stationen bestimmen, so liegt ein spezieller eingeschränkter Fall der Bahnmethode vor. Man könnte aus den Beobachtungen und den gegebenen Daten des Schwerefeldes die Bahnelemente bestimmen und daraus lediglich die absoluten Koordinaten der Beobachtungsstationen ermitteln. Führt man in diesem eingeschränkten Fall also lediglich die unbekannten Koordinaten der Stationen als voneinander unabhängige Größen ein, so dürfte man auch in diesem Fall bei der Bestimmung der Koordinaten zu Schwierigkeiten geführt werden, weil die Beobachtungsstationen nicht gleichmäßig über die ganze Erde verteilt sind.

Man kann in dieses Problem aber weitere Bedingungen einführen, indem man annimmt, die nur auf einem Kontinent gelegenen Beobachtungsstationen seien vorher durch eine kosmische Triangulation miteinander verbunden worden. Dann sind vorher auf den Stationen bereits Simultanbeobachtungen ausgeführt worden, die absolute Richtungsorientierung des Netzes in horizontaler und vertikaler Hinsicht ist nach der Väisälä-Methode erhalten worden, und der Maßstab des Netzes ist aus Triangulationen oder Laser- oder SECOR- oder Doppler-Beobachtungen von Satelliten ermittelt worden. Die räumlichen relativen Koordinaten dieses kontinentalen Systems sind dann bereits bekannt, und man muß das gesamte so erhaltene System nur im Raum in drei orthogonalen Richtungen so verschieben, daß die relativen Koordinaten zu absoluten werden. Das Problem hat also nur noch drei Unbekannte, nämlich eine für alle Stationen konstante Veränderung der X-, bzw. der Y- und Z-Koordinaten.

Bei dieser Variante der Bahnmethode gilt es also, aus den nicht simultanen Satellitenbeobachtungen, aus den Daten des Schwerefeldes der Erde und aus den gegebenen relativen Koordinaten des kontinentalen Systems der Beobachtungsstationen lediglich die drei Translationsunbekannten für das Koordinatensystem zu ermitteln, um von relativen zu absoluten Koordinaten zu gelangen. Weil nur drei Unbekannte zu bestimmen sind, ist das Problem vereinfacht und man kann erwarten, daß man auf diesem Wege absolute Koordinaten für ein kontinentales System nach der Bahnmethode erhalten kann, ohne daß es notwendig wäre, Beobachtungen an Stationen, die über die ganze Erde verteilt sind, einzuführen. Vorauszusetzen ist selbstverständlich auch bei diesem Spezialfall der Bahnmethode, daß zahlreiche Beobachtungen vorhanden sind von Satelliten mit unterschiedlichen Bahnen, mit unterschiedlichen Höhen über der Erde, mit unterschiedlicher Bahnneigung und Exzentrizität.

Eine andere interessante Variante der Bahnmethode wurde von Zongolovitch vorgeschlagen.

Hier wird davon ausgegangen, daß die Positionen der Beobachtungsstationen in einem Triangulationssystem bekannt sind, das relativ orientiert und damit nicht vom Schwerpunkt der Erde aus abgetragen ist. Durch Simultanbeobachtungen bestimmt man die Lage des Satelliten in diesem System. Für die geozentrischen Koordinaten des Satelliten gilt die aus einem Skalarprodukt zu gewinnende Bedingung

$$x_s \sin \Omega \sin i - y_s \cos \Omega \sin i + z_s \cos i = 0 \, .$$

Durch Linearisierung wird man zu der Beziehung

$$a \, \Delta \Omega + b \, \Delta i + c \, \Delta x + d \, \Delta y + e \, \Delta z + f = 0$$

geführt. Hier sind $\Delta \Omega$ und Δi konstante Veränderungen der betreffenden Bahnelemente und $\Delta x, \Delta y, \Delta z$ bezeichnen die Lage des Schwerpunktes der Erde im Triangulationssystem; die Lage des Schwerpunktes kann somit durch eine Ausgleichung der letzten Gleichung bestimmt werden.

Interessant ist ferner eine bestimmte Einbeziehung der Bahnmethode in eine kosmische Triangulation.

Normalerweise werden bei einer kosmischen Triangulation Simultanbeobachtungen ausgeführt oder Beobachtungen, die sich nach Interpolation über eine halbe Sekunde und weniger in streng simultane Beobachtungen verwandeln lassen. Überbrückt man aber sehr große Distanzen durch Beobachtungen von Satelliten, so ist es manchmal wegen der Sichtbarkeitsbedingungen schwierig, diese Simultanbeobachtungen zu erhalten. Man kann unter solchen Umständen aber eher solche Beobachtungen erhalten, zwischen denen nur wenige Minuten liegen. Solche Beobachtungen kann man auch unter diesen Verhältnissen noch in der kosmischen Triangulation verwenden, wenn man die

Koordinatenunterschiede der beiden beobachteten Satellitenpositionen aus den Bahnelementen auf wenige Meter genau bestimmen kann. Hierzu ist es aber notwendig, daß man die wahren Bahnelemente und insbesondere die zeitlichen Änderungen der wahren Bahnelemente sehr genau kennt, und zwar sowohl die mittleren Bahnelemente, als auch die Störungen durch den Strahlungsdruck der Sonne, durch die Reibung an der Atmosphäre und ferner die kurzperiodischen Störungen durch das Gravitationsfeld der Erde. Kennt man die terrestrischen Schwereanomalien im Bereich der beiden Subsatellitenpunkte, so wird man die Änderungen der Bahnelemente durch das Schwerefeld der Erde auch mit den Formeln (45) (80) (81) (81a, b) aus einer numerischen Integration über das Intervall von 2 oder 4 Minuten bestimmen können, das zwischen den beiden betrachteten Beobachtungen liegt.

9.12. 360°-Bögen

Es soll nun eine Methode beschrieben werden, für die die Analyse von Beobachtungen von aufeinanderfolgenden Satellitendurchgängen wesentlich ist.

Man berechnet zunächst mittlere Bahnelemente etwa nach Formeln der Struktur (170), wobei es sich empfiehlt, auch den Gravitationseinfluß des Mondes zu berücksichtigen. Die Restabweichungen werden dann etwa $\pm 10''$ bis $\pm 20''$ betragen.

Hat man dann auf einer Station den Satelliten in zwei unmittelbar aufeinanderfolgenden Durchgängen zu den Sternzeiten Θ_1 und Θ_2 beobachtet, und sind $\boldsymbol{x}_i$ die betreffenden Positionen des Satelliten, s_i die zugehörigen Entfernungen zum Satelliten und $\boldsymbol{a}_i$ die beobachteten Vektoren, dann gilt

$$\boldsymbol{x}_2 - s_2\,\boldsymbol{a}_2 - \boldsymbol{R}_z(\Theta_1 - \Theta_2)(\boldsymbol{x}_1 - s_1\,\boldsymbol{a}_1) = 0\,. \tag{234}$$

Multipliziert man mit dem Normalenvektor $\boldsymbol{a}_1 \times \boldsymbol{a}_2 = \boldsymbol{n}_{12}$, so folgt mit (104)

$$(\boldsymbol{x}_2 - \boldsymbol{x}_1)\,\boldsymbol{n}_{12} = [\boldsymbol{R}_z(\Theta_1 - \Theta_2) - \boldsymbol{E}]\,\boldsymbol{R}_z(-\Theta_1)\cdot\boldsymbol{u}\cdot\boldsymbol{n}_{12}\,.$$

$\boldsymbol{u}$ ist die Position (X, Y, Z) der Beobachtungsstation Q im erdfesten System (Abb. 41). Die Matrix $\boldsymbol{S}$ der Polbewegung wurde hier vernachlässigt.

Die Änderung der Satellitenposition während eines Umlaufes wird durch die Schwereanomalien ausgedrückt

$$\boldsymbol{x}_2 - \boldsymbol{x}_1 = (\boldsymbol{x}_2 - \boldsymbol{x}_1)_0 + \sum_q \boldsymbol{w}_q\,[\Delta g]_q\,, \tag{234a}$$

$$\boldsymbol{w}_q = \frac{\partial(\boldsymbol{x}_2 - \boldsymbol{x}_1)}{\partial[\Delta g]_q}\,.$$

Die Koordinatendifferenz $(\boldsymbol{x}_2 - \boldsymbol{x}_1)_0$ bezieht sich auf die mittleren Bahnelemente, die Koordinatendifferenz $(\boldsymbol{x}_2 - \boldsymbol{x}_1)$ auf die (wahren) Oskulationsbahnelemente.

Mit einigen Umformungen erhält man schließlich die folgende Fehlergleichung für die zufällige Variable v, die die Streuung einer einzelnen Beobachtung der Rektaszension, $\cos \delta \cdot v_\alpha$, oder Deklination, v_δ, hat, Arnold,

$$v = -\frac{1}{\sqrt{s_1^2 + s_2^2}} \frac{\boldsymbol{n}_{12}}{|\boldsymbol{n}_{12}|} \sum_q \boldsymbol{w}_q [\Delta g]_q - $$
$$- \frac{1}{\sqrt{s_1^2 + s_2^2}} \frac{\boldsymbol{n}_{12}}{|\boldsymbol{n}_{12}|} [(\boldsymbol{x}_2 - \boldsymbol{x}_1)_0 - \{\boldsymbol{R}_z(\Theta_1 - \Theta_2) - \boldsymbol{E}\} \boldsymbol{R}_z(-\Theta_1) \boldsymbol{u}] . \quad (235)$$

Die Satellitenkoordinaten werden in (235) aus den mittleren Bahnelementen berechnet. Weicht die Zeitdifferenz $\Delta\tau$ zwischen den aufeinanderfolgenden Satellitendurchgängen von der drakonitischen Periode um nicht mehr als etwa 5 Minuten ab, so ist der Unterschied $(\boldsymbol{x}_2 - \boldsymbol{x}_1)_0$ praktisch frei von den Fehlern in den mittleren Bahnelementen; diese Fehler werden nämlich in ihren Einflüssen auf das freie Glied der Gleichung (235) auf weniger als etwa 15% ihrer Werte reduziert. Beträgt die Restabweichung der mittleren Bahnelemente $\pm 11''$, so bleiben nur maximal $\pm 1''.6$ übrig. Ist $\Delta\tau = 1$ min, dann verbleiben nur etwa $\pm 0''.3$.

Zwischen zwei aufeinanderfolgenden Satellitendurchgängen vergehen bei zahlreichen für die Bahnmethode benutzten Satelliten etwa 2 Stunden. Es ist also $\Theta_2 - \Theta_1 \cong 30°$. Die Elemente der Rotationsmatrix $\boldsymbol{R}_z(\Theta_1 - \Theta_2)$ weichen daher maximal um etwa $\sin 30° = \frac{1}{2}$ von der Einheitsmatrix ab. Deshalb gehen die Fehler der Stationskoordinaten nur mit der Hälfte ihres Betrages in die Gleichung (235) ein. Die Z-Komponente wird nicht benötigt.

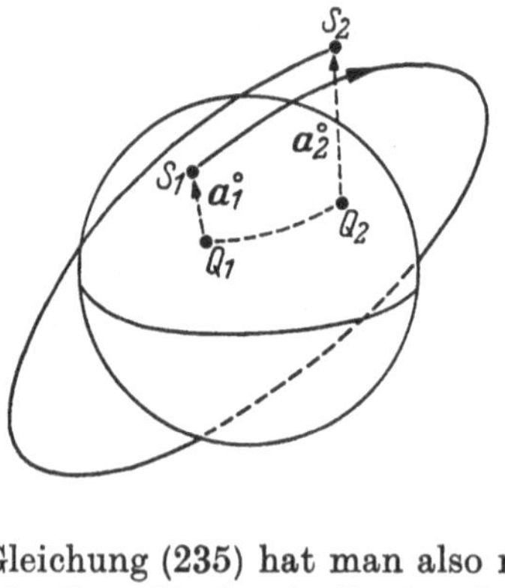

Abb. 41. Zur Beobachtung aufeinanderfolgender Satellitendurchgänge auf derselben Station Q

In der Gleichung (235) hat man also nur die Unbekannten des Gravitationsfeldes als Größen, die durch die Ausgleichung bestimmt werden müssen. Die Unbekannten der Bahnelemente $\boldsymbol{b}$ und die Stationskoordinaten $\boldsymbol{u}$ sind durch die Methode selbst automatisch eliminiert, wenn die mittleren Bahnelemente keine größeren Restabweichungen als etwa $\pm 20''$ ergeben, und wenn die Stationskoordinaten X, Y auf etwa ± 20 m bis ± 30 m genau bekannt sind.

Bei der Ausgleichung treten also von vornherein nur Gleichungen der Form (221), (222), (224), (225) und nicht der Form (215), (216) auf.

Auch hier kann man die durch terrestrische Messungen bereits gegebenen Schwereanomalien $[\Delta g]_q$ als bekannte Größen einführen, so daß dann nur noch die unbekannten Teile zu bestimmen sind.

In Gleichung (235) werden die im Ausdruck $(\boldsymbol{x}_2 - \boldsymbol{x}_1)_0$ erscheinenden Satellitenpositionen $(\boldsymbol{x}_1)_0$, $(\boldsymbol{x}_2)_0$ aus mittleren Bahnelementen berechnet. Eigentlich muß hier die um den Einfluß der Schwereanomalien verminderte Differenz der wahren Satellitenpositionen stehen. Statt $(\boldsymbol{x}_1)_0$ bzw. $(\boldsymbol{x}_2)_0$ sollte es eigentlich heißen

$$\boldsymbol{x}_1 = \boldsymbol{x}_1(a_1, e_1, \omega_1, i_1, \Omega_1, M_1)\,,$$
$$\boldsymbol{x}_2 = \boldsymbol{x}_2(a_2 - \delta a, e_2 - \delta e, \ldots)\,,$$

wobei $a_1, e_1, \ldots$ und $a_2, e_2, \ldots$ die wahren Bahnelemente und $\delta a, \delta e, \ldots$ die Änderungen der Bahnelemente durch die Schwereanomalien zwischen den beiden Satellitendurchgängen sind.

Sind $a_{i\cdot m}, e_{i\cdot m}, \omega_{i\cdot m}, \ldots$ die mittleren Bahnelemente, so beträgt der Fehlervektor

$$\boldsymbol{x}_2(a_2 - \delta a, \ldots) - \boldsymbol{x}_2(a_{2\cdot m}, \ldots) - \boldsymbol{x}_1(a_1, \ldots) + \boldsymbol{x}_1(a_{1\cdot m}, \ldots) = \Delta \boldsymbol{x}\,.$$

Ist

$$\Delta a = a_1 - a_{1\cdot m}\,,$$

und drückt man die Änderung der wahren Bahnelemente durch die Änderung der mittleren Bahnelemente und den Einfluß der Schwereanomalien aus,

$$a_1 + a_{2\cdot m} - a_{1\cdot m} + \delta a = a_2\,,$$

so folgt

$$a_2 - \delta a - a_{2\cdot m} = \Delta a$$

und für den Fehlervektor gilt

$$\Delta \boldsymbol{x} = \sum_u \left[\frac{\partial \boldsymbol{x}_2}{\partial u} - \frac{\partial \boldsymbol{x}_1}{\partial u}\right] \Delta u\,; \qquad u = a, e, \omega, i, \Omega, M\,.$$

Es gilt ferner bei kleinen Exzentrizitäten

$$\frac{\partial \boldsymbol{x}_2}{\partial u} = \boldsymbol{R}_\nu (v_1 - v_2) \frac{\partial \boldsymbol{x}_1}{\partial u}\,; \qquad u = a, e, \omega, i, \Omega, M\,,$$

wobei die Matrix $\boldsymbol{R}_\nu$ für eine Rotation um den Normalenvektor der Satellitenbahn steht.

Für den Fehlervektor im astronomischen System gilt dann

$$\Delta \boldsymbol{x} = \begin{pmatrix} \Delta x \\ \Delta y \\ \Delta z \end{pmatrix} = \boldsymbol{R}_z(-\Omega_1)\, \boldsymbol{R}_x(-i_1)\, \boldsymbol{R}_z(-\omega_1 - v_1) \times$$
$$\times \left[\boldsymbol{R}_z(v_1 - v_2) - \boldsymbol{E}\right] \begin{pmatrix} K_{3.1} \\ K_{2.1} \\ K_{1.1} \end{pmatrix}.$$

$K_{1.1}$ ist die Fehlerkomponente des Vektors $\boldsymbol{x}_1$ in Richtung senkrecht zur Bahnebene, positiv zum Nordpol;

$K_{2\cdot1}$ ist die Fehlerkomponente in der Bahnebene, senkrecht zum Radiusvektor und in Richtung der Bahnbewegung;

$K_{3\cdot1}$ ist die Komponente in Richtung des Radiusvektors, positiv nach außen.

Sind ferner α_1, δ_1, ε_1 die topozentrische Rektaszension, Deklination und Entfernung des Satelliten in bezug auf die Station $\boldsymbol{x}_1$, und $\Delta\alpha_1$, $\Delta\delta_1$, $\Delta\varepsilon_1$ die betreffenden Differenzen zwischen den aus wahren und mittleren Bahnelementen abgeleiteten Positionen, so folgt für den Fehlervektor im astronomischen System

$$\Delta\boldsymbol{x} = \boldsymbol{R}_z(-\Omega_1)\,\boldsymbol{R}_x(-i_1)\,\boldsymbol{R}_z(-\omega_1 - v_1)\,[\boldsymbol{R}_z(v_1 - v_2) - \boldsymbol{E}]\times$$

$$\times\boldsymbol{R}_z(\omega_1 + v_1)\,\boldsymbol{R}_x(i_1)\,\boldsymbol{R}_z(\Omega_1)\,\boldsymbol{R}_z(-\alpha_1)\times$$

$$\times\boldsymbol{R}_y(-90° + \delta_1)\,\boldsymbol{R}_z(-90°)\,\varepsilon_1\begin{pmatrix}\cos\delta_1\,\Delta\alpha_1\\ \Delta\delta_1\\ \Delta\varepsilon_1\end{pmatrix}.$$

Die Gleichung (235) läßt sich also verbessern, wenn man zu $(\boldsymbol{x}_2 - \boldsymbol{x}_1)_0$ noch den Fehlervektor $\Delta\boldsymbol{x}$ addiert.

Bei der praktischen Berechnung von $\Delta\boldsymbol{x}$ lassen sich die Komponenten $\Delta\alpha_1$, $\Delta\delta_1$ immer aus den Beobachtungen des ersten Satellitendurchganges ermitteln. Liegen simultane Laser- oder SECOR-Beobachtungen vor, so kennt man auch $\Delta\varepsilon_1$; andernfalls muß man den plausibelsten Wert $\Delta\varepsilon_1 = 0$ einsetzen. Ist $\Delta\varepsilon_1$ aus Beobachtungen bekannt und berücksichtigt man den Vektor $\Delta\boldsymbol{x}$, so kann die zeitliche Abweichung $\Delta\tau$ gegenüber der drakonitischen Periode mehr als 5 min betragen.

Die Einführung des Vektors $\Delta\boldsymbol{x}$ — mag man nun $\Delta\varepsilon_1$ berücksichtigen können oder nicht — wird die Gleichung (235) immer verbessern.

Bei den 360°-Bögen liegt zwischen den Beobachtungen die Umlaufszeit des Satelliten. Zwischen den beiden Durchgangszeiten liegt innerhalb von ± 5 min eine drakonitische Periode; in dieser Zeit hat sich die Erde um etwa 30° gedreht.

Analog kann man auch 24-Stunden-Bögen heranziehen. Man wird dann solche Satellitendurchgänge betrachten, zwischen denen ein Zeitunterschied von $24^h \pm \varkappa \cdot T_\Omega$ liegt, wobei $|\varkappa| < 1$ und T_Ω die drakonitische Periode ist. Solche Beobachtungen kann man bei den meisten in der Geodäsie verwendeten Satelliten nach 12 oder 13 oder 14 Umläufen um die Erde erhalten. Natürlich darf die zwischen zwei solchen Durchgängen verstrichene Zeit sich von einem Vielfachen der drakonitischen Periode um nicht mehr als ± 5 min unterscheiden. Der Rotationswinkel, den die Erde in dieser Zeit beschrieben hat, wird sich von 360° um nicht mehr als etwa 30° unterscheiden. Daher wird die Analyse solcher 24-Stunden-Bögen im gleichen Sinne möglich sein, wie die von 360°-Bögen.

Abb. 47 zeigt ein Ergebnis, das auf diesem Wege gewonnen worden ist. Es wurden insgesamt 52 $[\Delta g]_q$-Werte von $20° \times 20°$-Kompartimenten bestimmt (unterstrichene Zahlen). Ihr mittlerer Fehler beträgt bei $-50° < \varphi < 50°$ etwa ± 5 mgal. Die nicht unterstrichenen Zahlen sind die gegebenen Schwereanomalien. Die mittlere Restabweichung nach der Ausgleichung beträgt $\pm 5\overset{''}{.}3$.

Insgesamt wurden etwa 2000 Beobachtungen eingeführt. Ferner wurden Bedingungsgleichungen hinzugenommen, durch die die Schwereanomalien den gegebenen Kugelfunktionen 0. bis 8. Ordnung angepaßt wurden.

Die eingeführten aufeinanderfolgenden Satellitendurchgänge und die Parameter der Satelliten können aus Tabelle 10 entnommen werden.

Aus diesen Schwereanomalien läßt sich mittels der STOKESschen Formel (2) das Geoid bestimmen.

Tabelle 10

Satellit	i	e	Höhe des Perigäums [Mm]	Anzahl der 360°-Bögen Doppelbeobachtungen
Vanguard 2	33°	0,165	0,560	131
Vanguard 3	33	0,189	0,520	106
Telstar 1	45	0,242	0,960	47
Transit 4A	67	0,008	0,890	75
Injun 1	67	0,008	0,890	50
ANNA 1B	50	0,007	1,085	53

9.13. 24-Stunden-Satelliten

Die früher betrachteten Resonanzeffekte (Seite 175) waren abhängig von der Umlaufzeit des Satelliten und anderen Parametern. Das Kriterium für das Auftreten von Resonanzen war, daß der absolute Betrag des Nenners gegenüber dem des Zählers auf der rechten Seite der Gleichung (58) sehr klein sein mußte. Ist dieser Nenner klein, so sind die Amplituden der Störungen ungewöhnlich groß. Weil dieser Nenner bei der mittleren Anomalie im Quadrat auftritt, sind die Resonanzeffekte bei den Störungen in Richtung der Bahnbewegung des Satelliten besonders groß.

Hervorragendes Interesse für die Ausnutzung dieser Resonanzen bei der Bestimmung einzelner Kugelfunktionen haben die 24-Stunden-Satelliten gefunden. Diese Satelliten haben eine kreisförmige Umlaufbahn, ihre Exzentrizität ist kaum mehr als etwa $e = 0{,}001$. Ihre Umlaufzeit stimmt sehr genau mit der Rotationsdauer der Erde überein ($23^h\,56^m$), der Radius ihrer Bahn beträgt etwa 42100 km (6,61 Erdradien). Ist die Neigung dieser Satelliten sehr klein, $i = 0°$, dann bleibt der Satellit unter Vernachlässigung der Bahnstörungen, die bei einem so hohen Satelliten im allgemeinen relativ klein sind, praktisch immer über dem gleichen Punkt des Äquators stehen. Man spricht daher auch von einem (geo)stationären Satelliten und von einer Synchronbahn.

Liegt jedoch eine größere Bahnneigung vor, dann führt der Satellit Pendelbewegungen nach Norden und Süden aus, bis zur Breite $\varphi = + i$ und $\varphi = - i$.

Diese Satelliten haben neben ihrer hohen Bedeutung für den Nachrichtenverkehr auch in der Geodäsie Anwendung gefunden.

Nachdem der erste Syncom-Satellit nicht erfolgreich war, wurde 1963 Syncom 2 auf seine Bahn gebracht ($i \cong 33°$, $e = 2 \cdot 10^{-4}$). Er hatte ursprünglich eine Position von 55° westlicher Länge (Mündungsgebiet des Amazonas).

Syncom 3 folgte ihm 1964 ($i = 0\overset{\circ}{.}06$). Ihm wurde beim Start die Länge $\lambda = 180°$ gegeben.

1965 wurde Early Bird auf die Bahn gebracht ($i = 0\overset{\circ}{.}2$), seine Länge betrug ursprünglich 30° W.

Die Theorie der Resonanzeffekte bei den stationären Satelliten entwickelt sich wie folgt: Setzt man im Nenner von (58) $q = 0$, so wird man die größten Amplituden erreichen, weil $G_{lpq}(e)$ und damit die Störungen im wesentlichen proportional zu e^q sind, wobei e die sehr kleine Exzentrizität ist (56), (30).

Der kritische Nenner wird dann

$$(l - 2\,p)\,(\omega^{\cdot} + n) + m\,(\Omega^{\cdot} - \Theta^{\cdot})\,.$$

Bei 24-Stunden-Satelliten ist n etwa gleich $\Theta^{\cdot}$, und die Werte $\omega^{\cdot}$ und $\Omega^{\cdot}$ sind sehr klein, weil der Satellit eine sehr hohe Bahn hat. Ist $(l - 2\,p) = m$, dann ist somit der Nenner genähert gleich

$$(l - 2\,p)\,(n - \Theta^{\cdot})\,,$$

und bei der Störung in der mittleren Anomalie M ist der Nenner gleich

$$[(l - 2\,p)\,(n - \Theta^{\cdot})]^2\,,$$

$$n - \Theta^{\cdot} \cong 0\,.$$

Der kritische Nenner ist also sehr klein, und die Resonanzeffekte werden dadurch erheblich sein.

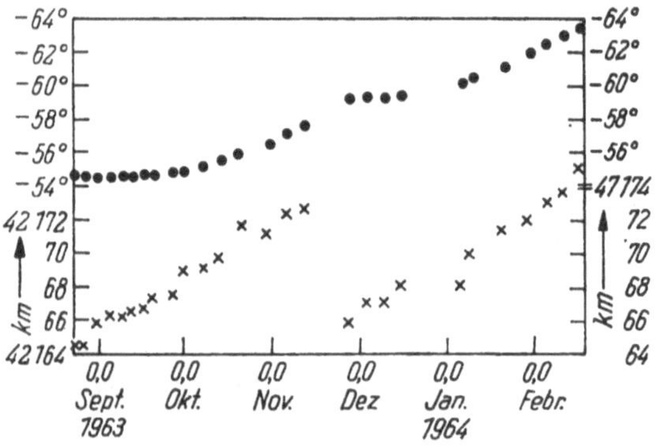

Abb. 42. Zeitliche Veränderung der geographischen Länge des aufsteigenden Knotens (•) und der großen Halbachse (×) des geostationären Satelliten Syncom 2

In der mittleren Anomalie werden bei den Synchronsatelliten besonders starke Störungen auftreten, die den Charakter von säkularen Beschleunigungen haben und daher innerhalb beschränkter Zeitintervalle quadratisch mit der Zeit gehen. Bei den anderen Bahnelementen gehen diese Störungen linear mit der Zeit.

Abb. 42 zeigt nach KOZAI diese Driftbewegungen der großen Halbachse und der geographischen Länge von Syncom 2 für die Punkte, in denen der Satellit den Äquator kreuzt.

Die aus der Beobachtung der genannten drei stationären Satelliten erhaltenen Beschleunigungen in der Länge sind nach KAULA in Tabelle 11 zu finden.

Tabelle 11: Bahnstörungen von 24-Stunden-Satelliten

Satellit	1963–31 A					1964–47A	1965–28A
Name	Syncom 2					Syncom 3	Early Bird
Neigung	33°					0,1°	0,2°
Geographische Länge beim Anfang der Beobachtungsperiode	305,1°	244,7°	174,0°	118,0°	81,0°	179,2°	330,7°
Geographische Länge am Ende der Beobachtungsperiode	302,4°	197,5°	161,5°	102,2°	52,0°	178,2°	330,7°
Beobachtete Beschleunigung $\times 10^9$	−1,962 ±28	1,888 ±74	0,435 ±44	−2,203 ±44	0,849 ±54	1,476 ±62	−1,291 ±9

Beschleunigungen in Radianten/(planetarische Zeiteinheit)^2, planetarische Zeiteinheit = = 806,8137 s.

Aus den Störungen der 24-Stunden-Satelliten leitet WAGNER die folgenden Kugelfunktionen ab.

$$\left.\begin{aligned}\bar{C}_{2\cdot 2} &= 2{,}417\times 10^{-6}\,,\\ \bar{S}_{2\cdot 2} &= -\,1{,}438\times 10^{-6}\,,\\ \bar{C}_{3\cdot 3} &= 0{,}324\times 10^{-6}\,,\\ \bar{S}_{3\cdot 3} &= 1{,}183\times 10^{-6}\,,\\ \bar{C}_{3\cdot 1} &= -\,1{,}268\times 10^{-6}\,,\\ \bar{S}_{3\cdot 1} &= -\,0{,}269\times 10^{-6}\,.\end{aligned}\right\} \qquad (235\,a)$$

Die ersten beiden Koeffizienten haben eine Genauigkeit von etwa 1%, sie dürften daher die besten bisher erhaltenen Werte für die sektoriellen Kugelfunktionen zweiter Ordnung darstellen. Sie stimmen auch gut mit den nach der Bahnmethode erhaltenen Ergebnissen überein. Der dritte und der vierte

Koeffizient haben nur eine geringere Genauigkeit von etwa 10%, während die beiden letzten Daten für $\overline{C}_{3.1}$ und $\overline{S}_{3.1}$ recht ungenau sind und einen Fehler von etwa 70% haben dürften.

Durch die Analyse der Bahnstörungen der 24-Stunden-Satelliten hat man also eine gute Kontrollmöglichkeit für $\overline{C}_{2.2}$ und $\overline{S}_{2.2}$, doch wird es bei dieser Methode immer von Nachteil sein, daß man bei der Bestimmung von wenigen ausgesuchten Gliedern im Potentialfeld den nur approximativ bekannten Einfluß zahlreicher anderer Kugelfunktionen vorher in Abzug bringen muß.

Auch hier bereitet also die Trennung der Unbekannten Schwierigkeiten.

Von besonderem Interesse für die Ausnutzung von Resonanzeffekten bei der Bestimmung bestimmter tesseraler und sektorieller Kugelfunktionen sind auch die Satelliten mit einer Umlaufszeit von 12-Stunden. Auf diesem Wege erhielt C. A. Wagner aus den Bahnstörungen der beiden sowjetischen 12-Stunden-Satelliten COSMOS 41 (1964–49D) und Molnija (1965–30A) signifikante Werte für die Kugelfunktionen $\overline{C}_{22}$, $\overline{S}_{22}$, $\overline{C}_{32}$, $\overline{S}_{32}$, $\overline{C}_{44}$, $\overline{S}_{44}$.

9.14. Kombination von kosmischen und terrestrischen Daten

Nachdem bereits behandelt worden ist, wie unabhängige Systeme, die aus Satelliten- und aus terrestrischen Verfahren erhalten worden sind, nach dem Additionstheorem der Ausgleichungsrechnung zu einem System vereinigt werden können, (218) bis (223), sollen hier noch Verfahren erörtert werden, die auf anderen Wegen ähnlichen Zwecken dienen.

1. Rapp geht von der Kugelfunktionsentwicklung für die Freiluftanomalien Δg_F (226) aus, die man auch in folgende Form bringen kann

$$\Delta g_F = G \sum_l (l-1) \sum_m (\overline{C}_{lm} \cos m\lambda + \overline{S}_{lm} \sin m\lambda)\, \overline{P}_{lm}(\cos\varphi). \quad (236)$$

G ist der globale Mittelwert der Schwere. Man betrachtet hier die terrestrische Schwere Δg_F und die Koeffizienten der Kugelfunktionen $\overline{C}_{lm}$, $\overline{S}_{lm}$ der Potentialentwicklung $V - U$ (wahres minus normales Potential) approximativ als zufällige Variable. Die statistischen Eigenschaften von Δg_F ergeben sich aus einer statistischen Analyse der terrestrischen Messungen, die der Koeffizienten der Kugelfunktionen aus ihrer Kovarianzmatrix. Bei Variante b, (218) bis (223), hat man beispielsweise (223) als bestimmende Gleichung der Parameter des Gravitationsfeldes. $(\boldsymbol{G}_1^0 + \boldsymbol{G}_2^0)^{-1}$ ist die Kovarianzmatrix.

So hat Gleichung (236) die folgende Struktur:

$$\boldsymbol{A}\, \boldsymbol{v}_1 + \boldsymbol{B}\, \boldsymbol{v}_2 = \boldsymbol{w}\,.$$

Hier sind $\boldsymbol{v}_1$ bzw. $\boldsymbol{v}_2$ die zufälligen Variablen der terrestrischen bzw. der Satellitendaten, Δg_F bzw. $\overline{C}_{lm}$, $\overline{S}_{lm}$. Eine Ausgleichung nach dem Prinzip

$$\boldsymbol{v}_1^T \cdot \boldsymbol{P}_1 \cdot \boldsymbol{v}_1 + \boldsymbol{v}_2^T \cdot \boldsymbol{P}_2 \cdot \boldsymbol{v}_2 \to \text{Minimum}\,,$$

wobei die $\boldsymbol{P}_i$ die Gewichtsmatrizen sind, ergibt die gesuchten Korrektionen $\boldsymbol{v}_2$ für die Kugelfunktionen $\overline{C}_{lm}$, $\overline{S}_{lm}$.

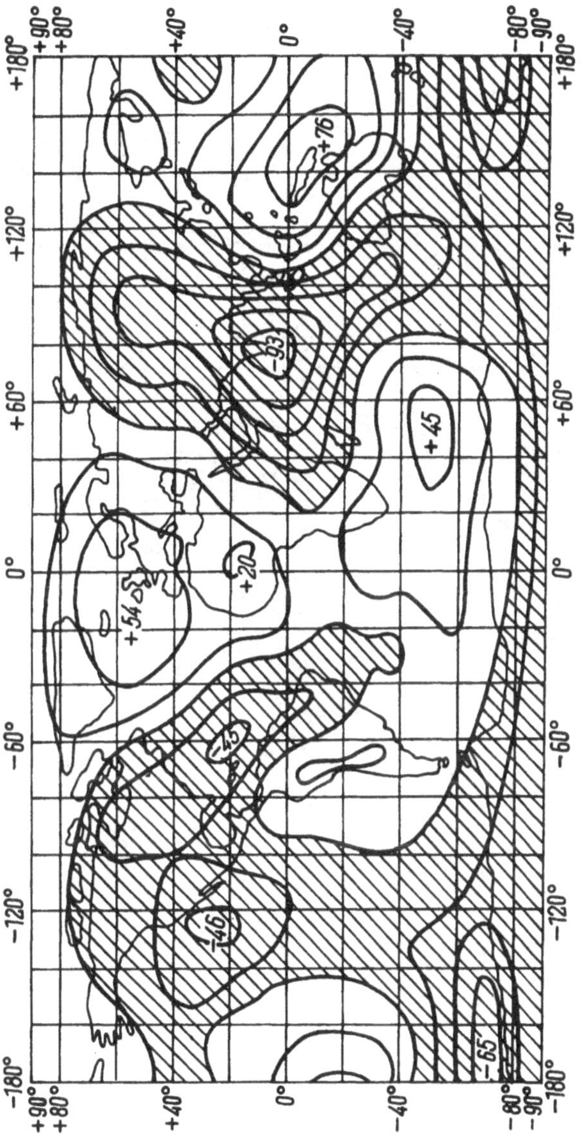

Abb. 43. Geoidundulationen aus photographischen Satellitenbeobachtungen nach GAPOSCHKIN (1966) in Metern. Smithsonian Institution Standard Earth 1966. $f = 1:298{,}255$

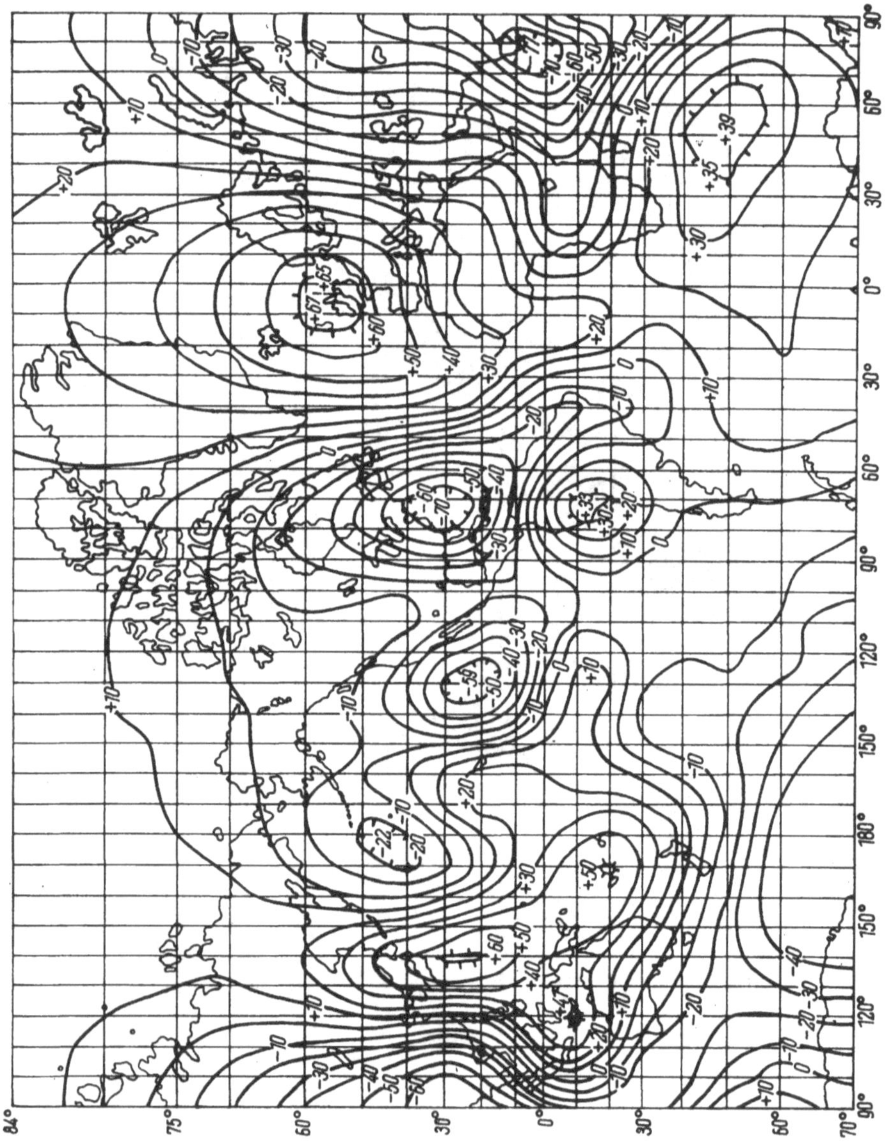

Abb. 44. Geoidundulationen aus DOPPLER-Beobachtungen nach GUIER und NEWTON (1965) in Metern. $f = 1:298,255$

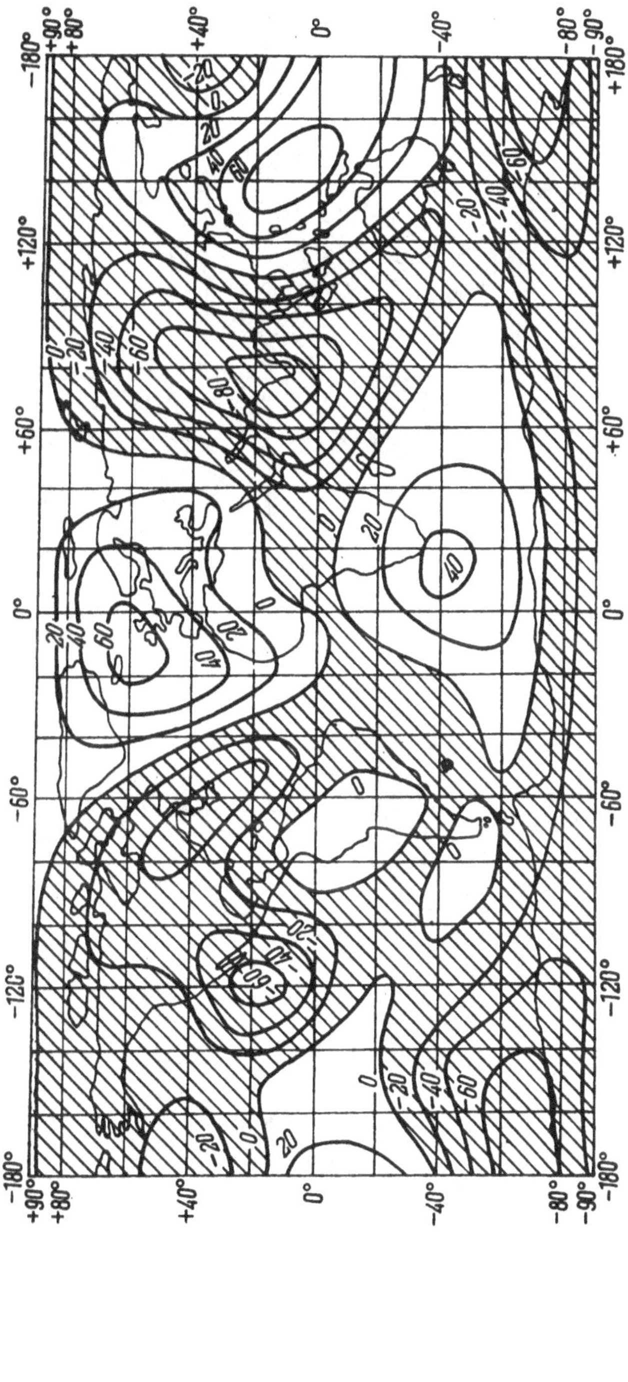

Abb. 45. Geoidundulationen aus DOPPLER-Beobachtungen nach ANDERLE (1966) in Metern. $f = 1:298{,}255$

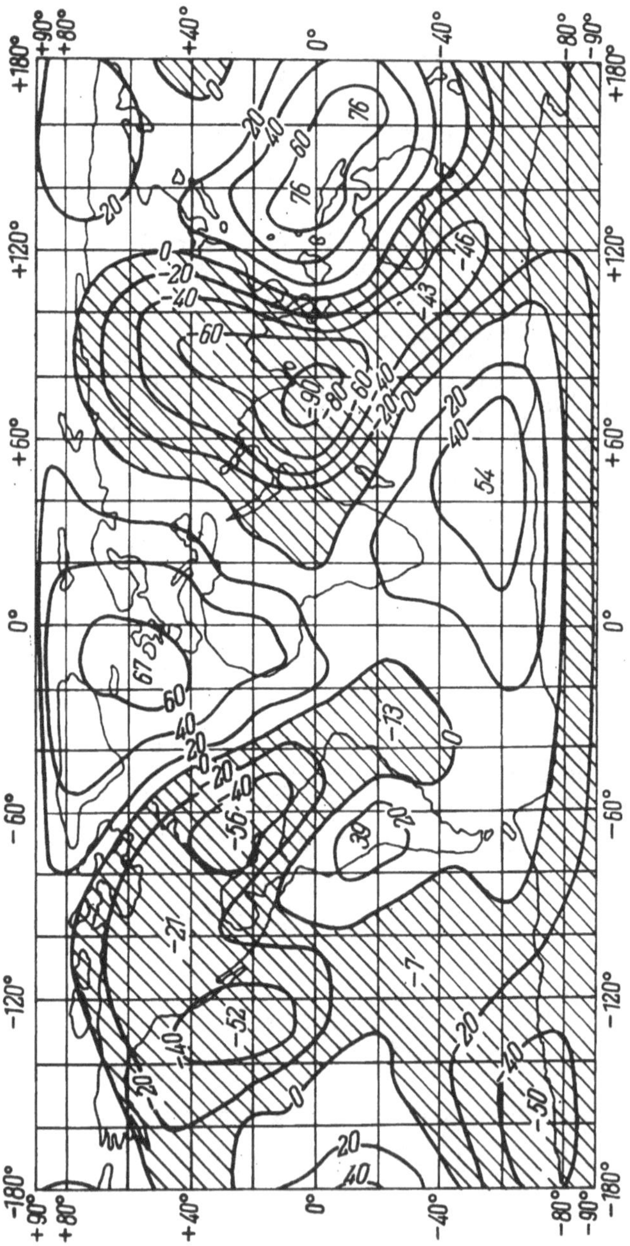

Abb. 46. Geoidundulationen aus photographischen Satellitenbeobachtungen und terrestrischen Daten nach KAULA (1966) in Metern. $f = 1:298,255$

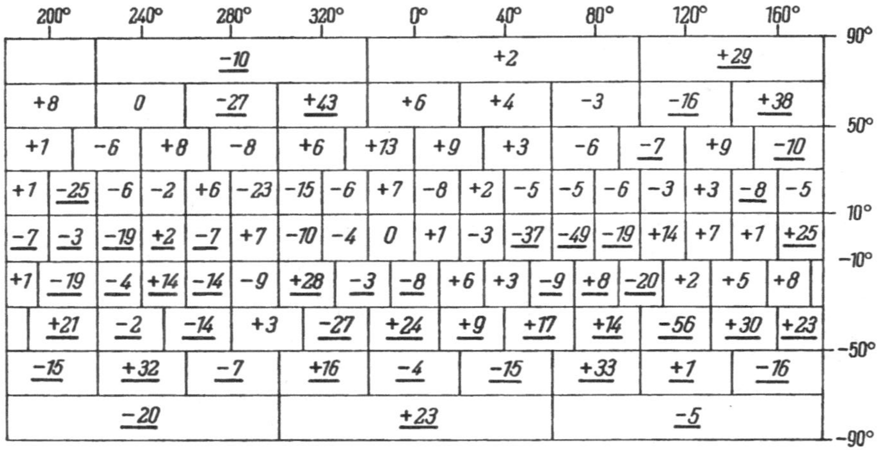

Abb. 47. Karte der Freiluft-Anomalien in mgal. Die nicht unterstrichenen Zahlen bedeuten die terrestrisch gegebenen Anomalien, die unterstrichenen Zahlen die aus Satellitenbeobachtungen (360°-Bögen nach K. ARNOLD) bestimmten Mittelwerte der Freiluftanomalien, bezogen auf die CASSINIsche Schwereformel 1932. $f = 1:297$

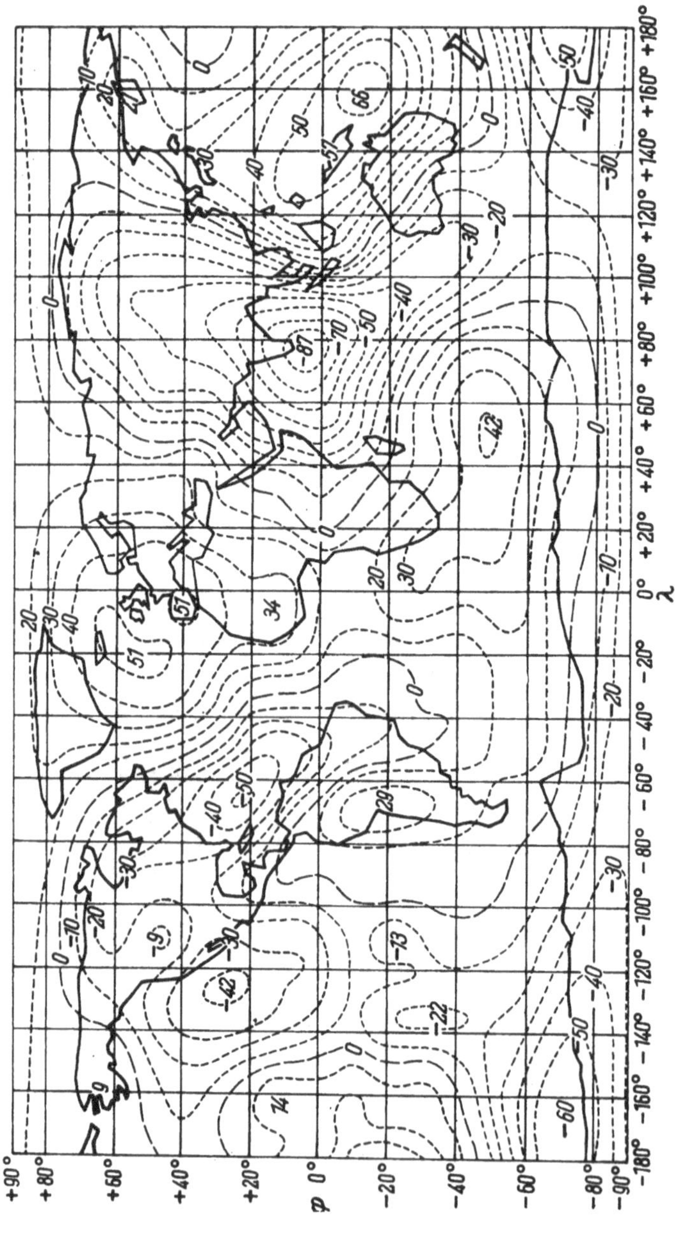

Abb. 48. Geoidundulationen aus terrestrischen Daten und Satellitenbeobachtungen nach W. Köhnlein (1967) in Metern. $f = 1:298{,}255$.
(Mit freundlicher Genehmigung durch das Smithsonian Institution, Astrophysical Observatory, Cambridge, Mass.)

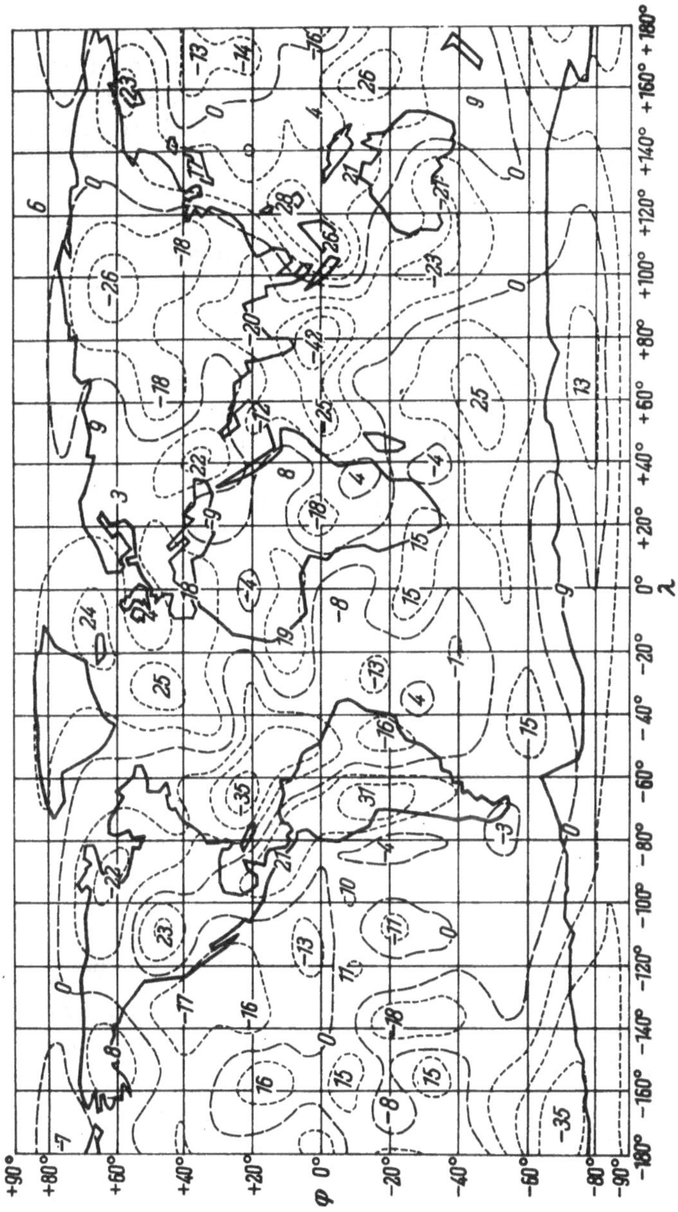

Abb. 49. Freiluftanomalien aus terrestrischen Daten und Satellitenbeobachtungen nach W. Köhnlein (1967), in mgal. $f = 1:298{,}255$
(Mit freundlicher Genehmigung durch das Smithsonian Institution, Astrophysical Observatory, Cambridge, Mass.)

Rapp kam auf diese Weise zu einer Kugelfunktionsentwicklung bis zur 14. Ordnung.

2. Köhnlein unterteilte die Erdoberfläche in zwei Bereiche B_1 und B_2, die beide zusammen die Erde ganz überdeckten, und die sich nicht überlappten. Im Bereich B_1 hatte er terrestrisch gegebene Schwereanomalien, und im Bereich $B_1 + B_2$ konnte er von den aus der Smithsonian Standard Earth 1966 errechneten Schwereanomalien ausgehen. Von den letzten benutzte er nur die Schwereanomalien aus dem Bereich B_2.

Nachdem er also im Bereich B_1 die Anomalien aus terrestrischen Daten und im Bereich B_2 die aus Satellitendaten erhalten hatte, besaß er gravimetrisches Ausgangsmaterial, das die ganze Erde überdeckte. Mit diesen Daten konnte eine Kugelfunktionsentwicklung für das Potentialfeld der Erde bis zur 15. Ordnung entwickelt werden. Die Ergebnisse von Köhnlein, und zwar sein Geoid und seine Schwereanomalien, sind in Abb. 48 und 49 zu finden.

3. Man kann auch terrestrische und Satellitendaten dadurch vereinigen, daß man aus den terrestrisch gegebenen Schwereanomalien, soweit sie bekannt sind, eine Kugelfunktionsentwicklung ableitet und dabei die unbekannten Schwereanomalien gleich Null setzt. Errechnet man auf diesem Wege die Koeffizienten der Kugelfunktionen durch eine Ausgleichung der terrestrischen Schwereanomalien, so wird man zu Normalgleichungen geführt, die diese Kugelfunktionen bestimmen. Addiert man nach dem Additionstheorem der Ausgleichungsrechnung dieses Gleichungssystem zu der Normalgleichungsmatrix für die Kugelfunktionen, die sich aus Satelliten nach der Bahnmethode ergibt, so erhält man ein System, das das Gravitationsfeld durch die Vereinigung beider Teile zu bestimmen gestattet.

9.15. Literatur

[1] Anderle, R. J.: Geodetic Parameter Set NWL-5E-6 Based on Doppler Satellite Observations. In Veis ed.: The Use of Artificial Satellites for Geodesy, Vol. 2, Athen 1967.

[2] Arnold, K.: Die Bahnen der künstlichen Erdsatelliten in ihrer Abhängigkeit von den Schwereanomalien. Veröff. Geod. Inst. Potsdam, Nr. 27 (1965).

[3] Arnold, K.: An Attempt to Determine the Unknown Parts of the Earth's Gravitation Field from Successive Satellite Passages. Space Research 7, Vol. 2, North-Holland Publishing Company, 1967.

[4] Arnold, K.: An Attempt to Determine the Unknown Parts of the Earth's Gravity Field by Successive Satellite Passages. Bull. Géodésique, Paris, No. 87 (1968).

[5] Arnold, K.: Analytische Integration der durch die Schwereanomalien hervorgerufenen Satellitenbahnstörungen. Gerl. Beitr. Geophysik, **76** (1967) H. 4.

[6] Arnold, K.: Eine Zusatzbedingung bei der Bestimmung des Potentialfeldes der Erde aus Satellitenbeobachtungen. Gerl. Beitr. Geophysik, **76** (1967) H. 1.

[7] Arnold, K.: The Use of Satellites for Geodetic Studies. Space Sci. Rev. 7 (1967) No. 1.

[8] Bjerhammar, A.: A New Approach to Satellite Geodesy. Research Institute for Geodetic Sciences, Alexandria, Virginia, U.S.A., IUGG Generalversammlung, 1967.

[9] Bjerhammar, A.: On a Coalescent World Geodetic System. Research Institute for Geodetic Sciences, Alexandria, Virginia, U.S.A. IUGG Generalversammlung, 1967.
[10] Bulletin Astronomique. XXIe Symposium de l'U.A.I. sur le Système de Constantes Astronomiques. Observatoire de Paris 1963.
[11] Friedman, M. P.: A Three-Dimensional Model of the Upper Atmosphere. SAO Special Report 250 (1967).
[12] Gaposchkin, E. M.: Differential Orbit Improvement (DOI-3). SAO Special Report 161 (1964).
[13] Groten, E.: Die Genauigkeit der Bestimmung des Erdschwerepotentials und daraus abgeleiteter Größen mittels Satellitenbeobachtungen, Teil I, Zonaler Anteil. Dtsch. Geodät. Komm., München, Reihe A, H. 56/I (1967).
[14] Groten, E.: Die Genauigketi der Bestimmung des Erdschwerepotentials und daraus abgeleiteter Größen mittels Satellitenbeobachtungen, Teil II, Gesamtfeld. Dtsch. Geodät. Komm., München, Reihe A, H. 56/II (1967).
[15] Kallmann Bijl, H. ed.: Space Research 1. North-Holland Publishing Company, Amsterdam 1960.
[16] Kaula, W. M.: Determination of the Earth's Gravitational Field. Rev. Geophys. **1** (1963) No. 4.
[17] Kaula, W. M.: Tesseral Harmonics of the Gravitational Field and Geodetic Datum Shifts derived from Camera Observations of Satellites. J. Geophys. Res. **68** (1963) No. 2.
[18] Kaula, W. M.: Theory of Satellite Geodesy. Blaisdell Publishing Company, 1966.
[19] King-Hele, D.: The Shape of the Earth. Sci. American, **217** (1967) No. 4.
[20] King-Hele, D. G.: Cook, G. E.: The Even Zonal Harmonics of the Earth's Gravitational Potential. Geophys. J., **10** (1965).
[21] King-Hele, D. G.; Cook, G. E., Scott, D. W.: Even Zonal Harmonics in the Earth's Gravitational Potential. Planet. Space. Sci., Pergamon Press, **14** (1966).
[22] King-Hele, D. G., Cook, G. E., Scott, D. W.: Odd Zonal Harmonics in the Geopotential, Determined from Fourteen Welldistributed Satellite Orbits. Planet. Space Sci., Pergamon Press **15**, (1967).
[23] Köhnlein, W.: Gravity Gradients on the Earth's Surface as Deduced from Satellite Orbits. SAO Special Report 249 (1967).
[24] Köhnlein, W.: The Earth's Gravitational Field as Derived from a Combination of Satellite Data with Gravity Anomalies. IUGG Generalversammlung 1967.
[25] Kozai, Y.: New Determination of Zonal Harmonics Coefficients of the Earth's Gravitational Potential. Tokyo Astronom. Obs. Repr. No. 265 (1964).
[26] Kozai, Y.: Effects of the Tidal Deformation of the Earth on the Motion of Close Earth Satellites. Tokyo Astronom. Obs. Repr. No. 281 (1965).
[27] Kozai, Y.: The Earth Gravitational Potential Derived from Satellite Motion. Space Sci. Rev., D. Reidel Publishing Company, Dordrecht-Holland, **5** (1966).
[28] Kozai, Y.: Determination of Love's Number from Satellite Observations. Philos. Trans. Roy. Soc. London, Ser. A., **262** (1967) Nr. 1124.
[29] Lundquist, C. A., Veis, G.: Geodetic Parameters for a 1966 Smithsonian Institution Standard Earth. Vol. 1, 2, 3. SAO Special Report 200 (1966).
[30] Oesterwinter, C.: Importance of Gravitational Harmonics of High Order for the Orbits of Earth Satellites. Space Res. **6** (1965).
[31] Veis, G.: Precise Aspects of Terrestrial and Celestial Reference Frames. SAO Special Report No. 123 (1963).
[32] Veis, G.: The Determination of the Radius of the Earth and other Geodetic Parameters as Derived from Optical Satellite Data. IUGG Generalversammlung 1967.
[33] Zhongolovitch, I. D.: Zur Bestimmung der Lage des Schwerpunktes der Erde mit Hilfe von künstlichen Satelliten. Bulletin über die Beobachtungen künstlicher Erdsatelliten, herausgegeben von der Bulg. Akad. d. Wiss., Nr. 7 (1968) Sofia.

10. Zusammenschluß von Triangulationen mit Punktsystemen, die aus Satellitenbeobachtungen erhalten worden sind

Die Satellitenbeobachtungsstationen sollten immer an ein Dreiecksnetz angeschlossen werden, weil sich daraus wertvolle Vergleichsmöglichkeiten ergeben. So lassen sich auf diesem Wege die Maßstäbe und die innere Genauigkeit beider Systeme überprüfen. Überdeckt das Satellitensystem große Räume, so kann es genauer sein als die Triangulation in diesen Gebieten, weil die Triangulation sich aus vielen relativ kleinen Dreiecken zusammensetzt und die zufälligen und systematischen Fehler sich dadurch anhäufen können. Es empfiehlt sich nicht, aus den Triangulationen die räumliche Lage der Satellitenbeobachtungsstationen abzuleiten; diese Positionen müssen vielmehr aus den Satellitenbeobachtungen selbst bestimmt werden.

Besonders wichtig ist in diesem Zusammenhang, daß die Systeme der kosmischen Triangulation bei Richtungsbeobachtungen zum Satelliten an das System der Fixsterne angeschlossen sind und daß daher die Richtungen in diesen Systemen absolut im Raum orientiert sind. Natürlich sind auch die Triangulationen durch astronomische Beobachtungen im azimutalen Sinne orientiert, und man ist in weiten Kreisen der Ansicht, daß die Unkenntnis der Lotabweichungskomponenten im Zentralpunkt der Triangulation nur drei kleine voneinander unabhängige Translationsbewegungen des Dreiecksnetzes im Raum zulasse (etwa 50 bis 100 m), während die Richtungsorientierung durch die astronomischen Beobachtungen auf den Laplaceschen Punkten bereits gegeben sei. Doch sind diese Fragen auch umstritten, so daß mit den Verfahren der Satellitengeodäsie darüber Klarheit geschaffen werden könnte.

Die Systeme der dynamischen Satellitengeodäsie haben darüber hinaus den Vorteil, daß ihre Koordinaten vom Schwerpunkt der Erde aus abgetragen sind, so daß es sich um absolute Koordinaten handelt. Nach einem Vergleich der Koordinaten identischer Punkte eines Systems der dynamischen Satellitengeodäsie und eines Triangulationssystems kann man daher das Triangulationssystem im Raum in drei zueinander orthogonalen Richtungen so verschieben, daß sein Koordinatenursprung mit dem Schwerpunkt der Erde zusammenfällt.

Bei den folgenden mathematischen Betrachtungen soll daher von einem System der dynamischen Satellitengeodäsie ausgegangen werden, an das ein Triangulationssystem angefeldert werden soll.

Von dem Triangulationssystem soll angenommen werden, daß es entsprechend der projektiven Methode reduziert worden ist. Dann sind die Höhen der Beobachtungsstationen über dem Referenzellipsoid aus astronomischen Nivellements und Feineinwägungen bekannt, und die Dreieckspunkte wurden vor der Ausgleichung entlang den Ellipsoidnormalen auf diese Bezugsfläche projiziert. Man kennt also für alle Satellitenbeobachtungsstationen aus der Triangulation auch die ellipsoidische geographische Breite φ'_ε und Länge λ_ε, und man kennt ferner die Erhebung ζ_ε (Geoidhöhe) über dem Referenzellipsoid. Durch die Ausgleichung des Triangulationsnetzes auf dem Referenzellipsoid hat man die Kovarianzmatrix $\boldsymbol{Q}_\varepsilon$ aller Koordinaten der Satellitenbeobachtungsstationen erhalten, wobei freilich bei der Triangulation die vertikalen Komponenten ζ_ε mit den horizontalen φ'_ε, λ_ε kaum korreliert sind.

Die weiteren Betrachtungen sollen aber nicht in dem ellipsoidischen, sondern in dem räumlichen, kartesischen erdfesten Koordinatensystem X, Y, Z ausgeführt werden. Für die Transformation zwischen beiden Systemen gilt

$$\begin{pmatrix} X = (\varrho_i + \zeta_{\varepsilon.i} + h_i) \cos \varphi'_{\varepsilon.i} \cos \lambda_{\varepsilon.i} \\ Y = (\varrho_i + \zeta_{\varepsilon.i} + h_i) \cos \varphi'_{\varepsilon.i} \sin \lambda_{\varepsilon.i} \\ Z = [\varrho_i (1 - e_\varepsilon^2) + \zeta_{\varepsilon.i} + h_i] \sin \varphi'_{\varepsilon.i} \end{pmatrix} = \boldsymbol{u}_{T.i} \tag{236a}$$

mit

$$\varrho_i = \frac{a_\varepsilon}{\sqrt{1 - e_\varepsilon \sin^2 \varphi'_{\varepsilon.i}}} .$$

h_i ist die Höhe über dem Meere.

Der tiefgesetzte Index ε bedeutet die Zugehörigkeit zum Referenzellipsoid. $\boldsymbol{Q}_\varepsilon$ ist also die Kovarianzmatrix der Elemente des Vektors der ellipsoidischen Koordinaten $\boldsymbol{u}_\varepsilon$

$$\boldsymbol{u}_\varepsilon = \begin{pmatrix} \boldsymbol{q}_1 \\ \boldsymbol{q}_2 \\ \cdots \\ \boldsymbol{q}_n \end{pmatrix}, \qquad \delta \boldsymbol{q}_i = \begin{pmatrix} -a_\varepsilon & \delta \varphi'_{\varepsilon.i} \\ a_\varepsilon & \cos \varphi'_{\varepsilon.i}\ \delta \lambda_{\varepsilon.i} \\ & \delta \zeta_{\varepsilon.i} \end{pmatrix}$$

nach der Ausgleichung der Triangulation, wenn i die laufende Nummer und n die Anzahl der Punkte des Systems sind.

Die zugehörige Normalgleichung ist

$$\boldsymbol{L}_\varepsilon \delta \boldsymbol{u}_\varepsilon - \boldsymbol{l}_\varepsilon = 0 ,$$

$$\boldsymbol{L}_\varepsilon \boldsymbol{Q}_\varepsilon = \boldsymbol{E} .$$

Mit Hilfe der Transformation nach (148)

$$\delta \boldsymbol{q}_i = \boldsymbol{R}_y (90^\circ - \varphi'_{\varepsilon.i}) \boldsymbol{R}_z(\lambda_{\varepsilon.i}) \delta \boldsymbol{u}_{T.i}$$

kann man von den Differentialen der ellipsoidischen Koordinaten $\delta \boldsymbol{q}_i$ zu den Differentialen der kartesischen räumlichen erdfesten X, Y, Z Koordinaten $\delta \boldsymbol{u}_{T.i}$ der Triangulation übergehen.

Das Normalgleichungssystem für die Koordinaten der Triangulation im X, Y, Z-System lautet

$$\boldsymbol{L}_T \cdot \delta\boldsymbol{u}_T - \boldsymbol{l}_T = 0\,, \qquad \boldsymbol{u}_T = \begin{pmatrix} \boldsymbol{u}_{T.1} \\ \boldsymbol{u}_{T.2} \\ \cdots \\ \boldsymbol{u}_{T.n} \end{pmatrix}. \tag{236b}$$

Es wird vorausgesetzt, daß eine der Satellitenbeobachtungsstationen der Zentralpunkt der Triangulation ist, und daß die Werte $\delta\boldsymbol{u}_T$ sich auf die Koordinatenunterschiede gegenüber diesem Zentralpunkt beziehen.

Aus Satellitenbeobachtungen habe man nach der Bahnmethode die folgenden erdfesten kartesischen Koordinaten $\boldsymbol{u}_S$ für dieselben Punkte im X, Y, Z-System abgeleitet.

$$\boldsymbol{L}_S\, \delta\boldsymbol{u}_S - \boldsymbol{l}_S = 0\,. \tag{236c}$$

Auch hier handele es sich bei dem Vektor $\delta\boldsymbol{u}_S$ um Differentiale der relativ zum Zentralpunkt genommenen Koordinatenunterschiede. $\boldsymbol{u}_S$ setzt sich aus den dreidimensionalen Vektoren

$$\boldsymbol{u}_{S.i} = \begin{pmatrix} u_i \\ v_i \\ w_i \end{pmatrix}$$

der Koordinaten der einzelnen Stationen zusammen.

Die Unterschiede der Koordinaten identischer Punkte der Systeme $\boldsymbol{u}_S$ und $\boldsymbol{u}_T$ sollen mit Translationen c_x, c_y, c_z, mit kleinen Rotationen des Triangulationssystems ν_1, ν_2, ν_3 um die Achsen des X, Y, Z-Systems und mit einer Maßstabsveränderung μ des Triangulationssystems erklärt werden

$$\boldsymbol{u}_{S.i} = \boldsymbol{F}\, \boldsymbol{u}_{T.i} + \begin{pmatrix} c_x \\ c_y \\ c_z \end{pmatrix}, \qquad \boldsymbol{F} = (1 + \mu)\, \boldsymbol{R}_z(\nu_3)\, \boldsymbol{R}_y(\nu_2)\, \boldsymbol{R}_x(\nu_1)\,. \tag{237}$$

Führt man die zufälligen Fehler $\boldsymbol{v}_{S.i}$ und $\boldsymbol{v}_{T.i}$ bei $\boldsymbol{u}_{S.i}$ und $\boldsymbol{u}_{T.i}$ ein, so folgt die Fehlergleichung

$$\boldsymbol{v}_{S.i} - \boldsymbol{v}_{T.i} = -(\boldsymbol{u}_{S.i} - \boldsymbol{u}_{T.i}) + \boldsymbol{H}_i\, \boldsymbol{y} \tag{238}$$

mit dem (transponierten) Vektor

$$\boldsymbol{y}^T = (\mu, \nu_1, \nu_2, \nu_3, c_x, c_y, c_z) \tag{239}$$

und nach (25), (26), (27)

$$\boldsymbol{H}_i = \begin{pmatrix} u_i & 0 & -w_i & v_i & 1 & 0 & 0 \\ v_i & w_i & 0 & -u_i & 0 & 1 & 0 \\ w_i & -v_i & u_i & 0 & 0 & 0 & 1 \end{pmatrix}. \tag{240}$$

Gleichung (238) muß nach korrelierten Beobachtungen ausgeglichen werden um den Vektor $\boldsymbol{y}$ zu erhalten.

Die Systeme $\boldsymbol{u}_S$ und $\boldsymbol{u}_T$ sind nicht miteinander korreliert. Ihre Kovarianzmatrizen seien

$$\boldsymbol{Q}_S \quad \text{und} \quad \boldsymbol{Q}_T .$$

Die Kovarianzmatrix der zufälligen Variablen auf der linken Seite von (238) ist daher, wenn man den Index i alle Punkte durchlaufen läßt,

$$\boldsymbol{Q} = \boldsymbol{Q}_S \, m_{0.S}^2 + \boldsymbol{Q}_T \, m_{0.T}^2$$

wenn $m_{0.S}^2$ bzw. $m_{0.T}^2$ die Quadrate der mittleren Fehler der Gewichtseinheit des Satelliten- bzw. des Triangulationssystems sind.

Ist

$$\boldsymbol{H} = \begin{pmatrix} \boldsymbol{H}_1 \\ \boldsymbol{H}_2 \\ \cdots \\ \boldsymbol{H}_n \end{pmatrix},$$

so gilt nach (238) für das gesamte System die Gleichung

$$\boldsymbol{v}_S - \boldsymbol{v}_T = -(\boldsymbol{u}_S - \boldsymbol{u}_T) + \boldsymbol{H}\,\boldsymbol{y}\,, \tag{241}$$

und $\boldsymbol{y}$ errechnet sich aus folgender Gleichung

$$\boldsymbol{y} = (\boldsymbol{H}^T \boldsymbol{Q}^{-1} \boldsymbol{H})^{-1} \boldsymbol{H}^T \boldsymbol{Q}^{-1} (\boldsymbol{u}_S - \boldsymbol{u}_T)\,. \tag{242}$$

Man kann die Systeme $\boldsymbol{u}_S$ und $\boldsymbol{u}_T$ auch so definieren, daß die eine der Koordinatenebenen die Horizontalebene des Zentralpunktes ist; dann erhält man direkt die azimutalen und vertikalen Rotationen des Triangulationssystems.

11. Interpretation der Ergebnisse der Satellitengeodäsie

Nachdem bereits in Kapitel 4 gezeigt wurde, wie man aus den Störungen der Satellitenbahnen den Dichteverlauf in der Atmosphäre, die Loveasche Konstante k_2 für das elastische Verhalten der Erde und die Verlangsamung der Erdrotation bestimmen kann, soll nun ausführlicher auf die geodätische und geophysikalische Interpretation der Ergebnisse der Satellitengeodäsie eingegangen werden.

11.1. Die Abplattung der Erde, die Elliptizität des Äquators und die Birnenform der Erde

Die mit den geometrischen Methoden gewonnenen Punktkoordinaten sind schon für sich allein von großem geodätischem Wert. Das gleiche gilt für die nach der Bahnmethode erhaltenen Koordinaten der Beobachtungsstationen. Ihre Nutzung für die Verbesserung der Triangulationen wurde im Kapitel 10 behandelt.

Die nach der Bahnmethode erhaltenen Kugelfunktionen und Schwereanomalien gestatten die Bestimmung des Geoids und des Potentials im Außenraum der Erde. Einige aus Satellitenbeobachtungen erhaltene Darstellungen des Geoids oder der Schwereanomalien sind in den Abb. 43 bis 49 zu finden.

Die Bestimmung des Geoides und der Schwereanomalien selbst ist an sich schon eine wichtige wissenschaftliche Aufgabe.

Die nach der Bahnmethode erhaltenen Schwereanomalien sind auch für die Ermittlung von Lotabweichungen nach dem Integral von Vening-Meinesz (1) von Wichtigkeit. Man wird für die Berechnung dieses Integrals die Schwereanomalien aus terrestrischen Vermessungen entnehmen, soweit sie auf diesem Wege bekannt sind. Es empfiehlt sich ferner, für die Integration nach dem Integral von Vening-Meinesz in den mit terrestrischen Methoden gravimetrisch noch nicht vermessenen Gebieten die durch Satellitenbeobachtungen erhaltenen Schwereanomalien zu verwenden.

Aus den das Gravitationsfeld charakterisierenden Parametern lassen sich aber noch weitere Erkenntnisse über bestimmte Eigenschaften der Gestalt der Niveauflächen und über geophysikalische Eigenschaften der Erdkruste und des Erdmantels ableiten.

J_2

Als erstes soll die zonale Kugelfunktion zweiter Ordnung J_2 im Schwerefeld der Erde betrachtet werden (63), (213a). Wie in der physikalischen Geodäsie gelehrt wird, besteht zwischen J_2 und der Abplattung des mittleren Erdellipsoids f folgende Beziehung:

$$\left.\begin{aligned} J_2 &= \frac{C - \frac{A+B}{2}}{M R_E^2} = \frac{2}{3} f\left(1 - \frac{1}{2} f\right) - \frac{1}{3} m \left(1 - \frac{3}{2} m - \frac{2}{7} f\right), \\ f &= \frac{R_E - \overline{R}_E}{R_E}, \\ m &= \frac{\omega_E^2 \cdot R_E}{\gamma_E}. \end{aligned}\right\} \quad (243)$$

C ist das Hauptträgheitsmoment der Erde in bezug auf ihre Rotationsachse, A und B sind die beiden anderen Hauptträgheitsmomente, die sich also auf zwei zueinander orthogonale Achsen in der Äquatorebene beziehen. M ist die Masse der Erde und m das Verhältnis der Zentrifugalkraft zur Gravitationskraft am Äquator.

Der genaueste Wert für die Abplattung wurde auf diesem Wege mit

$$f = 1/298{,}255 \pm 0{,}005$$

erhalten.

Dieser aus J_2 ermittelte Wert von f ist frei von irgendeiner Annahme über die Schichtung der Massen im Erdinnern. Er ist mit Abstand der genaueste Wert für die Abplattung, der je erhalten wurde.

Dem Fehler des f-Wertes entspricht ein Fehler in der Differenz zwischen der großen und der kleinen Halbachse des mittleren Erdellipsoides von $\pm 0{,}3$ m.

$J_{2.2}$

Interessant ist auch eine Betrachtung der sektoriellen Kugelfunktionen 2. Ordnung, $J_{2.2}$. Aus Bahnstörungen der 24-Stunden-Satelliten erhielt man, (235a),

$$J_{2.2} = \frac{A - B}{4 M R_E^2} = -1{,}816 \cdot 10^{-6},$$

wobei der Anteil der sektoriellen Kugelfunktion 2. Ordnung am Geopotential durch

$$-\frac{k M}{r} \left(\frac{R_E}{r}\right)^2 J_{2.2} \cos 2 (\lambda - \lambda^*) P_{2.2} (\sin \varphi),$$

$$P_{2.2} (\sin \varphi) = 3 \cos^2 \varphi,$$

definiert ist.

$J_{2.2}$ ist also eine Funktion von den beiden Hauptträgheitsmomenten, deren Achsen in der Äquatorebene liegen. λ^* ist die geographische Länge der großen Halbachse der Äquatorellipse.

Aus $J_{2.2}$ läßt sich die Abplattung des Äquators f^* ermitteln

$$f^* = 1:91827\,,$$

$$\lambda^* = 15{,}^\circ 4 \pm 0{,}^\circ 3\ W\,.$$

Aus $J_{2.2}$ und λ^* lassen sich $\bar{C}_{22}$ und $\bar{S}_{22}$ in (235a) errechnen. Die große Halbachse des elliptischen Äquators hat etwa die geographische Länge der Westküste von Afrika. Die Differenz zwischen den beiden Halbachsen des Äquators beträgt 69,5 ± 0,8 m.

Dies sind die ersten zuverlässigen Daten über Abweichungen des Äquators von der Kreisform. Frühere aus Triangulationen und Schweremessungen gezogene Schlüsse zu dieser Frage hatten eine recht geringe Signifikanz.

J_3

In der Liste der zonalen Kugelfunktionen, (213a), sticht die zonale Kugelfunktion 3. Ordnung wegen ihrer Größe hervor.

$$J_3 = -\,2{,}565 \times 10^{-6}\,.$$

Diese Kugelfunktion bewirkt im Bereich des Nordpols eine Erhebung des Geoids um etwa 15 m, in mittleren nördlichen Breiten eine Absenkung um etwa −5 m und in mittleren südlichen Breiten wieder eine Erhebung des Geoids um etwa +5 m, um sich am Südpol wieder als Depression von etwa −15 m zu äußern. Diese Kugelfunktion verursacht die sogenannte Birnenform der Erde.

Die Überraschung über den relativ großen Wert von J_3 war groß, weil dieser Parameter in der geometrischen Gestalt des Geoids eine zum Äquator antisymmetrische Struktur verursacht, eine Eigenschaft, die eine streng im hydrostatischen Gleichgewicht befindliche rotierende-Flüssigkeit nicht aufweist.

Die Erde ist aber keine rotierende Flüssigkeit, schon allein die Erdkruste besitzt eine erhebliche Festigkeit.

Diese Birnenform der Erde dürfte sich daher ganz oder teilweise schon aus Eigenschaften der Erdkruste geophysikalisch plausibel machen lassen; denn die Topographie ist ebenfalls antisymmetrisch zum Äquator, haben wir doch am Nordpol eine ozeanische Struktur und am Südpol einen Kontinent, der mit einer hohen Eisschicht bedeckt ist.

In Abb. 40 ist neben der Kurve des Gesamtanteiles der zonalen Kugelfunktionen (ausgezogene Linie) der Beitrag von J_3 durch eine gestrichelte Kurve extra dargestellt. Man ersieht daraus den dominierenden Einfluß von J_3 unter den zonalen Kugelfunktionen. Betrachtet man dagegen die kartographischen Darstellungen des Geoids in den Abb. 43, 44, 45, 46, 48, so sind die Erhebungen und Depressionen des Geoids mit Amplituden von bis zu 80 m und mehr zu groß, als daß der Anteil von J_3 mit einer Amplitude von etwa 15 m von wesentlicher Bedeutung wäre.

11.2. Vergleich des Satellitengeoids mit dem isostatischen Geoid

In den Abbildungen 43, 44, 45, 46, 48 sind einige der aus Satellitenbeobachtungen erhaltenen Geoide dargestellt. Sie zeigen die Großformen in der Gestalt dieser Fläche. Es ist nun interessant, die Frage aufzuwerfen, in welchen Tiefen der Erde die Massenunregelmäßigkeiten ihren Sitz haben, die diese Geoidundulationen verursachen. Es ist also zu untersuchen, ob diese Abweichungen von der hydrostatischen Schichtung allein in der Erdkruste ihren Sitz haben, oder ob man tiefer liegende Bereiche im oberen oder im unteren Erdmantel oder gar im Erdkern in Betracht ziehen muß.

Es ist zunächst aus der Topographie offenbar, daß innerhalb der Erdkruste Abweichungen vom hydrostatischen Gleichgewicht auftreten. Aus seismischen und gravimetrischen Beobachtungen weiß man, daß die Struktur der Kruste global gesehen durch die Isostasie nach Airy bestimmt wird, indem die Mohorovičic-Diskontinuität einer der Isostasie entsprechende variable Tiefe hat.

Die Isostasie hat eine ausgleichende Wirkung.

Setzt man idealisierend voraus, die Struktur der Erdkruste werde in Strenge durch die Isostasie nach Airy bestimmt, so rufen die topographischen Massen und die isostatischen Kompensationsmassen bestimmte und aus der Topographie genau zu berechnende isostatische Geoidundulationen hervor. Diese bilden das sogenannte isostatische Geoid (Abb. 50).

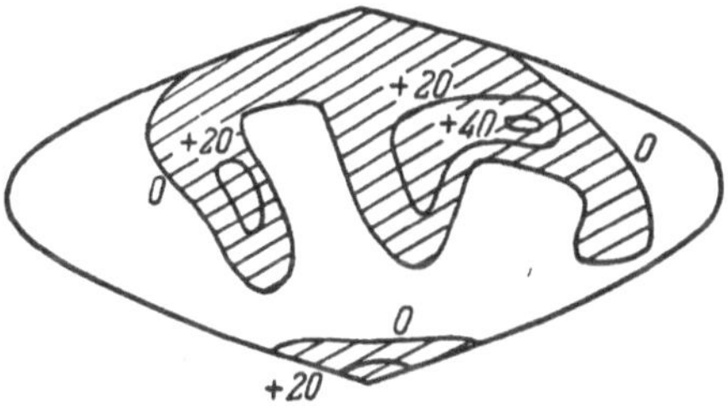

Abb. 50. Isostatisches Geoid nach K. Jung. Die Undulationen (in m) wurden im System von Airy aus einer Kugelfunktionsentwicklung bis zur 7. Ordnung bestimmt

Ein Vergleich der Abb. 50 mit den durch Satellitenbeobachtungen erhaltenen Geoiden (Abb. 43, 44, 45, 46, 48) zeigt, daß wenig Verwandtschaft zwischen dem tatsächlichen Geoid und dem isostatischen Geoid besteht.

In der Isostasie allein kann also nicht die Ursache für das Vorhandensein der Geoidundulationen liegen.

Es läßt sich vielmehr zeigen, daß notwendigerweise im Erdmantel Dichteanomalien, also Abweichungen von der Gleichgewichtsschichtung nach Clairaut und Darwin, auftreten müssen. Diese Dichteanomalien werden in erheblichem Maße die Geoidundulationen verursachen.

11.3. Die Anomalien der hydrostatischen Schichtung im Erdmantel

Verschiedene geophysikalische Beobachtungen lassen es als plausibel erscheinen, daß im Erdinnern Spannungen auftreten, so daß dort keine Schichtung nach dem hydrostatischen Gleichgewicht entsprechend den mathematischen Theorien von CLAIRAUT und DARWIN herrschen wird.

So gilt heute die Ansicht, daß die Ursache der Erdbeben darin zu suchen ist, daß die im oberen Erdmantel auftretenden Spannungen nach Erreichen eines Grenzwertes freigesetzt werden. Man hat gefunden, daß die Erdbeben vor allem in einer Tiefe von 50 bis 100 km ihre Herde haben. Vereinzelte Tiefbeben haben eine Herdtiefe von bis zu 700 km.

Bei der Frage nach der Entstehung der Kontinente und Ozeane ist man heute neben anderen Theorien auch zu der schon früher von WEGENER vertretenen Kontinentalverschiebungstheorie zurückgekommen.

Die Tatsache, daß der Rand des in etwa 500 m Tiefe verlaufenden Schelfes der Ostküste von Nord-, Mittel- und Südamerika sehr gut in den Rand des Schelfes der Westküste von Afrika hineinpaßt, ist eine der wichtigsten Stützen der vermuteten Driftbewegung der Kontinente. Die überraschende Entdeckung des schmalen Gebirgsrückens, der sich auf dem Grund des Atlantischen Ozeans in der Mitte zwischen Amerika und Afrika von Norden über den Äquator bis nach Süden erstreckt, wird als eine weitere Stützung der Kontinentalverschiebungstheorie angesehen. Ähnliche subozeanische Gebirgsrücken hat man in anderen Ozeanen entdeckt.

Bei einer genaueren Untersuchung dieser subozeanischen Gebirgsrücken hat man ferner gefunden, daß in ihrer Nähe der Meeresboden ein Alter von nur etwa 1 bis 20 Millionen Jahren hat, während der Meeresuntergrund in der Nähe des Schelfs der angrenzenden Kontinente mit etwa 150 Millionen Jahren viel älter ist. Auch magnetische Untersuchungen des Meeresuntergrundes haben zu Erkenntnissen geführt, die mit diesen Feststellungen im Einklang stehen.

Durch diese Beobachtungen wurde man zu der Vermutung geführt, daß im Bereich der jungen subozeanischen Gebirgsrücken das Material aus der Tiefe des Erdmantels senkrecht emporsteigt und dann horizontal etwa an der oberen Grenze des Mantels zu beiden Seiten des Gebirgsrückens abströmt und dabei die Kontinente vor sich herschiebt, die sich auf diese Weise seit etwa 150 bis 250 Millionen Jahren um 1 bis 3 cm im Jahr voneinander entfernen sollen. Die dabei vermuteten Konvektionsströme im Erdmantel werden Dichteanomalien im Erdinneren nach sich ziehen und daher auch das Schwerefeld im Außenraum beeinflussen.

Diese Konvektionsströme können durch die im Erdinneren herrschende Wärmeverteilung entstehen. Erreichen nämlich die vom Erdinneren nach außen gerichtete Abnahme der Temperatur und der damit verbundene auf Grund der Wärmeleitung entstehende Wärmestrom einen bestimmten kritischen Wert, dann sind Konvektionsströme physikalisch möglich. Es läßt sich zeigen, daß im Erdinneren dieser durch Wärmeleitung entstehende Wärmestrom diesen kritischen Wert erreichen kann.

Ob Konvektionsströme im gesamten Erdmantel auftreten können oder nur im oberen Erdmantel, ist noch umstritten. Im oberen Erdmantel, in 50 bis 400 km Tiefe, dürfte ihre Existenz eine größere Wahrscheinlichkeit haben als im unteren Erdmantel.

Andererseits sind Konvektionsströme im Erdinneren nur möglich, wenn die Viskosität des Materials nicht zu groß ist. In der Diskussion ist eine obere Grenze für die kinematische Viskosität des unteren Erdmantels von etwa 10^{26} cm^2 s^{-1}, wenn Konvektionsströme noch möglich sein sollen. Eine hohe Viskosität muß andererseits gefordert werden, wenn die aus geodätischen und anderen Beobachtungen gefolgerten Dichteanomalien im Erdmantel eine permanente Erscheinung sein sollen.

Aus isostatischen Ausgleichsbewegungen der Erdkruste hat man dagegen für die obersten Schichten des oberen Erdmantels nur eine kinematische Viskosität von etwa $3 \cdot 10^{21}$ cm^2 s^{-1} festgestellt, so daß daraus eine erhebliche Zunahme der kinematischen Viskosität in Richtung zum Erdinneren zu folgern wäre.

Die nach dem Abschmelzen der eiszeitlichen Gletscher einsetzenden isostatischen Ausgleichsbewegungen legen in jedem Falle ein Zeugnis dafür ab, daß in den oberen Schichten des Erdmantels Konvektionsströme von regionaler Ausdehnung ziemlich leicht möglich sind.

Man hat die Vermutung, daß die Kontinente früher dicht beieinander lagen und sich dann voneinander entfernt haben, auch auf anderem Wege ohne die Hypothese der Konvektionsströme plausibel zu machen versucht. Hier ist vor allem die Hypothese von der Expansion der Erde zu nennen.

Aus verschiedenen geologischen und geophysikalischen Erscheinungen glaubt man folgern zu können, daß bei der Entstehung der Erde vor etwa 3 bis 4 Milliarden Jahren der Erdradius etwa um den Faktor 0,55 kleiner war als heute, so daß die Kontinente die ganze Erdoberfläche bedeckten.

Die dann einsetzende Expansion der Erde führte zu der gegenwärtigen Verteilung der Kontinente und Ozeane.

Nach Egyed hat sich der Erdradius um etwa 0,6 mm pro Jahr ausgedehnt.

Nach Diracs Kosmologie soll die Gravitationskonstante jährlich um etwa $1:10^{10}$ abnehmen, wobei das Alter der Erde mit 10 Milliarden Jahren angenommen wird. Diese Kosmologie führt zu einer Vergrößerung des Erdradius um etwa 0,05 mm im Jahr.

Wie man erkennt, sind die aus diesen Hypothesen über die Expansion der Erde abzuleitenden Geschwindigkeiten für die Driftbewegung der Kontinente zu klein im Vergleich mit den aus anderen geophysikalischen Beobachtungen gefolgerten Driftbewegungen von 1 cm bis 3 cm im Jahr.

Im Zusammenhang mit der Erörterung der Frage, ob die Anomalien des Schwerefeldes als Dichteanomalien im Erdinneren interpretiert werden können, kann auch nicht an dem vertikalen Wärmestrom der Erde vorbeigegangen werden, ein Phänomen, das in den letzten Jahren wachsendes Interesse gefunden hat; denn thermische Anomalien rufen auch Dichteanomalien hervor, die sich dann weiter als Anomalien des Schwerefeldes der Erde äußern.

Nachdem heute etwa 20% der Erdoberfläche mit Messungen des Wärmestroms bedeckt sind, hat man erstaunlicherweise gefunden, daß der Mittelwert des Wärmestroms global gesehen ziemlich konstant ist. Er beträgt etwa $1{,}5 \pm 10\%$ μcal cm^{-2} s^{-1}, sowohl auf ozeanischen wie kontinentalen Gebieten.

Weil die Radioaktivität der Kruste als die Hauptwärmequelle angesehen wird, hatte man bei den Ozeanen einen geringeren Wärmestrom erwartet als bei den Kontinenten, weil bei den Ozeanen die Kruste dünner ist als bei den Kontinenten.

Da der Wärmestrom der Erde aber im wesentlichen unabhängig vom geographischen Ort und global gesehen etwa konstant ist, müssen in ozeanischen Bereichen auch noch im oberen Erdmantel Wärmequellen erwartet werden, so daß dort wahrscheinlich auch nicht eine so klare Grenze zwischen Erdkruste und Erdmantel gezogen werden kann, ein Umstand, der auch gravimetrisch interessant ist, nimmt man doch dort im allgemeinen einen klaren unstetigen Sprung in die Dichte um etwa 0,6 g cm^{-3} an.

Natürlich hat der Wärmestrom auch Anomalien gegenüber dem Mittelwert, doch sind diese Anomalien relativ gering.

Bezeichnet man als Gebiete mit anomalem Wärmestrom solche, bei denen der Wärmestrom kleiner als 0,8 oder größer als 2,0 μcal cm^{-2} s^{-1} ist, so findet man nur relativ eng begrenzte Gebiete.

Im wesentlichen kann man feststellen, daß die präkambrischen Schilde einen relativ geringen Wärmefluß und eine relativ hohe Ausbreitungsgeschwindigkeit elastischer Wellen im oberen Erdmantel haben. Sie zeigen ferner eine relativ gleichmäßige Radioaktivität.

Tektonisch instabile Gebiete dagegen haben im allgemeinen einen relativ hohen Wärmefluß und eine relativ geringe seismische Ausbreitungsgeschwindigkeit im oberen Erdmantel. Ihre Radioaktivität ist ungleichmäßig.

Alle diese geophysikalischen Erscheinungen lassen erkennen, daß es unwahrscheinlich ist, daß der obere Erdmantel sich vollkommen im hydrostatischen Gleichgewicht befindet. Man wird daher im Erdinneren Dichteanomalien erwarten können, Anomalien, die sich mit den geographischen Koordinaten und mit der Tiefe ändern, Anomalien, die nur für einen kleinen Bereich gültig sind, und solche, die größere Gebiete beherrschen.

Diese Abweichungen von der Normalfigur der Erde führen notwendigerweise zu Anomalien im äußeren Schwerefeld der Erde.

Eine Anomalie in der seismischen Geschwindigkeit wird von einer Dichteanomalie begleitet sein, die notwendigerweise eine Anomalie im Schwerefeld der Erde hervorruft.

Bei einem aufsteigenden Konvektionsstrom wird man eine erhöhte Temperatur haben, die durch thermische Ausdehnung eine geringere Dichte erwarten läßt, so daß man bei aufsteigenden Konvektionsströmen eine Depression des Geoids vermutet.

Für Gebiete, bei denen ein anomal hoher Wärmestrom beobachtet wird, sollte man daher ebenfalls eine Depression des Geoids erwarten; doch hat es sich bisher gezeigt, daß Gebiete mit anomalem Wärmestrom nicht statistisch signifikant von korrespondierenden anomalen Strukturen in der Schwereintensität begleitet sind. Eine Korrelation Schwere-Wärmestrom ist nach empirischem statistischem Material fraglich. Die enge Korrelation zwischen diesen Größen, die man aus der Betrachtung von Kugelfunktionsentwicklungen niederer Ordnung glaubte gefunden zu haben, ist kaum signifikant, weil für den Wärmestrom Kugelfunktionen niederer Ordnung gegenwärtig noch nicht mit genügender Sicherheit bestimmt werden können.

Bei Untersuchungen zur Struktur des oberen Erdmantels wird man auf jeden Fall alle geophysikalischen Beobachtungen über dieses Gebiet der Erde heranziehen und komplex betrachten müssen, auch unter Einschluß des Schwerefeldes der Erde.

Wenn man bei diesen geophysikalischen Betrachtungen Vergleiche mit dem Schwerefeld der Erde heranzieht, so sollte man aber nicht vom tatsächlichen Geoid, wie es in den Abbildungen 43, 44, 45, 46, 48 dargestellt ist, ausgehen; denn die Ursache eines Teiles der tatsächlichen Geoidundulationen kennt man mit Sicherheit: die isostatische Struktur der Erdkruste.

Man muß also vom tatsächlichen Geoid das isostatische Geoid (Abb. 50) abziehen und die verbleibenden Undulationen für die Interpretation geophysikalischer Phänomene heranziehen, wie es Runcorn getan hat (Abb. 51).

Diese restlichen Geoidundulationen sind nach Abb. 51 auf den Kontinenten vor allem negativ und auf den Ozeanen vor allem positiv.

Wenn es durch geophysikalische Betrachtungen zur Seismik, zum Wärmestrom, zur Kontinentaldrift und zu den Konvektionsströmen nahegelegt wird, daß im Erdmantel Dichteanomalien auftreten, so führt eine Analyse der Resultate der Satellitengeodäsie zu Bestätigungen dieses Sachverhalts.

Entwickelt man die Undulationen des isostatischen Geoids (Abb. 50) nach Kugelfunktionen und vergleicht die Koeffizienten dieser Entwicklung mit denen der Kugelfunktionsentwicklung für das Potentialfeld (Abb. 43, 44, 45, 46, 48) der Erde, das man aus Satellitenbeobachtungen erhalten hat, so findet man, daß beide Systeme nicht stark miteinander korreliert sind. Durch eine Änderung der isostatischen Ausgleichstiefe oder der Dichte der Massen der Erdkruste kann man diese relativ geringe Korrelation nicht erhöhen.

Daraus kann man schließen, daß die Dichteanomalien, die die Schwereanomalien hervorrufen, nicht stark mit der Topographie korreliert sind. Man kann sie also entweder interpretieren als Flächenbelegungen an der Kruste, die nicht mit der Topographie korreliert sind, oder als Dichteanomalien im Erdmantel, die dann ebenfalls nicht mit der Topographie korreliert sind.

Auch im Fall der Flächenbelegung an der Kruste würde der Erdmantel nicht im hydrostatischen Gleichgewicht bleiben, weil diese Flächenbelegung ein

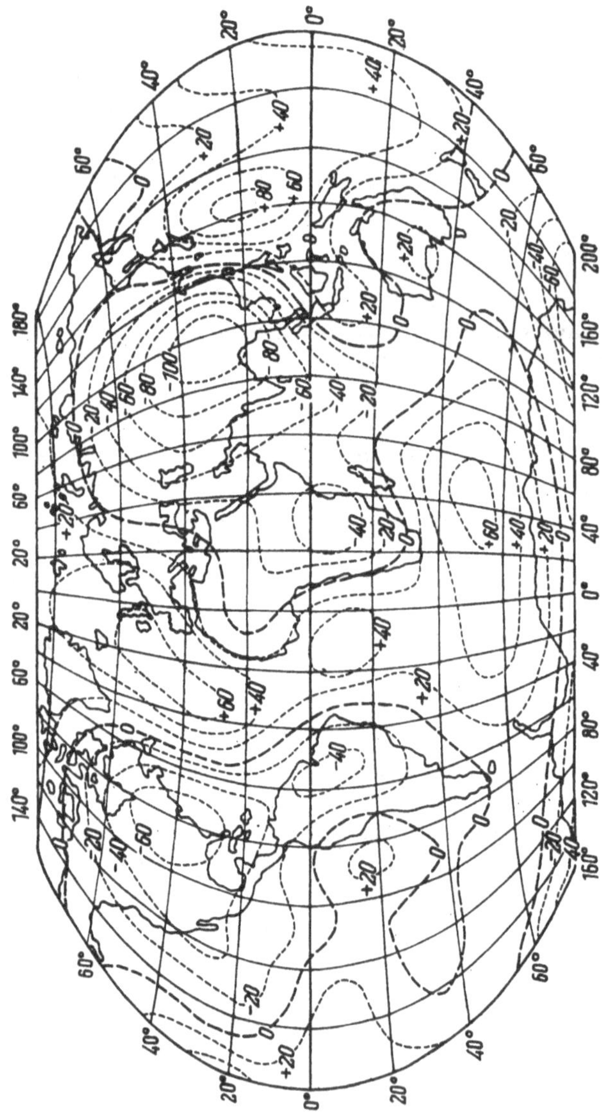

Abb. 51. Restliche Undulationen (in m) nach S. K. Runcorn. Diese Undulationen sind dadurch entstanden, daß man von den aus Satellitenbeobachtungen erhaltenen Geoidundulationen nach Guier und Newton (1965) die Undulationen des isostatischen Geoids unter Berücksichtigung der isostatischen Kompensation abgezogen hat

Zusatzpotential im Erdinneren hervorrufen wird, das dort die Potentialflächen deformiert und damit das hydrostatische Gleichgewicht stört, wenn man die Flächen gleicher Dichte laut Voraussetzung unverändert läßt.

Aus der Analyse der Resultate der Satellitengeodäsie wird weiter zwingend bestätigt, daß im Erdmantel Dichteanomalien auftreten müssen, also Abweichungen von der Dichteverteilung, die sich nach den Theorien von Clairaut und Darwin bei hydrostatischer Schichtung im Erdinneren theoretisch ergibt.

Aus der mittels Satellitenbeobachtungen bestimmten zonalen Kugelfunktion 2. Ordnung kann man im Verein mit der aus astronomischen Beobachtungen ermittelten dynamischen Abplattung H mit Sicherheit feststellen, daß es im Erdmantel Dichteabweichungen im Vergleich zur hydrostatischen Schichtung von Clairaut und Darwin gibt.

Aus Satellitenbeobachtungen wurde nämlich

$$J_2 = \frac{C - \frac{A+B}{2}}{M R_E^2} = 1082{,}639 \cdot 10^{-6}$$

mit hoher Genauigkeit bestimmt. Hieraus leitet sich nach (243) die Abplattung f ($f^{-1} = 298{,}255$) ab.

Bevor es künstliche Erdsatelliten gab, galt jener Abplattungswert als gut begründet, der aus der Präzessionskonstanten P und dem Verhältnis der Masse des Mondes $m_{☾}$ zu der der Sonne $m_{\odot}$,

$$\mu = \frac{m_{☾}}{m_{\odot}},$$

errechnet worden war.

Aus diesen beiden Größen P und μ kann man nämlich die dynamische Abplattung H der Erde errechnen mit

$$P = \left(P_1 + P_2 \frac{\mu}{1+\mu}\right) H,$$

$$P = 5493''{,}847 - 0''{,}0036\, T,$$

$$P_1 = 530977''{,}04\,(1 - 2{,}0839 \cdot 10^{-6}\, T),$$

$$P_2 = 94419319''\,(1 - 1{,}69 \cdot 10^{-8}\, T).$$

T ist hier die Anzahl der tropischen Jahre seit 1900.0.

Unter der Voraussetzung der hydrostatischen Schichtung im Erdinneren erhält man aus H die Abplattung $f = f_1$ nach folgender Formel

$$H = \frac{C - \frac{A+B}{2}}{C} = \frac{f_1 - \frac{1}{2} m}{1 - \frac{2}{5}\sqrt{\frac{5}{2}\frac{m}{f_1} - 1}}. \tag{244}$$

De Sitter und Spencer-Jones fanden so

$$f_1^{-1} = 297{,}300 \pm 0{,}065.$$

Wenn auch der mittlere Fehler dieses Wertes mehr die innere Genauigkeit dieses Verfahrens darstellen dürfte, so ist die Diskrepanz zwischen beiden Werten f^{-1} und f_1^{-1} zu groß, als daß sie durch die Beobachtungsungenauigkeit erklärt werden könnte.

Nun ist es wichtig, zu wissen, daß das Verhältnis

$$q = \frac{3}{2} \frac{C}{M R_E^2} = \frac{3}{2} \frac{J_2}{H}$$

unter Voraussetzung des hydrostatischen Gleichgewichtes sehr genau auf etwa 10^{-4} aus f und m theoretisch berechnet werden kann, ohne daß das Dichtegesetz im Erdinnern genauer bekannt sein müßte, als es bereits aus seismischen Beobachtungen bekannt vorliegt. Es gilt hier nämlich die folgende Formel, wenn man die Verfeinerungen nach DARWIN vernachlässigt.

$$q = \frac{3}{2} \frac{C}{M R_E^2} = 1 - \frac{2}{5} \left\{\frac{5}{2} \frac{m}{f} \left(1 - \frac{3}{2} m\right) - 1\right\}^{1/2}. \tag{244a}$$

Man kann daher folgende Überlegung anstellen.

Geht man von dem aus Satelliten hypothesenfrei erhaltenen Wert

$$J_2 = \frac{C - \frac{A+B}{2}}{M R_E^2}$$

aus, dividiert diesen Wert durch $\frac{2}{3} q$, so erhält man unter der Voraussetzung der hydrostatischen Schichtung aus dem Satellitenwert von J_2 und f und dem Wert q die dynamische Abplattung:

$$H = \frac{C - \frac{A+B}{2}}{C}.$$

Aus H kann man dann weiter nach (244) einen Abplattungswert errechnen, f_2, der also mit dem aus Satelliten erhaltenen Wert J_2 unter der Voraussetzung der hydrostatischen Schichtung vereinbar ist. Man kommt zu

$$f_2 = 1:299,6 .$$

Auch auf diesem Wege wird man also zu einer Diskrepanz in den Abplattungswerten geführt. Daraus wird gefolgert, daß die Voraussetzung der hydrostatischen Schichtung nicht gemacht werden darf.

Um zu numerischen Abschätzungen für die Dichteanomalien im Erdmantel zu kommen, wird im weiteren von dem q-Wert ausgegangen.

Nachdem H mittels astronomischer Beobachtungen aus der Präzessionskonstanten sehr genau bekannt ist,

$$H = 0,00327260 \pm 6,9 \cdot 10^{-7} ,$$

und J_2 aus Satellitenbeobachtungen zuverlässig bestimmt ist, ergibt sich q als Verhältnis beider empirisch erhaltener Werte hypothesenfrei

$$q = 0,49642 \pm 1,4 \cdot 10^{-4} .$$

Es soll nun eine Modellerde mit den tatsächlichen Werten von f, q, M, R_E eingeführt werden. Dieser Modellerde kommt damit auch der tatsächliche Wert von C zu.

Nach dem Gesagten kann sich diese Modellerde nicht im Gleichgewicht befinden. Mit dem Wert von f ergibt sich bei hydrostatischer Schichtung nach (244a)

$$q = 0{,}4983 \, .$$

Die Diskrepanz beider q-Werte ist

$$dq = -\,0{,}0019 \pm 0{,}00014$$

und damit signifikant.

Bei einer im hydrostatischen Gleichgewicht befindlichen fingierten Erde mit der Abplattung f muß also q um dq verändert und damit das hydrostatische Gleichgewicht zerstört werden, um die in der postulierten Modellerde herrschende Dichteverteilung zu erreichen. Bei diesen Dichteveränderungen darf das Potential an der Erdoberfläche und im Außenraum nicht verändert werden, ebenso wie die Masse M.

Aus dq errechnet sich die korrespondierende Änderung des axialen Trägheitsmomentes C nach

$$\frac{dq}{q} = \frac{dC}{C} = -\,0{,}0038 \pm 0{,}00028 \, .$$

Bezeichnet man die Abweichungen zwischen der Dichteverteilung in der Modellerde und der Dichteverteilung bei hydrostatischem Gleichgewicht als Dichteanomalien, Θ, so gelten folgende Bedingungsgleichungen

$$\iiint\limits_v \Theta \, dv = 0 \, , \quad \iiint\limits_v \Theta \left[\frac{1}{E}\right]_\sigma dv = 0 \, , \quad \iiint\limits_v \Theta \, p^2 \, dv = dC \, . \qquad (245)$$

p ist der Abstand von der Rotationsachse der Erde; $\left[\frac{1}{E}\right]_\sigma$ ist der reziproke Abstand des Volumenelementes dv von einem auf der Oberfläche σ gelegenen Aufpunkt.

Sollten diese Dichteanomalien Θ allein in der Erdkruste ihren Sitz haben, so kann man diese Hypothese nur mit einer Flächenbelegung in der Erdkruste von etwa 12 km Mächtigkeit erklären, was geophysikalisch unmöglich ist.

Die Dichteanomalien müssen also notwendigerweise ihren Sitz im Erdmantel haben.

Aus Überlegungen, die sich an diese Gedankengänge anschließen, kann man die Größenordnung der im Erdmantel auftretenden Druckunterschiede mit maximal etwa 10^8 dyn/cm^2 = 100 bar abschätzen (Jeffreys 40 bar, Caputo 30 bar).

Man hat oft argumentiert, daß die Abweichungen vom hydrostatischen Gleichgewicht vor allem von einer „fossilen“ Abplattung im Erdinnern herrühren würden; denn die Erde hat in früheren geologischen Zeiträumen sicher schneller rotiert, um durch die Bremswirkung der Gezeiten den jetzigen Wert zu erreichen.

Eine Abnahme der Rotationsgeschwindigkeit der Erde könnte auch die Folge einer Expansion der Erde sein, wie sie von manchen Autoren auf Grund der DIRACschen Theorie über die zeitliche Verringerung der Gravitationskonstanten und auf Grund anderer Theorien vertreten wird. Verfolgt man diese Hypothese über die Expansion der Erde, dann ist es aber geophysikalisch schwierig zu vertreten, daß eine „fossile" Abplattung im oberen Erdmantel sich über mehr als 100000 Jahre soll erhalten haben können, während aus den isostatischen Ausgleichsbewegungen der Erdschollen die Relaxationszeit der oberen Schicht des oberen Erdmantels mit nur etwa 7000 Jahren abgeleitet wurde. Eine „fossile" Abplattung könnte schon eher im tieferen Erdinneren auftreten, weil dort die kinematische Viskosität größer ist.

Man hat daher auch vermutet, es handele sich bei den Abweichungen vom hydrostatischen Gleichgewicht um einen erst von der Eiszeit herrührenden Effekt.

Damals waren die Polkappen mit mächtigen Eisschichten bedeckt, die auf die darunter liegenden Schichten einen Druck ausgeübt haben und damit sicher auch die Struktur der Erdkruste und des oberen Erdmantels beeinflußt haben. Es bedarf aber noch weiterer Untersuchungen, ob der Druck der Polkappen ausreichte, um die aus Satellitenbeobachtungen gefolgerten gegenwärtig noch andauernden Abweichungen vom hydrostatischen Gleichgewicht erklären zu können.

Die aus Satellitenbeobachtungen gefundene Aussage (245) über Anomalien der Schichtung im Erdmantel ist jedenfalls von Bedeutung für die Arbeiten zum Upper-Mantle-Project.

Manche Autoren vertreten die Auffassung, daß Undulationen in der Grenzschicht zwischen dem Erdkern und dem Erdmantel ebenfalls als Ursache für die durch Satellitenbeobachtungen festgestellten Schwereanomalien in Betracht kommen; denn der Dichtesprung erreicht dort den beträchtlichen Wert von etwa $\vartheta_k = 4\ \mathrm{g\ cm^{-3}}$.

Nimmt man eine vertikale Verformung der Geometrie der Kerngrenze nach der Kugelfunktion $t_n \cdot P_n(\sin\varphi)$ an, ist ferner G die mittlere Schwere an der Erdoberfläche und $\vartheta_m = 5{,}5\ \mathrm{g\ cm^{-3}}$ die mittlere Dichte der gesamten Erde und ist r_k der Radius des Erdkerns, dann ruft diese an der Kerngrenze gelegene Flächenbelegung an der Erdoberfläche (Radius R_E) das folgende Störpotential hervor

$$G \frac{3}{2n+1} \frac{\vartheta_k}{\vartheta_m} t_n \left[\frac{r_k}{R_E}\right]^{n+2} P_n(\sin\varphi)\,.$$

Geht man davon aus, daß der Parameter t_n dieses Störpotentials so bemessen sein soll, daß der Koeffizient J_n bei der zonalen Kugelfunktion n-ter Ordnung im Potentialfeld der Erde gleich $0{,}1 \cdot 10^{-6}$ wird, ein Wert, der plausibel ist, dann durchläuft die Mächtigkeit t_n der Flächenbelegung an der Kerngrenze die folgende Reihe in Abhängigkeit von der Ordnung der Kugelfunktion n

n	t_n
2	0,02 km
4	0,1
6	0,5
8	2
10	9
12	36
14	140

Wie man erkennt, erreicht t_n bei den Kugelfunktionen höherer Ordnung Werte, die geophysikalisch nicht zu vertreten sind.

Die Kugelfunktionen niederer Ordnung im Schwerefeld der Erde können also zum Teil auch durch Dichteanomalien in den tieferen Schichten des Erdmantels und durch Anomalien in der Geometrie der Kerngrenze verursacht werden.

Die Kugelfunktionen höherer Ordnung dagegen können kaum durch Dichteanomalien in tieferen Schichten hervorgerufen werden. Sie werden ihren Herd in den oberen Schichten des Erdmantels und in der Erdkruste haben.

11.4. Die große Halbachse des mittleren Erdellipsoides

Es war früher im Kapitel 9 gezeigt worden, wie man aus der Masse der Erde und der Umlaufzeit des Satelliten nach dem 3. KEPLERschen Gesetz (171) die große Halbachse der Satellitenbahn und damit den Maßstab bei der Bahnmethode erhalten kann. Aus der Ausgleichung ergaben sich dann neben den Parametern des Gravitationsfeldes auch die räumlichen Koordinaten der Beobachtungsstationen. Die Beobachtungsstationen, Q, liegen auf der Erdoberfläche. Ihre geozentrischen Radien sind die R_Q-Werte. Projiziert man diese Punkte vertikal auf das mittlere Erdellipsoid, Q', dann hat man soviel Punkte auf dieser Fläche, wie man Beobachtungsstationen hat (Abb. 52). Die geozentrischen Radien sind dann $R_{Q'} = R_Q - h - N$.

Dieser, auf dem mittleren Erdellipsoid gelegene Punkthaufen gestattet also, die große Halbachse des mittleren Erdellipsoides R_E zu bestimmen, nachdem die Abplattung des Ellipsoides schon aus J_2 sehr genau bekannt ist und als gegebene Größe betrachtet werden kann.

Für die auf das mittlere Erdellipsoid herabprojizierten Punkte Q' hat man ferner die rechtwinkligen kartesischen Koordinaten

$$\begin{pmatrix} X \\ Y \\ Z \end{pmatrix} = \begin{pmatrix} (\varrho + \delta R_E) \cos\varphi' \cos\lambda \\ (\varrho + \delta R_E) \cos\varphi' \sin\lambda \\ [\varrho (1 - e_E^2) + \delta R_E] \sin\varphi' \end{pmatrix},$$

$$\varrho = R_E^0 \frac{1}{\sqrt{1 - e_E^2 \sin^2\varphi'}}.$$

Man hat hier ein Erdellipsoid eingeführt, dessen Mittelpunkt mit dem Schwerpunkt der Erde zusammenfällt und das die gleiche Exzentrizität, e_E, und Abplattung, f, wie das mittlere Erdellipsoid hat.

$$f^{-1} = 298{,}255 \; ; \quad e_E^2 = 2f - f^2 \, .$$

Seine große Halbachse ist R_E^0, die man um $\delta R_E = R_E - R_E^0$ verbessern muß, um zum mittleren Erdellipsoid zu gelangen.

δR_E ist die Unbekannte des Problems. Für jeden einzelnen der Punkte Q' muß man die radialen Abweichungen vom Ellipsoid mit der großen Halbachse R_E^0 nach folgenden Formeln ermitteln,

$$R_{\text{beob.}} - R_{\text{ber.}} = R_{Q'} - R_{\text{ber.}} =$$

$$= R_{Q'} - R_E^0 \left(1 - \frac{1}{2} e_E^2 \sin^2 \varphi' + \frac{1}{2} e_E^4 \sin^2 \varphi' - \frac{5}{8} e_E^4 \sin^4 \varphi' + \cdots\right)$$

mit

$$\tan \varphi' \cong \frac{Z}{\sqrt{X^2 + Y^2}} \cdot \frac{1}{1 - e_E^2} \, .$$

Man wird R_E so bestimmen, daß die Summe der Quadrate der radialen Restabweichungen ein Minimum wird. Die Fehlergleichung lautet

$$v = R_{\text{ber.}} - R_{\text{beob.}} + \delta R_E \, ,$$

wobei δR_E die durch die Ausgleichung zu bestimmende Korrektion für den Näherungswert der großen Halbachse des a priori eingeführten mittleren Erdellipsoides ist.

Sind etwa 12 Stationen genügend genau auf etwa 10 bis 20 Meter gegeben, dann dürfte der innere Fehler dieses Verfahrens kaum ± 5 bis ± 10 m übersteigen.

Problematisch ist nur die Projektion der Beobachtungsstation auf das mittlere Erdellipsoid in den Punkt Q' entlang dem Lot um den Betrag der Höhe über dem Meere h und um die lokale Geoidundulation N (Abb. 52).

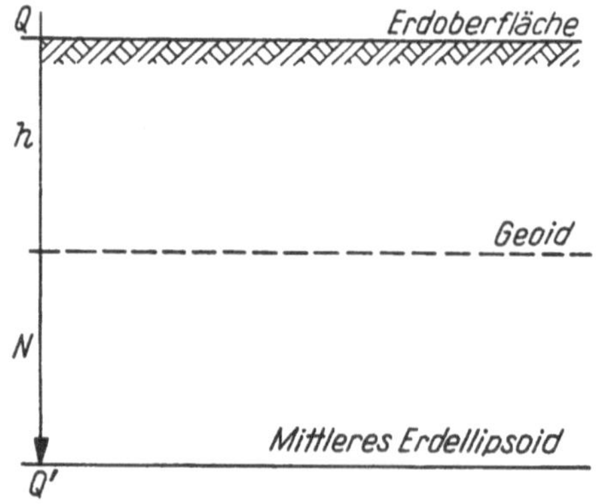

Abb. 52. Vertikalprojektion eines Oberflächenpunktes Q in einen Punkt Q' auf dem mittleren Erdellipsoid

Die Höhe h über dem Meer wird man aus Nivellements immer mit einem Fehler von weniger als einem Meter bestimmen können.

Die Bestimmung des lokalen Wertes der Geoidundulation N ist schon schwieriger.

Man kann für N den Wert nehmen, der sich gerade aus Satellitenbeobachtungen als Erhebung des Geoids über dem Ellipsoid ergeben hat. Dies ist aber ein regionaler Mittelwert, der von dem hier benötigten lokalen Wert im allgemeinen um 10 bis 20 Meter differieren kann. Es ist daher besser, für die Umgebung von etwa 1000 km um die Station die lokalen Ausformungen des Geoids geometrisch aus einem astronomischen Nivellement nach der Flächenmethode zu bestimmen oder gravimetrisch nach dem STOKESschen Integral, falls detaillierte Angaben über das Schwerefeld in der näheren und weiteren Umgebung der Station aus terrestrischen Messungen vorhanden sind. Auf diesem Wege ergeben sich N-Werte, die den lokalen N-Werten näher kommen. Dieses die Detailstrukturen wiedergebende Geoidflächenstück ist dann dem Satellitengeoid nach der Methode der kleinsten Quadrate anzufeldern.

Die geschilderte Methode dürfte heute die genaueste für die Bestimmung der großen Halbachse des mittleren Erdellipsoids sein. Der beste so erhaltene Wert ist etwa

$$R_E = 6378142 \pm 6 \text{ m}.$$

Es gibt noch eine andere Methode für die Bestimmung von R_E, die sich auch der Beobachtung künstlicher Himmelskörper bedient, bei der aber auch terrestrische Schweremessungen herangezogen werden.

Man benutzt dabei die in der physikalischen Geodäsie gelehrte Gleichung

$$k\,M = R_E^2\,\gamma_E \left(1 - f + \frac{3}{2}\,m - \frac{15}{14}\,m\,f + \cdots\right). \tag{246}$$

f und m sind die bekannten Werte Gl. (243). γ_E ist die sogenannte normale Schwere am Äquator, die sich aus der Kugelfunktion 0. Ordnung im Schwerefeld der Erde ableiten läßt, nach Abzug der Konstanten des Potsdamer Systems von etwa 14 mgal.

Nachdem $k\,M$ durch Beobachtung der Mondsonden mit

$$k\,M = 3{,}986009 \pm 0{,}7 \cdot 10^{14} \text{ m}^3\,\text{s}^{-2}$$

sehr genau bekannt ist, und nachdem auch für γ_E, f und m zuverlässige Werte vorliegen, hat man also die Möglichkeit, R_E nach der Gleichung (246) zu errechnen. Auf diesem Wege erhielt man

$$R_E = 6378138 \text{ m}$$

in guter Übereinstimmung mit dem aus den Stationskoordinaten abgeleiteten Wert.

γ_E dürfte um etwa 3 mgal unsicher sein und daher bei der letzten Methode eine der wichtigsten Fehlerquellen bilden.

Für die gegenseitige Abhängigkeit der drei Parameter f, γ_E, R_E nach Gleichung (246) gilt die folgende, von R. Rapp angegebene Tabelle:

$1/f$ \ γ_E	978026 mgal	027	028	029	030
298,24	R_E = 6378165,6 m	162,4	159,1	155,9	152,7
,25	165,2	162,0	158,8	155,5	152,3
,26	164,9	161,7	158,4	155,2	151,9

Ändert sich die Kugelfunktion 0. Ordnung im Schwerefeld um δg_0 und die Abplattung um δf, dann ändert sich die Äquatorschwere nach der Gleichung

$$\delta\gamma_E = \delta g_0 + \frac{1}{3}\,\gamma\,\delta f\,.$$

Es ist sicherlich eine erstaunliche Leistung, daß man diesen Wert R_E auf etwa 1:1000000 genau aus Satellitenbeobachtungen bestimmt hat.

11.5. Literatur

[1] Arnold, K.: Die Präzessionsbewegung der Erde und der Bahnen der künstlichen Erdsatelliten, die Abplattung der Erde und die Dichteverteilung im Erdinnern. Gerl. Beitr. Geophysik, **69** (1960) H. 4.

[2] Gaskell, T. F.: The Earth's Mantle. London, New York. Acad. Press 1967.

[3] Kaula, W. M.: Determination of the Earth's Gravitational Field. Rev. Geophysics **1** (1963) No. 4.

[4] Lundquist, C. A., Veis, G.: Geodetic Parameters for a 1966 Smithsonian Institution Standard Earth. Vol. 3, SAO Special Report 200 (1966).

[5] Sitter de, W.: On the mean radius of the earth, the intensity of gravity, and the moon's parallax. Proceedings of the Koninklijke Akad, van Wetenschapen te Amsterdam, 1915.

[6] Sitter de, W.: On isostasy, the moments of inertia and the compression of the earth. Proceedings of the Koninklijke Akad. van Wetenschapen te Amsterdam, 1915.

[7] Sitter de, W.: On the Flattening and the Constitution of the Earth. Bull. Astronom. Inst. Netherlands, Band II (1924) Nr. 55.

[8] Spencer Jones, H.: Dimensions and Rotations. In: The Earth as a Planet; The Solar System. Vol. II, ed. Kuiper, Chicago 1954.

[9] Veis, G.: The Determination of the Radius of the Earth and other Geodetic Parameters as Derived from Optical Satellite Data. IUGG Generalversammlung, 1967 .

[10] Wagner, C. A.: Longitude Variations of the Earth's Gravity Field as Sensed by the Drift of Three Synchronous Satellites. J. Geophys. Res. **71** (1966) No. 6.

[11] Wang, Chi-Yuen: Some Geophysical Implications from Gravity and Heat Flow Data. J. Geophys. Res. **70** (1965) No. 22.

[12] Wang, Chi-Yuen: Earth's Zonal Deformations. J. Geophys. Res. **71** (1966) No. 6.

Sachwortverzeichnis

Fortsetzung auf Seite 234 ▶

Kolibri 360 GmbH
Ferdinand-Jühlke-Straße 7
99095 Erfurt, Deutschland
produktsicherheit@kolibri360.de